中等职业技术学校规划教材

机械加工与实训

主　编　曾益民　蓝日采
副主编　伍奇玲　梁和福　腾满高
　　　　罗逸先　周华荣　吴　强
参　编　郭鹏飞　钟　珊　潘立新

电子工业出版社

Publishing House of Electronics Industry

北京·BEIJING

内 容 简 介

本书立足于应用，在内容组织和编排上图文并茂、书中大量实例多数来自生产实际和教学实践。本书围绕车工工艺、铣工工艺等核心内容，还包含了机械加工常用的刨削工艺、磨削工艺、孔的加工工艺及齿轮加工工艺。实训方面，包括了车削和铣削加工的常见零件的加工工艺和加工方法。

本书教学内容面向企业、立足岗位，学生就业导向明确。本书可作为中等职业学校机械类相关专业学生教学用书及上岗前培训教材。

未经许可，不得以任何方式复制或抄袭本书之部分或全部内容。
版权所有，侵权必究。

图书在版编目（CIP）数据

机械加工与实训／曾益民，蓝日采主编．—北京：电子工业出版社，2010.9（2025.7重印）
中等职业技术学校规划教材
ISBN 978-7-121-10853-2

Ⅰ．①机⋯ Ⅱ．①曾⋯ ②蓝⋯ Ⅲ．①机械加工－专业学校－教材 Ⅳ．①TG506

中国版本图书馆 CIP 数据核字（2010）第 084978 号

策划编辑：白　楠
责任编辑：白　楠
印　　刷：北京盛通数码印刷有限公司
装　　订：北京盛通数码印刷有限公司
出版发行：电子工业出版社
　　　　　北京市海淀区万寿路 173 信箱　邮编 100036
开　　本：787×1092 1/16　印张：15.5　字数：396.8 千字
版　　次：2010 年 9 月第 1 版
印　　次：2025 年 7 月第 16 次印刷
定　　价：27.50 元

凡所购买电子工业出版社图书有缺损问题，请向购买书店调换。若书店售缺，请与本社发行部联系，联系及邮购电话：（010）88254888，88258888。
质量投诉请发邮件至 zlts@phei.com.cn，盗版侵权举报请发邮件至 dbqq@phei.com.cn。
本书咨询联系方式：（010）88254583，zling@phei.com.cn。

前　言

机械加工工艺与操作实训是机械类专业的主修课。然而，目前中等职业学校存在专业技能培训配套教材较少、适应面窄的状况。编者在进行深入调查研究的基础上，根据相关专业国家职业资格认证的教学大纲的要求，把机械加工工艺和技能培训理论进行整合而编写出《机械加工与实训》教材。本教材兼顾了各职业学校的实训条件，总结了几年来职业技术教育课程改革的经验，突出职业教育的特色，紧密联系生产实际，注重基本理论、基本知识和操作技能的叙述，编写了形式多样的例题和思考题，内容通俗易懂，方便教学，具有广泛的实用性。

本教材立足于应用，在内容组织和编排上图文并茂，书中大量实例多数来自生产实际和教学实践。本书围绕车工工艺、铣工工艺等核心内容，还包含了机械加工常用的刨削工艺、磨削工艺、孔的加工工艺及齿轮加工工艺。实训方面，包括了车削和铣削加工的常见零件的加工工艺和加工方法。其教学内容面向企业、立足岗位，学生就业导向明确，可作为中等职业学校相关专业学生教学用书及上岗前培训教材。

本教材由曾益民、蓝日采担任主编，伍奇玲、梁和福、腾满高、罗逸先、周华荣、吴强担任副主编。参加本书编写的还有郭鹏飞、钟珊、潘立新。

本教材参考了部分相关教材、资料和文献，部分资料来源于网络，并得到了很多专家和同事的支持和帮助，在此表示衷心感谢！

限于编者的水平和经验，书中疏漏和错误之处在所难免，恳请读者批评指正。

为了方便教师教学，本教材还配有电子教学参考资料包，请有需要的读者登录华信教育资源网（www.hxedu.com.cn）免费注册后进行下载，有问题时请在网站留言或与电子工业出版社联系（E-mail：hxedu@phei.com.cn）。

编　者
2010 年 7 月

目　　录

绪论 (1)

第1章　金属切削的基本知识 (3)
1.1　金属切削过程的基本概念 (3)
1.2　车刀切削部分的几何参数 (6)
1.3　常用刀具材料 (14)
1.4　金属切削过程的物理现象 (17)
1.5　刀具的磨损与刀具耐用度 (27)
1.6　刀具几何角度与切削用量选择 (29)
复习思考题 (37)

第2章　工件定位原理与工装夹具 (40)
2.1　工件定位的原理和方式 (40)
2.2　基准的选择 (43)
2.3　机床夹具介绍 (46)
复习思考题 (53)

第3章　机械加工工艺规程的编制 (54)
3.1　工艺规程概述 (54)
3.2　机械加工工艺规程 (57)
3.3　零件的工艺分析 (62)
3.4　零件毛坯的选择 (64)
3.5　工艺路线的拟定 (66)
3.6　工艺设备和工艺装备的选择 (71)
3.7　轴类零件工艺规程设计实例 (72)
复习思考题 (75)

第4章　车削加工工艺 (77)
4.1　车床概述 (77)
4.2　车削加工方法 (83)
4.3　车工实训 (99)
本章小结 (121)
复习思考题 (121)

第5章　铣削加工工艺 (123)
5.1　铣床概述 (123)
5.2　铣削方法 (130)
5.3　铣工实训 (143)
复习思考题 (172)

第6章 其他切削加工方法简介 (173)
- 6.1 刨削加工 (173)
- 6.2 磨削加工 (183)
- 6.3 磨削方法 (191)
- 6.4 钻削加工 (198)
- 6.5 镗削加工 (201)
- 6.6 齿面加工 (205)
- 复习思考题 (209)

第7章 典型零件加工与加工工艺分析 (210)
- 7.1 台阶轴的加工工艺实例 (210)
- 7.2 套筒类零件的加工工艺实例 (217)
- 7.3 轮盘类零件的加工工艺实例 (222)
- 7.4 箱体类零件的加工工艺实例 (225)
- 复习思考题 (238)

参考文献 (239)

绪论

一、零件的种类及表面的形成

机器或机械装置，都是由许多零件组合装配而成的。组成机械设备的零件大小不一，形状各异，其中最常见的零件有三类：1）轴类零件，如机床主轴、传动轴、齿轮轴、螺栓等；2）盘类零件，如齿轮、端盖、挡环、法兰盘、套筒等；3）支架箱体类零件，如机床主轴箱和支架等。

各种机械零件上常见的表面有以下几种（如图0-1所示）。

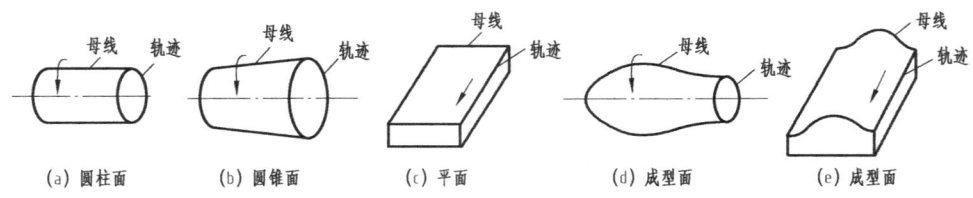

图 0-1　表面的形成

圆柱面——以与一固定轴线相平行的直线为母线，该母线绕固定轴线作圆周运动的轨迹所形成的表面，如图0-1（a）所示。

圆锥面——以与一固定轴线相交成一定角度的直线为母线，该母线绕固定轴线作圆周运动的轨迹所形成的表面，如图0-1（b）所示。

平面——以直线为母线，以另一直线为轨迹作平移运动所形成的表面，如图0-1（c）所示。

成形面——以曲线为母线，以圆为轨迹作旋转运动或以直线为轨迹作平移运动所形成的表面，如图0-1（d）、(e)所示。

此外，根据使用或制造上的要求，零件上还有各种沟槽。沟槽实际上是平面或曲面所组成的，常用沟槽的断面形状如图0-2所示。

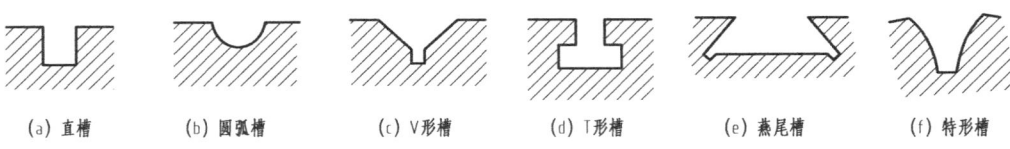

图 0-2　常用沟槽的断面形状

上述各种表面，可通过相应的加工方法来获得。加工零件，就是要按一定的顺序，合理地加工出各个表面。

二、切削加工及其分类

任何机械或部件都由许多零件按照一定的设计要求制造和装配而成。机械制造过程一般是：

金属材料（经铸造、锻造或焊接）→毛坯（经机械加工和热处理）→零件（经装配）→机器或机械装置。

切削加工是用切削工具从毛坯（如锻件、铸件、条料或板料）上切去多余的材料，使零件的几何形状、尺寸以及表面粗糙度等方面均符合图样要求。切削加工主要用于金属的加工，如各种碳钢、铸铁和有色金属等，也可用于某些非金属材料的加工，如工程塑料、合成橡胶等。

切削加工分为钳工和机械加工两大部分。钳工一般是由工人手持工具对工件进行切削加工，机械加工是由工人操作机床进行的切削加工。切削加工按其所用切削工具的类型不同又可分为刀具切削加工和磨料切削加工。刀具切削加工的主要方式有车削、钻削、镗削、铣削、刨削等；磨料切削加工的方式有磨削、珩磨、研磨、超精加工等。

三、本课程的性质与任务

本课程是一门具有专业性质的课程，主要任务是培养操作技能，熟悉机械加工的基本知识，为日后的学习提升打下基础。

通过本课程的学习，应达到下列基本要求：

1. 熟悉常见机床的组成及工作内容，掌握主要工种所常用的机床加工零件的方法及其加工质量问题的分析方法。

2. 了解金属切削过程及基本规律，掌握刀具几何角度、切削用量的基本选择方法。

3. 了解工件定位、夹紧的基本原理，了解工艺过程概论及其组成，掌握简单的轴、套、支架零件工艺卡的制定方法。

4. 掌握一般零件的加工操作方法。

本课程的特点：一是对学生在教学实习中要求以懂得的基本知识为依据而设置的，它为后继专业课打基础；二是实践性强，教学过程与教学实习紧密配合，按教学实习进度完成教学内容；三是理论教学内容覆盖面广，通俗易懂，适应中等职业学校机械类专业教学。

第 1 章 金属切削的基本知识

【本章学习目标】
1. 了解金属的切削原理；
2. 懂得车刀的结构；
3. 懂得金属切削时切削用量的选择方法。

【教学重点】
金属切削时切削用量的选择方法。

【教学方法】
读书指导法、分析法、练习法。

切削加工是指工人利用切削机床和切削工具从毛坯（如铸件、锻件、棒料或板料）上切去多余的材料，使工件的几何形状、尺寸以及表面粗糙度等方面均符合图样要求的机械加工方法。其主要方式有车削、钻削、镗削、铣削、刨削、磨削和超精加工等。

机械加工虽有多种不同的方式，但是它们在很多方面（如切削的运动、切削工具以及切削过程的实质等）都有着共同的现象和规律，这些现象和规律是学习各种切削加工方法共同的基础。

1.1 金属切削过程的基本概念

一、切削运动和切削表面

（一）切削运动

（1）主运动 它是切下切屑形成工件表面形状所需要的基本的运动，也是切削加工中速度最高、消耗功率最多的运动。如图 1-1 所示，车削时工件的旋转，钻削、镗削和铣削时刀具的旋转，磨削时砂轮的旋转，牛头刨床刨削时刀具的直线往复运动等，都是主运动。

（2）进给运动 它是使切削工具不断切下切屑所需要的运动。如图 1-1 所示，车削和钻削中的刀具移动，镗削、刨镗和铣削中的工件移动，磨削中的工件转动和移动等，都是进给运动。

各种切削加工机床都是为了加工某些表面而发展起来的,因此都有特定的切削运动。在切削加工时,主运动一般只有一个,进给运动可以是一个或多个,如图1-1(f)中就有两个进给运动。

(二) 切削时工作的表面

切削时,刀具沿着进给方向运动,工件上的多余金属层不断被切去而成为切屑,从而加工出所需要的表面。此时,工件上有三个不断变化着的表面(图1-1)。

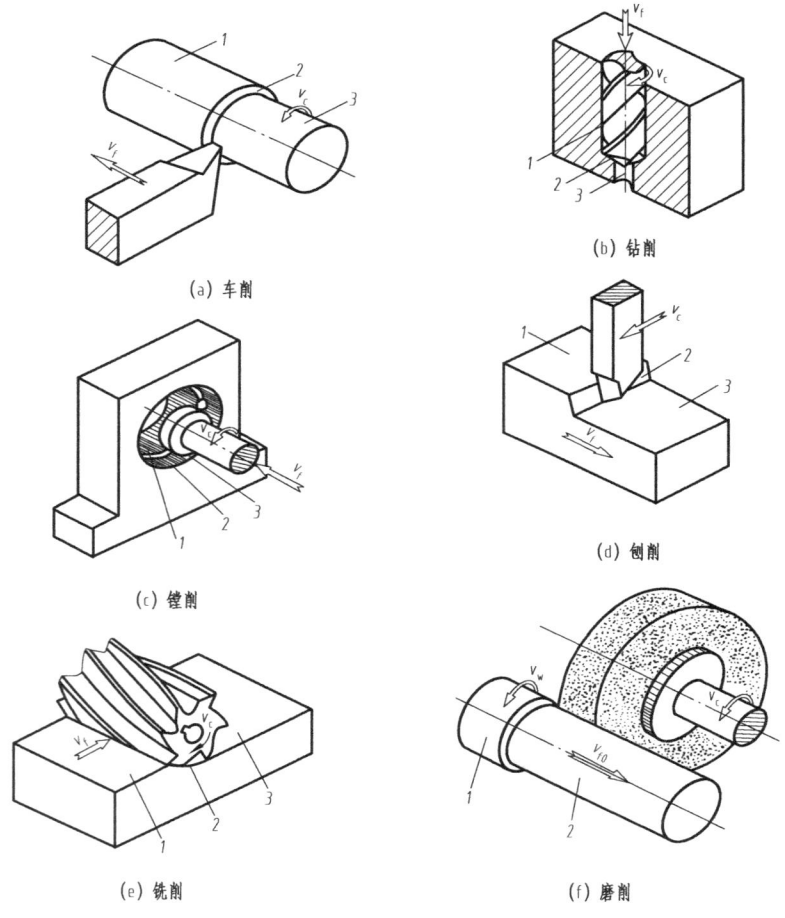

1—待加工表面;2—过渡表面;3—已加工表面;
V_c—主运动;v_f、v_{fa}、v_w—进给运动
图1-1 切削运动及加工表面

(1) 待加工表面 工件上即将切去切屑的表面。
(2) 过渡表面 工件上切削刃正在切削着的表面。
(3) 已加工表面 工件上已切去切屑的表面。

二、切削要素

(一) 切削用量要素

切削用量要素是指切削过程中的切削速度、进给量和吃刀量这三个要素,它们被称为切削用量三要素。

1. 切削速度 v_c

主运动的线速度称为切削速度,以 v_c 表示。若主运动为旋转运动,则切削速度为其最大的线速度,其计算公式为

$$v_c = \pi dn/1000 \tag{1-1}$$

式中:v_c——切削速度(m/min 或 m/s);
d——工件待加工表面直径(mm);
n——工件或刀具的转速(r/min 或 r/s)。

若主运动为往复直线运动,如刨削、插削等,则常以其平均速度为切削速度。其公式为

$$v_c = 2Ln_r/1000 \tag{1-2}$$

式中:L——刀具或工件作往复直线运动的行程长度(mm);
n_r——刀具或工件每分钟(或每秒钟)往复的次数(次/min 或次/s)。

2. 进给量 f

工件或刀具每转一周或往复一次,刀具与工件之间沿进给运动方向相对移动的距离,称为进给量,用 f 表示。如图 1-2 所示,车削时的 f(mm/r)为工件每转一周时,车刀沿进给方向移动的距离 CB;刨削时的 f(mm/行程)为刨刀(或工件)每往复一次后,工件(刨刀)沿进给方向移动的距离。

3. 背吃刀量 a_p

背吃刀量是指在通过切削刃基点并垂直于工作平面上测量的吃刀量,用 a_p(mm)表示(图 1-2)。

(二) 切削层要素

车削外圆时,工件转一周主切削刃相邻两位置间被切削的一层金属层次称为切削层。它是工件上正被切削刃切削着的一层金属(图 1-2 中四边形 AB-CD)。切削层要素有:切削层厚度 h_D、切削层宽度 b_D、切削层面积 A_D。

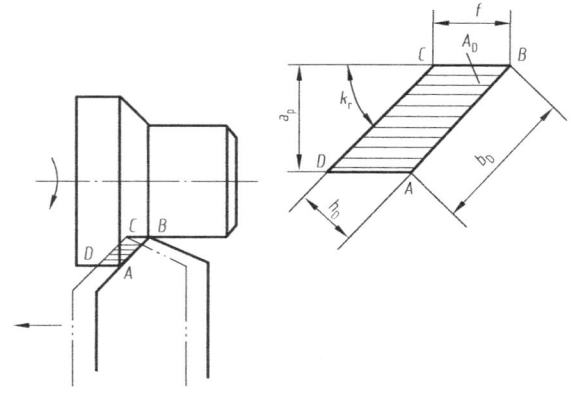

图 1-2 切削层参数

(1) 切削层厚度 h_D 切削层中 AB 边与 CD 边的垂直距离即是切削层厚度 h_D(mm)。它在切削层中垂直于加工表面的截面内测量(见图 1-2),其计算式为

$$h_D = f \cdot \sin \kappa_r \tag{1-3}$$

式中　κ_r——刀具主偏角。

（2）切削层宽度 b_D　刀具主切削刃与工件的接触长度即切削层宽度 b_D（mm）。它在切削层中垂直于主运动方向上的截面内测量（见图1-2），其计算公式为

$$b_D = \alpha_p / \sin\kappa_r \tag{1-4}$$

（3）切削层面积 A_D　切削层面积 A_D等于切削层厚度和切削层宽度的乘积或等于背吃刀量与进给量的乘积。单位：（mm^2）。其计算公式为

$$A_D = h_D \cdot b_D = \alpha_p \cdot f \tag{1-5}$$

1.2　车刀切削部分的几何参数

一、车刀的组成

（一）车刀的主要部分

外圆车刀是最基本、最典型的刀具。如图1-3所示，它由刀体8和刀柄7组成。刀体用来切削，又称切削部分；刀柄用来将车刀夹固在车床刀架上。车刀切削部分一般由三个表面、两个切削刃和一个刀尖组成。

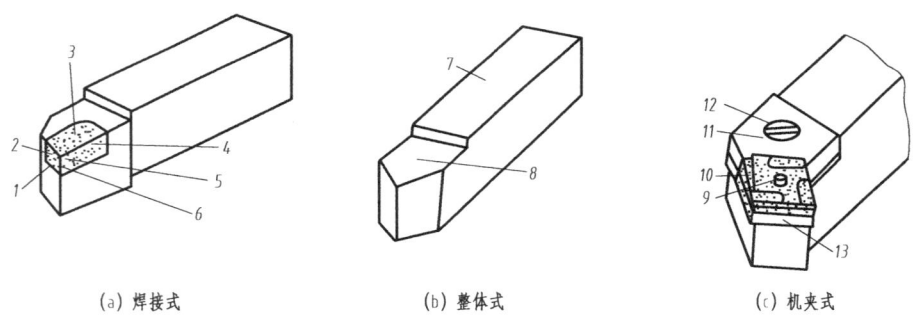

3
2
4
1
5
6
7
8
12
11
10
9
13
(a) 焊接式
(b) 整体式
(c) 机夹式

1—副后面；2—副切削刃；3—前面；4—主切削刃；5—刀尖；6—后面；7—刀柄
8—刀体；9—圆柱销；10—刀片；11—楔块；12—夹紧螺钉

图1-3 外圆车刀

1. 三个表面

（1）前面 A_γ　刀具上切屑流过的表面称为前面，也称为前刀面。

（2）后面 A_a　与工件上的过渡表面相对的表面称后面，也称主后面。

（3）副后面 A'_a　与工件上的已加工表面相对的表面称副后面。

2. 两个切削刃

（1）主切削刃 S　前面与后面的交线为主切削刃。它承担着主要的切削工作。

（2）副切削刃 S'　前面与副后面的交线为副切线削刃。通常，靠近刀尖处的副切削刃起微量切削作用，在大进给量切时，副切削刃也起主要的切削作用。

3. 刀尖

刀尖是主、副切削刃的交点。通常，刀尖用短直线或圆弧取代它，以提高刀具的使用寿命。

不同类型的刀具，其刀面、切削刃的数量不完全相同。例如，车床上常用的切断刀就有两个副切削刃。

（二）常用车刀的结构

图 1-3 所示为车刀常用结构。图 1-3（a）是硬质合金刀片焊接式车刀；图 1-3（b）为高速钢整体式车刀，刀体切削部分靠刃磨成形；图 1-3（c）是将具有若干个切削刃的硬质合金刀片紧固在刀体上，称机械夹固（简称"机夹"）式车刀。

金属切削刀具的种类很多，形状和结构较复杂，且各不相同。但对各种复杂刀具或多齿刀具，其主要切削部分的几何形状都相当于一把车刀的切削部分。如图 1-4 所示，钻头可看作两把一正一反对称装夹后，同时车削孔壁两侧的车刀；图 1-5 所示的铣刀虽然形状复杂，实际上是由多把车刀组合而成，一个刀齿可看作一把车刀。因此，本书将车刀作为研究的主要对象。

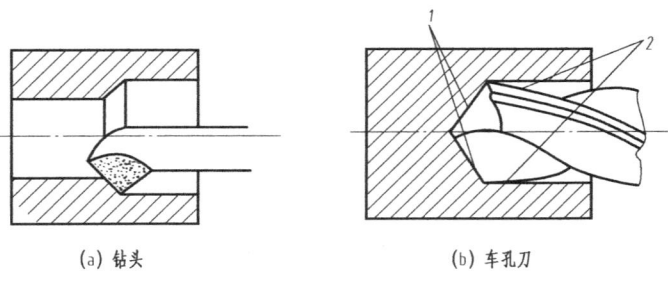

(a) 钻头　　　　　　　　(b) 车孔刀

1—主切削刃；2—副切削刃
图 1-4 钻头与车孔刀的对比

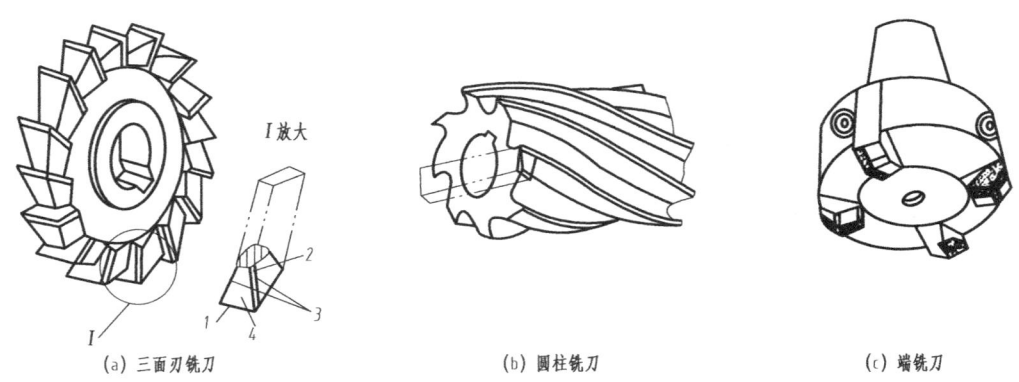

(a) 三面刃铣刀　　　　(b) 圆柱铣刀　　　　(c) 端铣刀

1—主切削刃；2—副后面；3—副切削刃；4—前面
图 1-5 铣刀和车刀对比

二、确定车刀几何角度的辅助平面

为了便于设计时在图样上标注和制造以及刃磨时测量刀具的几何角度,需要假定三个辅助平面作为基准,即基面、切削平面和正交平面,它们共同构成刀具静止参考系,如图 1-6 所示。

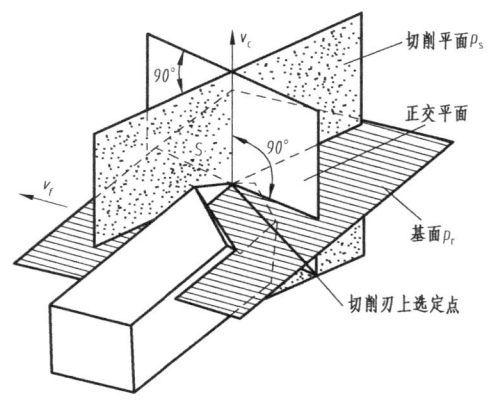

图 1-6　刀具静止参考系

(1) 基面 p_r　基面 p_r 是通过主切削刃上的选定点而又垂直于该点切削速度(不考虑进给运动时的切削速度)的平面。基面平行于车刀底面,底面是制造、刃磨、测量和装夹车刀的基准面。

(2) 切削平面 p_s　切削平面 p_s 是通过主切削刃上的选定点与主切削刃 S 相切并垂直于基面 p_r 的平面。切削平面是包含相对运动速度的平面,若不考虑进给运动的影响,相对运动速度的方向就是切削速度的方向。

(3) 正交平面 p_o　正交平面 p_o(也称主剖面)是通过主切削刃上的选定点并同时垂直于基面 p_r 和切削平面 p_s 的平面。

三、车刀的几何角度

刀具几何角度有标注角度(或称刃磨角度)和工作角度(或称实际切削角度)。

(一) 刀具的标注角度

在刀具图样上标注的角度称为标注角度,也就是刀具制造和刃磨时控制的几何角度。刀具标注角度是在上述刀具静止参考系内度量的,如图 1-7 所示。

1. 在正交平面 p_o 内测量的角度

(1) 前角 γ_o　前面与基面之间的夹角。

(2) 后角 α_o　分主后角 α_o 和副后角 α_o',主后角 α_o 是主刀后面与切削平面之间的夹角,副后角 α_o' 是副刀后面与副切削平面之间的夹角。

(3) 楔角 β_o　前面与主后面之间的夹角。

2. 在基面 p_r 内测量的角度

(1) 主偏角 K_r　主切削刃 S 与进给速度 v_f 之间的夹角。

（2）副偏角 K_r'　副切削刃 S' 与进给速度 v_f 反方向之间的夹角。

（3）刀尖角 ε_γ　主切削刃 S 与副切削刃 S' 之间的夹角。其公式为

$$\varepsilon_\gamma = 180° - (K_r + K_r') \tag{1-6}$$

3. 在切削平面 p_s 内测量的角度

刃倾角 λ_s 主切削刃 S 与基面 p_r 之间的夹角。前角和刃倾角均可为正值、负值或零。在正交平面 p_o 中，前面与基面重合时前角为零，车刀刀尖处于主切削刃上最高点时，刃倾角为正；刀尖处于主切削刃上最低点时，刃倾角为负值（图1-7）。图1-8所示为车刀刃倾角的三种不同情况。

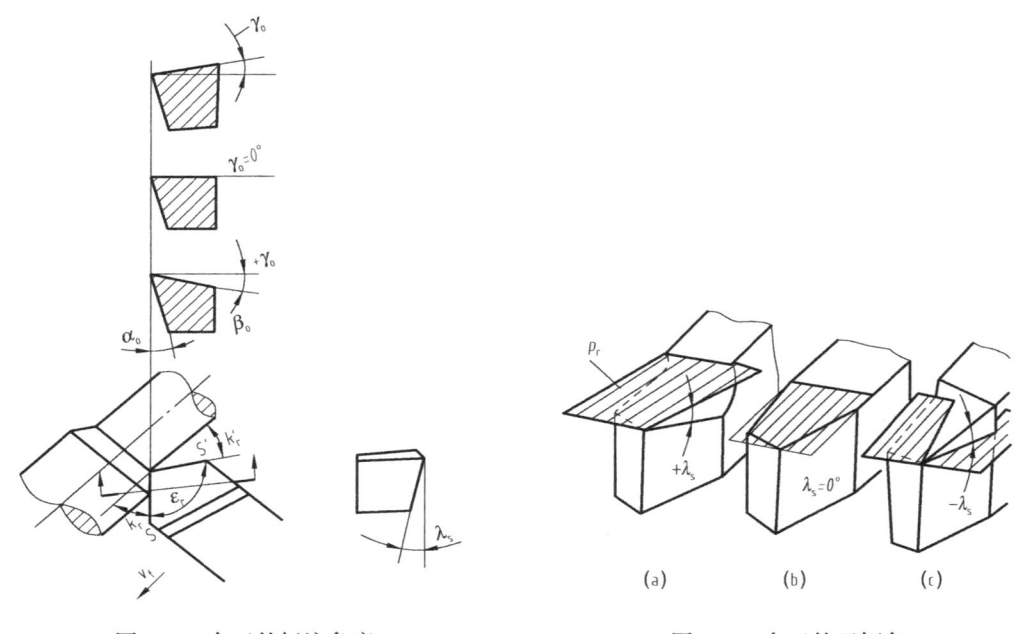

图1-7　车刀的标注角度　　　　　图1-8　车刀的刃倾角

车刀有六个基本角度：前角 γ_o、主后面 α_o、副后面 α_o' 主偏角 K_r、副偏角 K_r'、刃倾角 λ_s，两个派生角度：楔角 β_o 和刀尖角 ε_γ。

（二）刀具的工作角度

刀具的工作角度是考虑实际装夹条件和进给运动的影响而确定的角度。当考虑实际装夹和进给运动的影响时，刀具标注角度的静止参考系将发生变化而称为刀具工作参考系。因此，刀具工作时的角度也随之变化而称为工作角度。

（1）装夹对刀具工作角度的影响　如图1-9（a）所示，刀尖对准工件中心安装时，设切削平面（包含切削速度 v_c 的平面）与车刀底面相垂直，则基面与车刀底面平行，刀具切削角度无变化；图1-9（b）为刀尖装夹得高于工件中心时，切削速度 v_c 所在平面（即切削平面）倾斜一个角度 τ，则基面也随之倾斜一个角度 τ，从而使前角 γ_o 增大了一个角度 τ；后角 α_o 减小了一个角度 τ。反之，当刀尖装夹得低于工件中心时，则前角 γ_o 减小，后角 α_o 增大，如图1-9（c）所示。

（2）进给运动对工作角度的影响　如图1-10所示，切削时若考虑进给运动，包含合成

切削速度 v_c 切削平面（称工作切削平面）倾斜一个角度，而垂直于工作切削平面的基面（称工作基面）则随之倾斜，从而导致刀具工作角度变化。实际车削的外圆表面是一个螺旋面，通过切削刃选定点的工作基面和工作切削平面都要倾斜一个螺旋升角 ψ，使前角 γ_o 增大一个角度 ψ，则后角 α_o 减小一个角度 ψ。一般车削时，由于进给量比工件直径小得多，ψ 值很小，所以对车刀工作前、后角的影响可忽略不计。但车削导程较大的螺纹时，如梯形螺纹、矩形螺纹和多线螺纹，则必须考虑螺纹升角 ψ 对加工的影响。

四、车刀的刃磨与几何角度的测量

（一）车刀几何角度的刃磨方法

1. 砂轮的选用

（1）磨料的选择　磨料选择的主要依据是刀具的材料和热处理方法。除手动工具外，大部分刀具材料用高速钢淬火后硬度在 65HRC 左右。刃磨硬质合金刀具通常选用绿色碳化硅磨料 GC（旧 TL），刃磨淬火高速钢刀具选用白刚玉 WA（旧 GB）或铬刚玉 PA（旧 GG）磨料。对于要求较高的硬质合金刀具（如铰刀等），可用人造金刚石 D（旧 JR）磨料。对于高钒高速钢工具，选用单晶刚玉 SA（旧 GD）磨料。

（2）砂轮粒度的选择　砂轮粒度选择的主要依据是刀具的精度和表面粗糙度要求，此外还要考虑磨削效率。一般刀具的表面粗糙度值 Ra 为 0.4~0.1μm 时，若分粗、精磨，则从磨削效率考虑，粗磨时应选粒度为 46#~60# 的砂轮，精磨时应选粒度为 80#~120# 的砂轮。

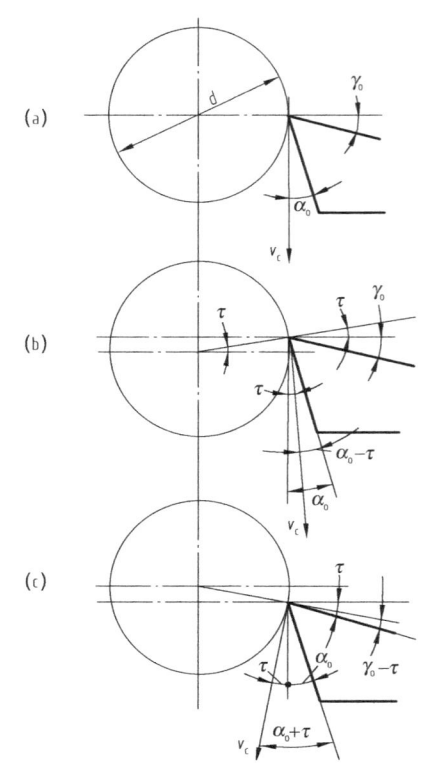

图 1-9　车刀刀尖装夹高度对工作角度的影响

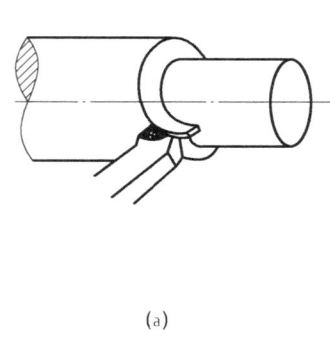

(a)

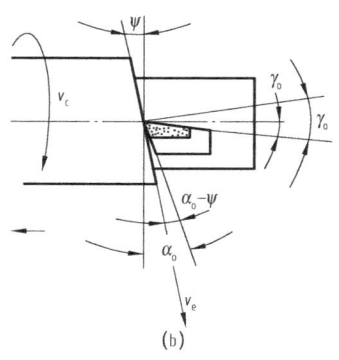

(b)

图 1-10　进给运动对工作前、后角的影响

（3）砂轮硬度选择　刃磨刀具时，砂轮硬度应选得软些。一般刃磨硬质合金刀具，硬度选用 H（旧 R_2）、J（旧 R_3）；刃磨高速钢刀具，硬度选用 H（旧 R_2）、K（旧 ZR_1）。

2. 车刀几何角度的刃磨方法

（1）刃磨方法　如图 1-11 所示，刀尖角 ε_γ 为 80°的外圆车刀，采用手工刃磨的方法。简述如下：

1) 人站立在砂轮侧面，以防砂轮碎裂时，其碎片飞出伤人。

2) 两手握刀的距离拉开，两肘夹紧腰部，可减小磨刀时手的抖动。

3) 磨刀时，车刀应放在砂轮的水平中心，刀尖略微上翘约 3°～8°，车刀接触砂轮后应作左右方向的水平移动。当车刀离开砂轮时，刀尖应向上抬起，以防磨好的刀刃被砂轮碰伤。

4) 磨主后面时，刀柄尾部向左偏一个主偏角的角度，如图 1-11（a）所示；磨副后面时，刀柄尾部向右偏过一个副偏角的角度，如图 1-11（b）所示。

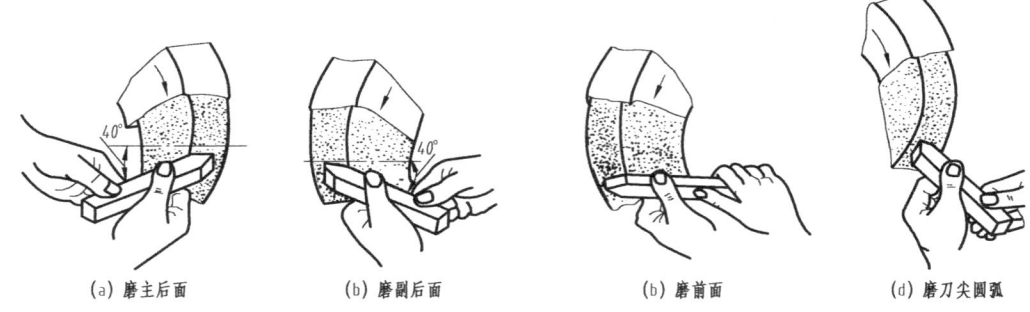

图 1-11　车刀的刃磨

5) 修磨刀尖圆弧时，通常以左手握车刀前端为支点，用右手转动车刀尾部，如图 1-11（d）所示。

6) 刃磨步骤：粗磨主后面和副后面，粗、精磨前面，精磨主后面和副后面，磨刀尖圆弧，角度测量，用油石手工研磨负倒棱及刀尖圆弧。

（2）注意事项

1) 车刀刃磨时，不能用力过大，以防打滑伤手。

2) 车刀的高低必须控制在砂轮水平中心，使刀具头部略向上翘，否则会出现负后角或后角过大等弊端。

3) 车刀刃磨时应作水平的左右移动，以免砂轮表面出现凹坑。

4) 在平形砂轮上磨刀时，应避免在砂轮侧面上磨。

5) 砂轮磨削表面必须经常修整，使砂轮没有明显的跳动。对平形砂轮一般可用砂轮刀在砂轮上来回修整，如图 1-12 所示。

6) 磨刀时要求戴防护镜。

7) 刃磨硬质合金车刀时，不可把刀体部分放入水中冷却，以防刀片突然冷却而碎裂。刃磨高速钢车刀时，应随时用水冷却，以防车刀过热退火而降低硬度。

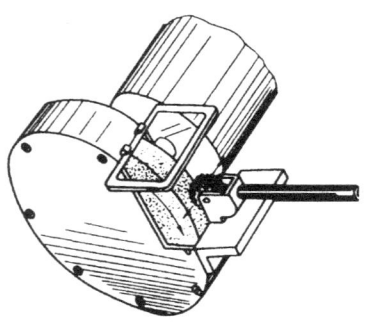

图 1-12　用砂轮刀修整砂轮

8)在磨刀前,要对砂轮机的防护设施进行检查,如防护罩是否齐全,是否有托架的砂轮,其托架与砂轮之间的间隙是否恰当等。

9)重新安装砂轮后,要进行检查,经试转后才能使用。

10)刃磨结束后,应随手关闭砂轮机电源。

(二)车刀几何角度的测量

车刀标注角度可用角度样板、万能角度尺及量角台等进行测量。本书主要介绍量角台的使用方法。

1. 车刀量角台的结构

车刀量角台是测量车刀标注角度的专用量角仪器,其形式很多,常用的量角台如图1-13所示。在支脚1上的圆形底盘2的周边,刻有从0起向左、右各100°的刻度,工作台5绕小轴7转动,转动角度由固定于工作台上的指针6读出。定位块4和导条3固定在一起,可在工作台的滑槽内平行移动。

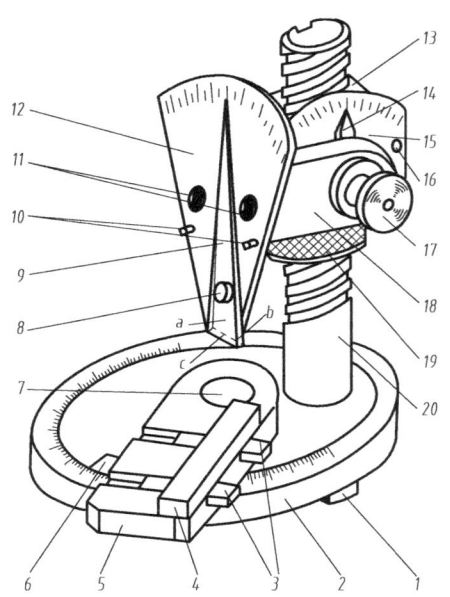

1—支脚;2—圆形底盘;3—导条;4—定位块;5—工作台;6—指针;7—小轴;8—螺钉轴;
9—大指针;10—销轴;11—螺钉;12—大刻度盘13—滑体;14—小指针;15—小刻度盘;
16—小螺钉;17—旋钮;18—弯板;19—螺母;20—立柱

图1-13 车刀量角台

立柱20固定在底盘上,其上有矩形螺纹。旋转螺母19,可使滑体13沿立柱的键槽上、下移动。小刻度盘15由小螺钉16固定在滑体上,用旋钮17可将弯板18锁紧在滑体上。松开旋钮,弯板以旋钮为轴,可向顺时、逆时针两个方向转动,转动的角度由固定于弯板18上的小指针14在小刻度盘15上示出。大刻度盘12转动角度由螺刻度盘上的大指针9在大刻度盘上示出,绕螺钉轴向顺、逆时针两面个方向转动,转动的极限位置由销轴10限制。当指针6、大指针9、小指针14都处于0°时,大指针的前面a和侧面b分别垂直于工作台的平面,而底面c平行于工作台的平面。

2. 用车刀量角台测量车刀标注角度

（1）校准车刀量角台测量的原始位置　测量前应将量角台的大、小指针全部全部调整到零位，然后按图 1-14 把车刀平放在工作台上。此状态下车刀量角台位置为测量车刀角度的原始位置。

（2）主偏角的测量　从原始位置起，按顺时针方向转动工作台（工作台平面相当于基面 p_r），让主切削刃和大指针前面 α 紧密结合，如图 1-15 所示。此时，工作台指针在底盘上所指示的刻度值，即是主偏角的数值。

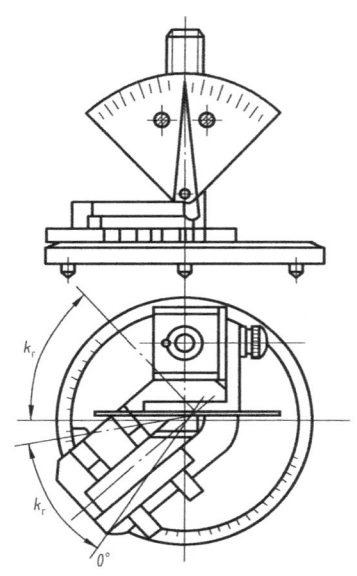

图 1-14　测量车刀角度的原始位置

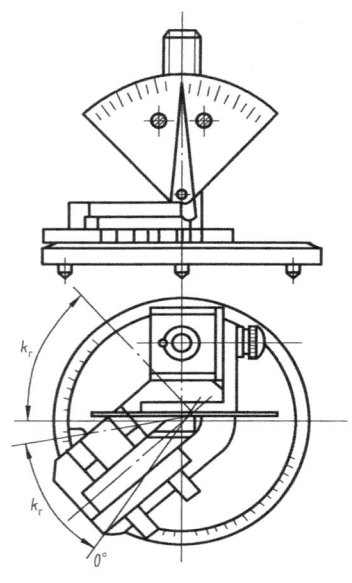

图 1-15　测量车刀主偏角

（3）刃倾角的测量　测完主偏角后，使大指针底面 c 和主切削刃紧密贴合（大指针前面 α 相当于切削平面 p_s），如图 1-16 所示。此时，大指针在大刻度盘上所指示的刻度值，就是刃倾角数值。大指针在零位左边为 $+\lambda s$，在右边为 $-\lambda s$。

（4）副偏角的测量　参照测量主偏角的方法，按逆时针方向转动工作台，使副切削刃和大指针前面 α 紧密贴合，如图 1-17 所示。此时，工作台指针在底盘上所指示的刻度值，就是副偏角的数值。

（5）前角的测量　从图 1-15 测完车刀主偏角的位置起，按逆时针方向使工作台转 90°，这时主切削刃在基面上的投影恰好垂直于大指针前面 α（相当于正交平面 p_o），然后让大指针底面 c 落在通过主切削刃上选定点 A 的前面上（紧密贴合），如图 1-18（a）所示。此时，大指针在大刻度盘上所指示的刻度值，就是正交平面内前角的数值。指针在零位右边时为 $+\gamma_o$，在左边时为 $-\gamma_o$。

（6）后角的测量　测完前角后，向右平行移动车刀（这时定位块可能要移到车刀的左边，但仍要保证车刀侧面与定位块侧面靠紧），使大指针侧面 b 和通过主切削刃上选定点 A_a 的后面紧密贴合，如图 1-18（b）所示。此时，大指针在大刻度盘上所指示的刻度值，就是正交平面内后角的数值。指针在零位左边为 $+\alpha_o$，在右边为 $-\alpha_o$。

图 1-16　测量车刀的刃倾角　　　　　图 1-17　测量车刀副偏角

(a) 测量车刀前角

(b) 测量车刀后角

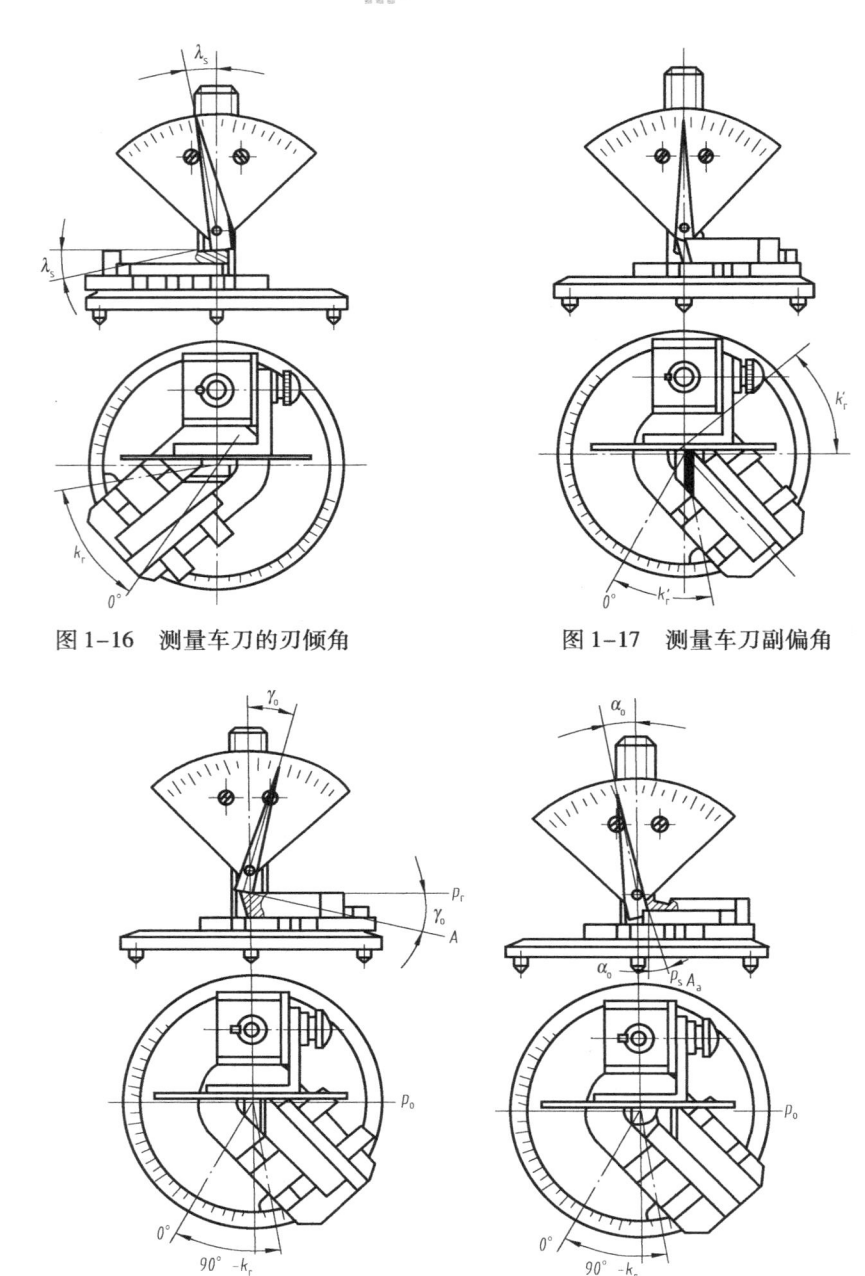

图 1-18　测量车刀的前角与后角

1.3　常用刀具材料

一、刀具切削部分材料的性能要求

在切削过程中，刀具切削部分承受切削力、切削热的作用，同时与工件及切屑之间产生剧烈的摩擦，因而发生磨损。在切削余量不均匀或断续表面时，刀具还受到很大的冲击和振动。因此，刀具切削部分的材料应满足下列基本要求。

1. 高的硬度和耐磨性

刀具材料硬度应比工件材料的硬度高，一般常温硬度要求 60HRC 以上。刀具材料应具有较强的耐磨性，材料硬度越高，耐磨性也越好。

2. 足够的强度和韧性

刀具材料必须有足够的强度和韧性，以便承受切削力，在承受振动和冲击时不致断裂和崩刀。

3. 较好的热硬性

热硬性是指在高温下仍能保持硬度、强度、韧性和耐磨性基本不变的能力，一般用保持刀具切削性能的最高温度来表示。

4. 良好的工艺性

为便于制造，刀具材料应具备良好的可加工性。例如：热处理性能、高温塑性、可磨削加工性及焊接工艺性等。

5. 经济性

经济性是评定刀具材料的重要指标之一。有的材料虽然单件成本很高，但因其使用寿命长，分摊到每个零件上的成本不一定很高。此外，刀具材料的选用还应当结合本国资源情况，充分考虑其经济效益。

目前广泛应用的刀具材料主要是高速钢和硬质合金。

二、常用刀具材料的性能及应用

1. 碳素工具钢

碳素工具钢热处理后的硬度为 60~64HRC，其热硬性差，在 200~250℃ 时即失去原有的硬度，淬火后易变形和开裂。它的主要优点是价格低，可加工性好，刃口易磨得锋利等。它常用于低速（$v_c < 8m/min$）切削，制造手用刀具，如锉刀、刮刀和手用锯条等。常用牌号为 T10A、T12A 等。

2. 合金工具钢

在碳素工具钢中加入一些合金元素（如钨、铬、锰、钼、钒等）而炼出的钢，称为合金工具钢。其优点是热处理变形小，淬透性好。合金工具钢淬火后硬度为 60~65HRC，热硬性温度为 300~350℃，用以制造丝锥、板牙、铰刀等形状较为复杂、切削速度不高（$v_c < 10m/min$）的刀具。常用牌号有 CrWMn、9SiCr 等。

3. 高速钢

高速钢是一种含钨、铬、钼、钒等合金元素较多的高合金工具钢，因其容易磨得锋利而称锋钢，又因表面光亮洁白而又称白钢。高速钢的热硬性温度为550~600℃，因此它所允许的切削速度比普通合金工具钢高两倍以上。切削普通结构钢时，其切削速度可达25~30m/min。它的热硬性和耐磨性虽然低于硬质合金，但因其抗弯强度和韧性高，制造工艺性好，容易磨出锋利的刃口，价格也比较便宜，因此使用较广。除制造各种车刀外，高速钢尤其适于制造各种形状复杂的刀具，如铣刀、孔加工刀具、螺纹刀具、拉刀和齿轮刀具等。几种常见高速钢的性能及用途见表1-1，其中W18Cr4V和W6Mo5Cr4V2的用量最大。

表1-1 常用高速钢的应用范围

类 别		牌 号	硬度（HRC）	600℃高温速钢硬度（HRC）	主要用途
通用高速钢		W18Cr4V	62~66	48.5	用途广泛，容易磨得光洁锋利，适用于制造形状复杂、热处理后刃需要磨制的刀具，如齿轮刀具、钻头、铰刀、铣刀、拉刀等
		W6Mo5Cr4V2	62~66	47~48	可磨性差，热塑性和冲击韧度好，一般用于制造麻花钻等
高性能高速钢	碳	95W18Cr4V	67~68	51	可磨性好，硬度、耐磨性和热硬性较好，可用于不锈钢、耐热合金钢等难加工材料的切削，但其冲击韧度差
	钒	W12Cr4V4Mo	63~66	51	可磨性差，硬度、热硬性、耐磨性较好，用于制造形状简单、要求耐磨的车刀等
	硬	W6Mo5Cr4V2Al	68~69	55	可磨性差，硬度、热硬性、耐磨性好，用于制造复杂刀具和难加工材料用刀具，如高速插齿刀、齿轮滚刀等
		W2Mo9Cr4Vco8	66~70	55	可磨性好，硬度、热硬性、耐磨性好，用于制造复杂刀具和难加工材料用刀具，价格高

4. 硬质合金

硬质合金是用粉末冶金方法制成的。它由硬度与熔点都很高的碳化物和黏结金属组成。硬质合金的硬度很高（89~93HRA，相当于74~81HRC），能耐800~1000℃高温，因此可用来加工工具钢刀具等不易切削的材料。它的切削速度比高速钢高4~10倍，可达100~300m/min。但其韧性差，承受振动及冲击的能力差，同时刃口不易磨锋利，因而不适于制造刃形复杂的刀具。因此，硬质合金不能完全取代高速钢。硬质合金一般制成各种形式的刀片，焊接或夹固在刀体上使用，很少制成整体刀具。常用硬质合金刀具的牌号见表1-2。

表1-2 常用硬质合金牌号的选用

合金类别	牌 号	性 能		用 途	代 号
钨钛钴合金	YT30	↑硬度、耐磨性↓	↓强度、韧性↑	钢与铸钢工件在高速切削、小切削截面、无振动条件下精车、精镗	P01
	YT15			钢与铸钢工件在高速、连续切削时的粗车、半精车、精车、半精铣与精铣，间断切削时的精车，旋风车螺纹，孔的粗、精扩	P10
	YT14			钢或铸钢工件连续切削时的粗车、粗铣，间断切削时的半精车与精车，铸孔的扩钻与粗扩	P20
	YT5			钢类件（锻钢件、铸钢件的表皮）连续与非连续表面的粗车、粗刨、半精刨、粗铣及钻孔	P30

续表

合金类别	牌号	性能		用途	代号
碳基化合钛金	YN05	↑硬度、耐磨性	强度、韧性↓	钢、铸钢件和合金铸铁的高速精加工	P01
	YN10			碳素钢、各种合金钢、工具钢、淬火钢等钢材的连续加工	P01P05
通用合金	YW1	↑硬度、耐磨性	强度、韧性↓	耐热钢、高锰钢、不锈钢等难加工钢材及碳素钢、灰铸铁和合金铸铁的中高速车削	M10
	YW2			耐热钢、高锰钢、不锈钢等难加工钢材,普通钢材和灰铸铁的中、低速车削、铣削	M20
钨钴合金	YG3X	↑硬度、耐磨性	强度、韧性↓	铸铁、有色金属及其合金的精镗、精车等,亦可用于合金钢、淬火钢的精车	K01
	YG6AYA6			硬铸铁、可锻铸铁、淬火硬钢、高锰钢及合金钢铁 半精加工和精加工,也可用于有色金属及合金、硬塑料、硬橡胶及硬纸板的半精加工	K10
	YG6X			铸铁、冷硬合金铸铁和耐热合金钢的精加工	K01
	YG3			铸铁、有色金属及其合金在无冲击时的精加工和半精加工、钻孔、扩孔、螺纹车削等	
	YG6			铸铁、有色金属及其合金与非金属材料连续切削时的粗车,间断切削时的半精车、精车、粗车螺纹、旋风车螺纹、半精铣、精铣	K20
	YG8N			硬铸铁、球墨铸铁、白口铁及有色金属的粗加工,也可用于不锈钢的粗加工和半精加工	K20K30
	YG8			铸铁、有色金属及其合金与非金属材料加工中,间断切削时的粗车、粗刨、粗铣及一般孔和深孔的钻孔、扩孔等	K30

（1）钨钴类硬质合金 YG 钨钴类硬质合金是由碳化钨 WC 和钴 Co 所组成。硬度一般为 89～91HRA，热硬性温度为 800～900℃。钨钴合金的韧性、可磨性和导热性好，用于切削铸铁等脆性材料和有色金属及其合金。按不同的钴含量，钨钴合金可分为 YG3、YG6、YG8 等多种牌号。其中数字表示含钴量的高低，数字越大，则含钴量越高，其承受冲击的性能就越好，所以一般 YG8 多用于粗加工，YG6 和 YG3 分别用于半精加工和精加工。

（2）钨钛钴类硬质合金 YT 钨钛钴类硬质合金由碳化钨 WC、碳化钛 TiC 和钴 Co 所组成。硬度一般为 89.5～92.8HRA，热硬性温度为 900～1000℃。碳化钛能阻止合金元素扩散，提高发生粘接的温度，减少氧化倾向，从而提高了硬质合金的耐热性和耐磨性。因此，钨钛钴类合金用于切削普通钢材。钨钛钴类合金可分为 YT5、YT14、YT15 和 YT30 等多种牌号。其中数字表示碳化钛含量，含碳化钛越多则硬度和耐磨性越高，强度和韧性越低。因此，YT30 用于切削平稳的精加工，而 YT15 则用于切削过程中承受冲击载荷较大的粗加工。

刀具材料除了上述一些种类外，还有很多种，如碳化钛基硬质合金、通用硬质合金、陶瓷、金刚石和立方氮化硼等。

1.4 金属切削过程的物理现象

切削时，刀具挤压切削层，使其与工件分离变成切屑而获得所需要的表面，这个过程称为切削过程。

切削过程中会出现许多现象，这些现象大多遵循一定的规律，如积屑瘤、切削力、切削热的变化等。这些现象和规律直接影响着刀具的寿命、加工质量、切削效率及切削加工的经济性，是进一步研究工件质量、生产率和加工成本的依据。

一、切削的形成

（一）金属的切削过程

金属的切削过程也是切屑形成的过程。如图 1-19 所示，切削塑性金属时，当工件受到刀具的挤压以后，切削层金属在始滑移面 OA 以下发生弹性变形，越靠近 OA 面，弹性变形越大。在 OA 面上，应力达到材料的屈服点 σ_s，则发生塑性变形，产生滑移现象。随着刀具的继续移动，原来处于始滑移面上的金属不断向刀具靠拢，应力和变形也逐渐加大。在终滑移面 OE 上，应力和变形达到最大值。越过 OE 面，切削层金属将脱离工件母体，沿刀具前面流出而形成切屑，完成切离。

（二）切屑的类型

如图 1-20 所示，工件材料的塑性不同或切削条件不同时，会产生不同类型的切屑，并对加工产生不同的影响。根据切屑的形状可分以下四种类型：

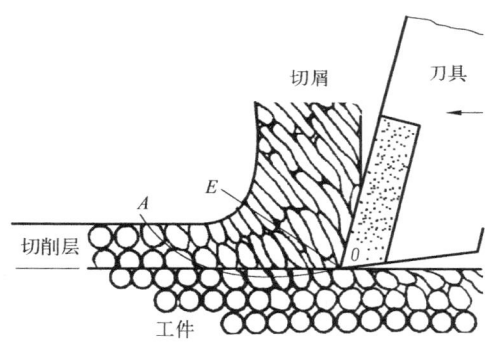

图 1-19　塑性金属的切削变形情况

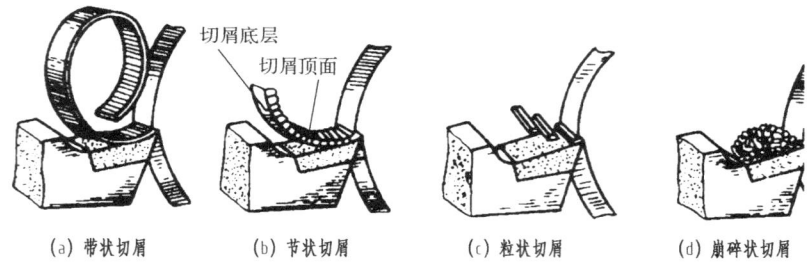

（a）带状切屑　　（b）节状切屑　　（c）粒状切屑　　（d）崩碎状切屑

图 1-20　切屑的种类

（1）带状切屑　用较大前角的刀具，在较高切削速度、较小的进给量和吃刀量情况下，切削硬度较低的塑性材料，容易得到这类切屑，如图 1-20（a）所示。由于材料塑性较大，虽然切削层金属经过终滑移面 OE 时产生了较大的塑性变形，但尚未达到破裂程度即被切离工件母体，所以切屑边连绵不断。带状切屑的形成过程经过弹性变形、塑性变形、切离三个阶段，切削过程比较平稳，切削力波动较小，工件表面较为光洁。但它可能缠绕在刀具或工件上，易损坏刀刃和刮伤工件，清除切屑和运输也不方便，常成为影响正常切削的关键。因此，常在刀具前上磨出各种卷屑槽或断屑槽，以促使切屑卷成一定的长度后自行折断。

（2）节状切屑　用较小前角的刀具，以较低的切削速度粗加工中等硬度的塑性材料时，由于材料塑性较小和切削变形较大，当切削层金属到达 OE 面时，材料已达到破裂程度，而被一层一层地挤裂。但在切离母体时，切屑底层尚未裂开，从而形成节状切屑，因而又称挤裂切屑，如图 1-20（b）所示。这类切屑的顶面有明显的裂纹，呈锯齿形，其形成过程经过了弹性变形、塑性变形、挤裂和切离四个阶段，是最典型的切削过程。形成节状切屑时，切削力较大且有波动，加工后的工件表面较粗糙。

（3）粒状切屑　在形成节状切屑的过程中，若进一步减小前角，降低切削速度或增大切削厚度，则切屑在整个厚度上被挤裂，形成梯形的粒状切屑，如图 1-20（c）所示，它又称单元切屑。形成粒状切屑时，产生的切削力较大，波动更大。

（4）崩碎状切屑　在切削铸铁和黄铜等脆性材料时，由于材料的塑性极小，切削层金属受刀具挤压经过弹性变形以后就突然崩碎，形成不规则的碎块屑片，即碎切屑，如图 1-20（d）所示。切屑的形成经过弹性变形、挤裂、切离三个阶段。产生崩碎切屑时，切削热和断续的切削力都集中在主切削刃和刀尖附近，刀尖容易磨损，并容易产生振动，因而影响工件的表面粗糙度。

切屑形状可以随切削条件的不同而改变，例如，改变刀具角度和切削用量，可改变切屑的形状。生产中常根据具体情况采取不同的措施来控制切屑流向、卷曲和折断，以保证切削加工的顺利进行和工件的表面质量。

（三）断屑与切屑流动方向

如图 1-21 所示，车削塑性金属材料时，当切屑顺刀具前面流出，由于受到刀具前面的挤压、摩擦作用，使它进一步产生变形。切屑底层的金属变形最严重，切屑沿刀具前面产生滑移，结果使底层的长度比上层长。于是切屑一边向上卷曲，一边沿垂直于切削刃的方向流动。切屑的形状及流动方向是非常重要的，它对生产与安全都有很大影响。

1. 断屑

断屑的原因有两种类型：一种是切削在流出过程中与阻碍相碰后受到一个弯曲力矩而折断，另一种是切屑在流出过程中因自身重量摔断。

（1）切屑受阻后折断　如图 1-22 所示，切屑顺刀具前面流出与断屑槽台阶相碰后，受到阻力 F_o 作用，在卷曲的同时又外加一个卷曲阻力，使切屑内部产生较大的弯曲应力而在断屑槽内折断。其屑形为长度较短的碎屑。

当断屑槽台阶使切屑产生弯曲应力而未达到使切屑折断的程度时，切屑在发生卷曲变形后会改变方向继续运动。如图 1-23 所示，切屑在卷曲运动中与工件的待加工表面相碰，受到一个阻力 F_o 作用而折断成 C 形切屑。图 1-24 所示为切屑与工件上的过渡表面相碰后形成圆卷形切屑。图 1-25 所示为切屑与车刀后面相碰后折断成 C 形或 6 字形切屑。

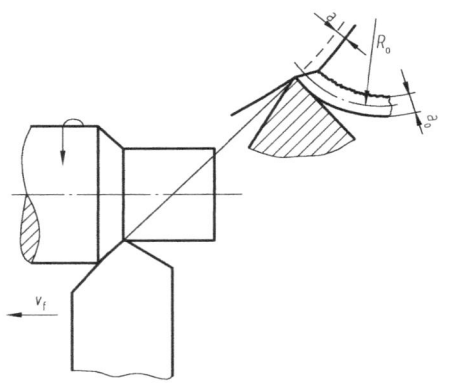
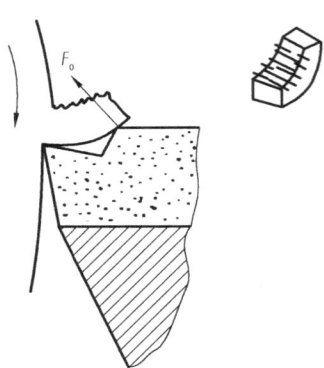

图 1-21　切屑的卷曲　　　　　　　　图 1-22　切屑在断屑槽内折断

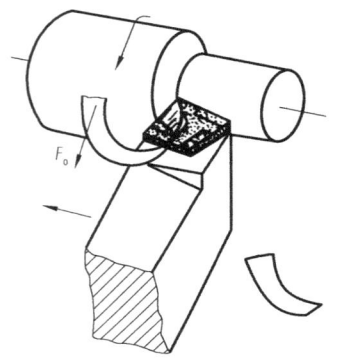
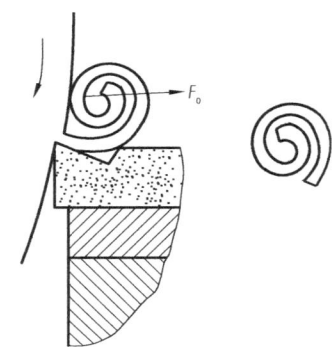

图1-23　切屑与工件待加工表面相碰后折断　　　图 1-24　切屑与工件过渡表面相碰后折断

（2）**螺旋状切屑**　如果切屑在脱离工件母体前受到的塑性变形未能使其达到破裂程度时，切屑在断屑槽内成卷，并沿断屑槽流出而形成螺旋形切屑，尔后靠自身重量在一定长度时摔断，如图 1-26（a）所示。断屑槽形状不同，切屑用量和刀具角度改变时，又会引起螺旋形切屑的屑形变化。图 1-26（b）所示为未断的带状切屑，即是上述条件变化的产物，这种切屑在加工中缠在刀具或工件表面上，给加工带来不便和不安全的因素，所以在加工过程中应尽量避免。

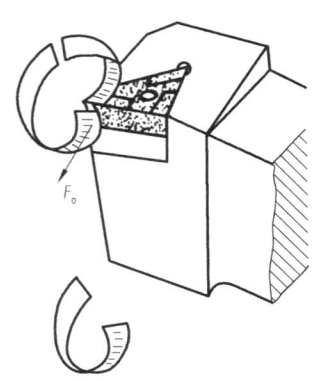
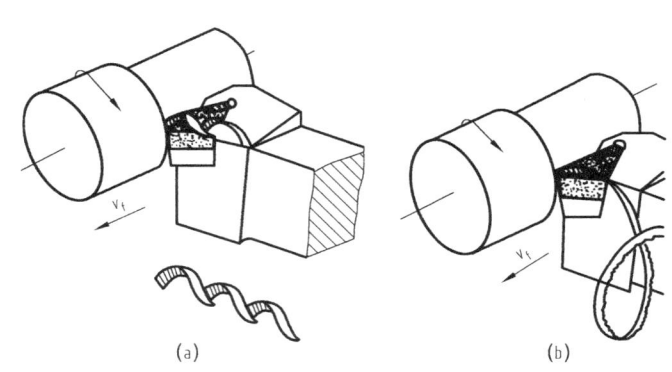

图 1-25　切屑与车刀后面相碰后折断　　　　　图 1-26　螺旋形切屑和带状切屑

2. 断屑槽结构

图 1-27 所示为断屑槽常用的三种形状,即折线(圆弧过渡)形、直线圆弧形和全圆弧形。

(1) 断屑台距离 图 1-28 所示为折线形断屑槽的卷屑情况,断屑台距离 l_{Bn} 越小,切屑的卷曲半径 R_o 越小,则切屑上的弯曲应力就越大,因此切屑越容易在断屑槽内折断或形成小直径螺旋形切屑。断屑台距离 l_{Bn} 不宜选得太小,应在保证断屑的前提下选得宽一些。因为 l_{Bn} 越小,断屑槽的容屑空间就越小,切屑变形就越大,易产生堵屑和打刀等现象。

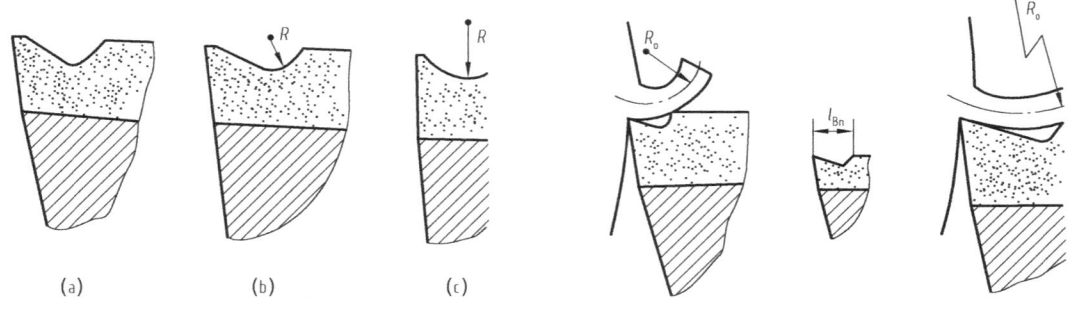

图 1-27　断屑槽的正交平面形状　　　　图 1-28　断屑台距离对断屑的影响

(2) 断屑槽斜角 断屑槽斜角 ρ_{Br} 有两种形式:外斜式,又称正喇叭式;内斜式,又称倒喇叭式。外斜式使切屑容易与待加工表面或刀具后面相碰而折断呈 C 形或 6 字形,如图 1-29(a)所示。内斜式使切屑容易形成卷得较紧的螺旋形并沿断屑槽向刀柄方向运动,当切屑达到一定长度后靠自身重量摔断,如图 1-29(b)所示。

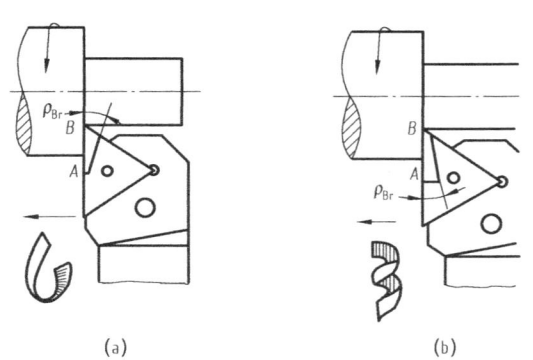

图 1-29　断屑槽斜角对屑形的影响

3. 主偏角与刃倾角对排屑方向的影响

在切屑塑性材料且进给量较小时,切屑的流动方向可能成为影响工件表面粗糙度和人身安全的因素之一。

图 1-30 所示为主偏角 $K_r = 90°$ 与 $K_r = 45°$ 时,切屑的流动情况。在进给量、吃刀量相同时,K_r 越大越容易断屑;K_r 越小,则切屑越容易成卷。对排屑方向影响最大的是刃倾角,如图 1-30(a)、(d)所示,刃倾角 λ_s 为正时,切屑流向待加工表面;图 1-30(c)、(f)所示

为 λ_s 负时，切屑流向已加工表面；图 1-30（b）、(e) 所示为 λ_s 是零时，切屑流向过渡表面。

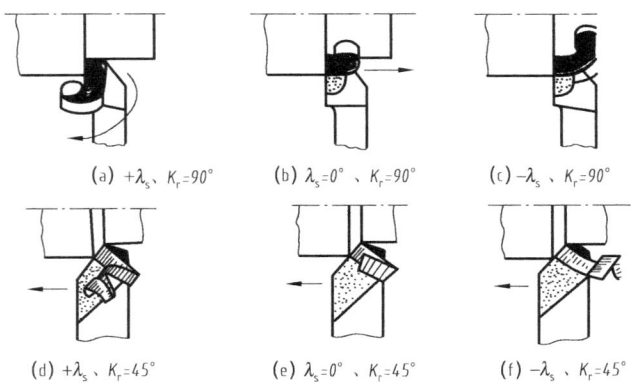

图 1-30 K_r 与 λ_s 对排屑方向的影响

比较上述三种情况可见，当 λ_s 为负或零时，切屑都可能缠绕在刀具或工件的已加工表面上，损伤工件已获得的表面粗糙度，而且也是安全操作的障碍。因此，精加工时应尽量避免。

二、积屑瘤

1. 积屑瘤的形成

在低速切削塑性金属时，往往在刀具前面刃口处黏结着一小块很硬的金属，它能代替切削刃切削工件，但它又不能永驻刃口之上，而是自生自灭、周而复始。这块黏结在刃口处的金属就称为积屑瘤，如图 1-31 所示。

积屑瘤是切屑与刀具前面剧烈摩擦产生黏结而形成的。切屑沿刀具前面流出时，在一定的温度和压力作用下，切屑底层受到很大的摩擦阻力，致使底层金属的流动速度降低而形成滞流层。当滞流层金属与前面之间的摩擦超过切屑内部的结合力时，就有一小块金属脱离切屑底层而粘焊在刀具前面上的刃口附近，随着切削的继续，粘焊层不断积累而形成积屑瘤（或称刀瘤）。

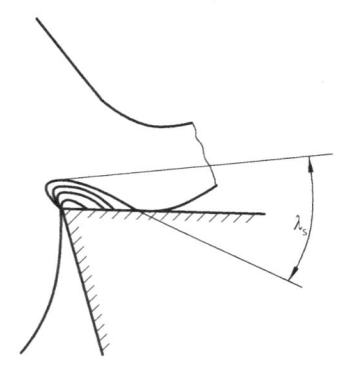

图 1-31 积屑瘤

2. 积屑瘤对加工的影响

积屑瘤是在高压、强烈摩擦和一定温度的作用下，由滞流层转化而成。其塑性变形比切屑上层大 10 倍以上，其晶粒组织致密，硬度增高 2.5~3.5 倍。因此，它可以代替刀刃进行切削，并起到保护刀刃减小刀具磨损的作用。

积屑瘤无一定形状，时生时灭，出现频率达 10~100Hz。当它增大到一定程度时会破碎或脱落，其碎片大部分被切屑带走，也有一部分黏附在工件表面上，从而影响工件表面粗糙度。此外，积屑瘤增大时，其顶端伸出刀尖之外，积屑瘤消失时又是实际刀刃在切削，从而影响工件的尺寸精度。由上述分析可见，在精加工时应避免积屑瘤产生。

3. 工件材料和切削速度与积屑瘤的关系

实践证明,工件材料和切削速度是影响积屑瘤的主要因素。

(1) 工件材料　塑性大的材料在切削时的塑性变形大,容易产生积屑瘤。塑性较小、硬度较高的材料,产生积屑瘤的可能性以及积屑瘤的高度相对较小。切削脆性材料,形成的崩碎状切屑与刀具前面无摩擦,因此不产生积屑瘤。

(2) 切削速度　切削速度主要是通过切削温度和摩擦系数来影响积屑瘤的。如图 1-32 所示,切削速度很低($v_c < 5\text{m/min}$)时,切屑流动较慢,切削温度低,切屑与刀具前面的摩擦系数小,因而切屑与前面不产生黏结现象,故不会出现积屑瘤。切削速度在 5~60m/min 范围内时,切屑流动较快,切削温度较高,切屑与前面的摩擦系数较大,切屑与刀具前面容易黏结产生积屑瘤。切削钢件(一般 $v_c = 20\text{m/min}$)时,切削温度在 300~350℃之间,摩擦系数最大,产生屑积瘤的高度也最大。当切削速度 $v_c > 80\text{m/min}$ 时,由于切削温度很高,切削底层金属呈微熔状态,摩擦系数明显减小,则不会形成积屑瘤。

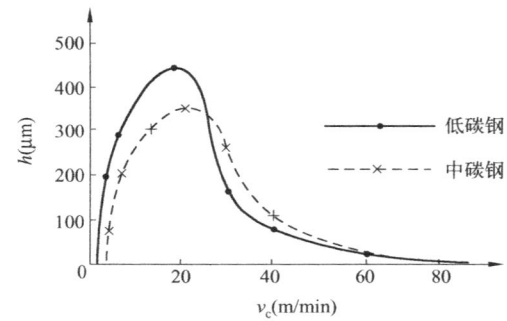

图 1-32　切削速度对积屑瘤的影响

在精加工塑性金属时,为防止积屑瘤的产生,通常采用高速或低速切削。此外,增大前角以减小切削变形,用油石仔细打磨刀具前面以减小摩擦,选用合适的切削液以降低切削温度和减小摩擦,都是防止积屑瘤产生的重要措施。

三、切削力

切削力是指切削过程中刀具作用在工件上的力。它的大小直接影响工件的加工质量、机床功率和刀具的损耗,有时还会引起振动等现象。掌握它的规律,不但能有效地发挥机床、刀具的效率,提高零件加工质量,而且也是机床、刀具、夹具设计及加工过程自动化等的重要参数,对于生产实践也有着重要的意义。

(一) 切削力的产生

切削加工时,在刀具作用下切削层与加工表面发生弹性变形和塑性变形,因此有变形抗力作用在刀具上。切屑与刀具前面以及刀具后面与工件已加工表面之间均有相对运动,所产生的摩擦力也是作用在刀具上。作用在刀具前面上的摩擦力、变形抗力和作用在刀具后面上的摩擦力、变形抗力,它们的合力 F,就是作用在刀具上的切削力。

（二）影响切削力的因素

1. 工件材料对切削力的影响

工件材料的强度、硬度越高，切削时的变形抗力越大，切削力也越大。例如，在同样的切削条件下，切削中碳钢的切削力比低碳钢大；切削刀具钢的切削力又大于中碳钢；切削铜、铝及其合金的切削力要比切削钢小得多。切削力的大小也和材料的塑性、韧性有关。在强度、硬度相近的材料中，塑性大、韧性高的材料切削时产生的塑性变形及切屑与刀具前面间的摩擦较大，故切削力较大。例如，不锈钢1Cr18Ni9Ti 与正火 45#钢的强度、硬度基本相同，但不锈钢的塑性、韧性较大，其切削力比正火的 45#钢约高 25%。

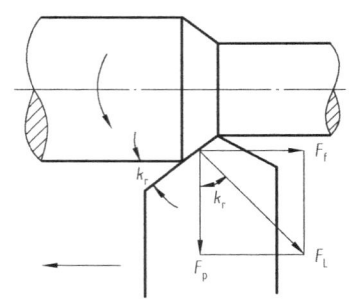

图 1-33 背向力和进给力

2. 刀具角度对切削力的影响

刀具的几何角度对切削力也有较大的影响，其中前角、主偏角的影响最为显著。无论切削何种材料，刀具前角加大都会使切削力减小。切削塑性大的材料，加大前角可使塑性变形显著减小，故切削力降低得多一些。主偏角 K_r 对进给力 F_f、背向力 F_p 的影响较大（图 1-33）。因此，车削细长轴时，为减小背向力 F_p，防止工件弯曲变形和振动，常采用较大的主偏角（$K_r=90°$）。

切削用量中，吃刀量和进给量对切削力的影响较大。当 a_p 或 f 加大时，切削面积加大，变形抗力和摩擦阻力增加，从而引起切削力增大。试验证明，当其他切削条件一定时，a_p 加大一倍，切削力增加一倍；f 加大一倍，切削力增加 68%～86%；切削速度 v_c 对切削力的影响不大，一般不予考虑。高速切削塑性材料时，切削力随着切削速度的增高还会有所减小。

四、切削热

切削过程中，由于金属层的弹性和塑性变形，工件、切屑与刀具间的摩擦所产生的热称为切削热。切削区（工件、切屑、刀具的接触区）的平均温度称为切削温度。根据热平衡计算可知，切削时所做的功，几乎全部转变为热量（切削热）。大量的切削热使切削区温度升高，引起工件变形，加速了刀具的磨损，缩短了刀具的寿命，影响零件的加工精度。因此，掌握切削热的产生规律对生产实践有着重要的意义。

（一）切削热的来源和传散

切削热是切削功转变而来的，它来源于三个热源区：在始滑移线 OA 与终滑移线 OE 区域内（图 1-19），切削层金属晶粒由变形伸长到晶粒之间的相对滑移而产生大量的热；切屑与刀具前面摩擦及屑卷曲产生的热；工件与刀具后面的摩擦产生的热。

如图 1-34 所示，切削热由上述三个热源区传给切屑、刀具、工件及周围介质。不同的加工方式，切削热的传散

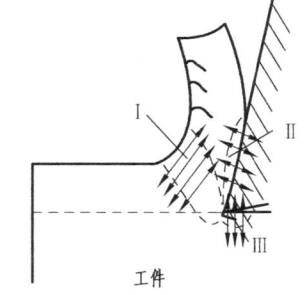

图 1-34 切削热的来源与传散
Ⅰ—金属晶粒变形到相对滑移区；
Ⅱ—切屑与刀具前面的摩擦区；
Ⅲ—工件与刀具后面的摩擦区

情况不同。当使用切削液时，周围介质传出的热量很少，约占总切削热量的1%，可略去不计。在一般情况下，切屑带走的热量最多，其次是工件、刀具和周围介质。

例如，无切削液，以中等速度车削钢件时，50%~86%的切削热由切屑带走，40%~10%的切削热传入工件，9%~3%的切削热传入刀具，1%传入空气。以上述条件在钢件上钻削时，切削热的28%由切屑带走，14.5%传入工件，52.5%传入钻头，5%左右传入周围介质。

（二）影响切削温度的因素

1. 刀具角度对切削温度的影响

（1）前角 γ_o。　前角增大可使切屑变形和摩擦阻力减小，切削热量少、切削温度低。如图1-35所示，前角在-10°时，切削温度最高；随着前角的不断增大，切削温度越来越低；但前角超过25°时，切削温度却又呈上升趋势。原因是前角无限制的增大，虽可减少切削热的产生，但又会使刀体散热体积减小，反而使切削温度升高。

（2）主偏角 K_r。减小主偏角，可使切削刃工作长度增加，散热条件改善，从而使切削温度降低。如图1-36所示主偏角由90°下降到30°时，切削刃的工作长度 b_D 增加一倍，切削温度下降约20%。在切削耐热合金时，采用较小的主偏角，不但可以降低切削温度，而且可以提高刀具的强度。但在机床、刀具、夹具、工件系统刚度较差时，不宜采用较小的主偏角，否则将引起振动，影响加工质量。

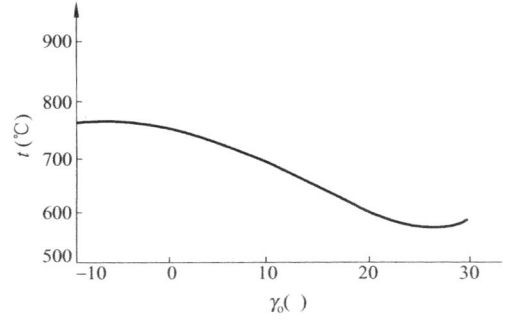

图1-35　前角与切削温度的关系

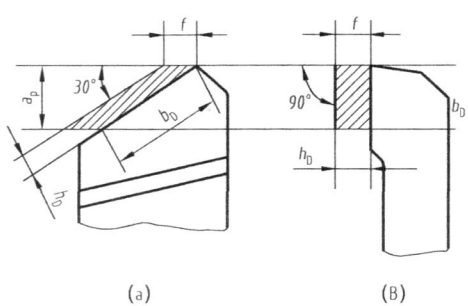

图1-36　主偏角与切削刃工作长度的关系

刀具角度对切削温度影响最大的是前角，其次是主偏角。其他几何参数，如副偏角的减小，刀尖圆弧半径的增大等，它们一方面使切削热增加，另一方面又改善散热条件，因此，它们对切削温度的影响不太明显。

2. 切削用量对切削温度的影响

切削用量增大，单位时间内的切除量增多，产生的切削热也相应增加。但分别增大 v_c、f 和 a_p 时，切削温度的升高并不相同。切削速度增大一倍，切削温度大约升高20%~33%；进给量增大一倍，切削温度大约升高10%；切削深度增大一倍，切削温度大约升高3%。因此，粗加工时为了减小切削温度的影响，增大切削深度或进给量比增大切削速度更为有利。

3. 工件材料对切削温度的影响

工件材料对切削温度的影响与材料的强度、硬度及导热性有关。材料的强度、硬度越高，切削时消耗的功越多，切削温度也就越高。在其他条件相同的情况下，如果工件材料的导热性好，热量传散快，切削温度就低。例如，合金结构钢的强度一般高于45#钢，其导热系数又低于45#钢，故切削温度高于45#钢；有色金属的强度和硬度低，导热性能好，切削温度普遍比较低，因此切削时可采用更高的切削速度。

在切削铸铁时，由于其强度和塑性较低，切削时塑性变形小，切屑呈粒状或崩碎状而与刀具前面的摩擦小，产生的热量较少，因此切削温度低。灰铸铁HT200的切削温度比正火45#钢约低25%。但是在生产实际中，切削铸铁时的切削速度常低于45#钢的切削速度，原因是切削脆性金属时，切削作用点离刃口近，切削温度集中。

4. 切削液对切削温度的影响

实践证明，使用切削液是降低切削温度的一个有效途径。切削液不仅起冷却作用，还起润滑、清洗和防锈作用。生产中常用的切削液分为三类。

（1）水溶液 水溶液的主要成分是水，并加入防锈添加剂，其冷却性能好、透明、便于观察切削情况，但润滑性能差。

（2）乳化液 乳化液是将乳化油用水稀释而成。乳化油由矿物油、乳化剂、防锈剂等组成，具有良好的流动性和冷却作用，也有一定的润滑性能。低浓度的乳化液用于粗车、磨削；高浓度的乳化液用于精车、钻孔和铣削等。

（3）切削油 切削油主要用来减小刀具磨损和降低工件表面粗糙度值，常用于铣削和齿轮加工等。

常用切削液的种类及选用见表1-3。

表1-3 常用切削液种类和选用

序 号	名 称	组 成	主要用途
1	水溶液	以硝酸钠、碳酸钠等溶于水的溶液，用100～200倍的水稀释而成	磨削
2	乳化液	（1）矿物油很少，主要为表面活性剂的乳化油，用40～80倍的水稀释而成，冷却和清洗性能好	车削、钻孔
		（2）以矿物油为主，少量表面活性剂的乳化油，用10～20倍的水稀释而成，冷却和润滑性好	车削、攻螺纹
		（3）在乳化液中加入极压添加剂	高速车削、钻削
3	切削油	（1）矿物油（L—AN15、L—AN32全损耗系统用油）单独使用	滚齿、插齿
		（2）矿物油加植物油或动物油形成混合油，润滑性能好	精密螺纹车削
		（3）矿物油或混合油中加入极压添加剂形成极压油	高速滚齿、插齿、车螺纹等
4	其他	液态的 CO_2	主要用于冷却
		二硫化钼+硬脂酸+石蜡做成蜡笔，涂于刀具表面	攻螺纹

（三）切削热对切削加工的影响

1. 切削温度对刀具的影响

（1）硬质合金刀具　硬质合金性脆，热硬性温度高，但当温度达到800℃以上时，硬质合金开始出现原子扩散，即合金中的TiC和WC向工件中扩散，并在刀具切削部分的表面上急剧氧化而产生一层疏松的氧化层，使其硬度明显下降，从而加速刀具磨损。因此，使用不同牌号的硬质合金刀具时，由于不能使用冷却液而只能适当控制切削速度及刀具几何角度，以此保证刀具的使用寿命。

（2）高速钢　高速钢刀具在切削温度达到550℃以上时，硬度下降并丧失切削能力。必要时，在切削过程中可加冷却润滑液降温。一般高速钢刀具的切削温度控制在300~350℃之间较为有利。

2. 切削温度对加工精度的影响

切削温度过高会引起工件材料的金相组织发生变化，影响使用性能。如磨削加工中，磨削温度过高会使工件表面烧伤、发生变形，从而影响工件精度。

1.5　刀具的磨损与刀具耐用度

在切削过程中，刀具失去切削能力的现象称为钝化。钝化方式有磨损、崩刀和卷刃等。磨损是指在刀具与工件或切屑的接触面上，刀具材料的微粒被切屑或工件带走的现象。崩刀是指切削刃的脆性破裂，卷刃则是指切削刃受挤压后发生塑性变形而失去切削能力的现象。在刀具的正确设计、制造与使用的条件下，刀具钝化以磨损为主要表现形式。

一、刀具的磨损

1. 刀具磨损的形式

（1）刀具后面磨损　如图1-37（a）所示，这种磨损方式一般发生在切削脆性金属或以较小进给量切削塑性金属的条件下。此时刀具前面上的机械摩擦较小，温度较低，所以后面上的磨损大于前面上的磨损。后面磨损后形成$\alpha_0 = 0°$的棱面或形成一些不均匀的沟痕。磨损程度用平均磨损高度VB表示。

（2）刀具前面磨损　如图1-37（b）所示，若以较高的切削速度和较大的切削厚度切削塑性材料时，切屑对前面的压力大、摩擦剧烈、温度高，导致前面上月牙出现磨损，故称月牙洼。当月牙洼扩大到一定程度时，刀具就会崩刀。前面磨损的程度用月牙洼的深度KT表示。

（3）刀具前、后面同时磨损　图1-37（c）所示为前、后面同时磨损，即前面出现月牙洼，后面出现棱面。这种现象发生的条件介于上述两种磨损之间。在大多数磨损情况下，后面都出现不同程度的磨损，其磨损量VB对加工精度和表面粗糙度的影响较大，而且测量也比较方便，所以一般用后面的磨损量VB来表示刀具的磨损程度。

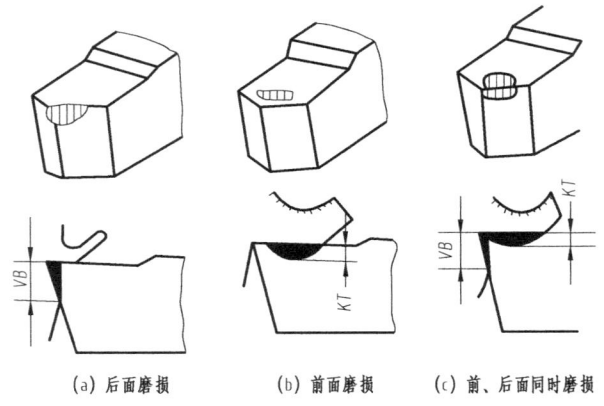

(a) 后面磨损　　(b) 前面磨损　　(c) 前、后面同时磨损

图 1-37　刀具的磨损形式

2. 刀具的磨损过程

刀具的磨损过程可分为三个阶段，如图 1-38 所示。

（1）初期磨损阶段（Ⅰ阶段）　刀具前、后面经刃磨后仍有微观不平，切削时它们与切屑和工件表面的实际接触为多点接触，所以磨损很快。

（2）正常磨损阶段（Ⅱ阶段）　刀具经初期磨损后，由于其上微观不平已被磨去，表面光洁，并形成狭窄的棱面，切削时与切屑和工件表面的实际接触面积增大，故磨损缓慢。

（3）急剧磨损阶段（Ⅲ阶段）　刀具磨损到一定程度后，切削刃已变钝，若继续切削，则使切削过程中的摩擦阻力增大，切削力和切削温度迅速增高，导致磨损加快，这就是急剧磨损阶段。

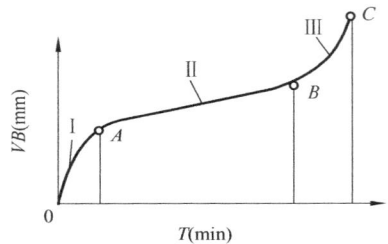

Ⅰ—初期磨损阶段　Ⅱ—正常磨损阶段
Ⅲ—急剧磨损阶段

图 1-38　磨损过程

二、刀具的耐用度

生产中不可能用经常测量刀具后面磨损值的方法来判断刀具是否已经达到了磨损限度，所以提出了刀具耐用度的概念。刀具刃磨后，从开始切削到达到磨损限度所用的实际切削时间，称为刀具耐用度，用 T（min）表示。刀具耐用度与刀具重磨次数的乘积称刀具寿命，即刀具从开始使用到报废为止所经过的切削时间。

常用刀具的耐用度数据供参考：

高速钢车刀	30～90min
高速钢钻头	80～120min
硬质合金焊接车刀	30～60min
硬质合金铣刀	120～180min
齿轮刀具	200～300min
组合机床、自动线及自动机床用刀具	240～480min

可转位车刀的推广和应用，使换刀时间和刀具成本大为降低，从而可降低刀具耐用度至 15～30min，这就可以大大地提高切削用量，进一步提高生产率。

1.6 刀具几何角度与切削用量选择

一、刀具几何角度的合理选择

车刀几何参数对切削变形、切削力、切削湿度和刀具磨损均有显著的影响,因此也影响切削效率、刀具寿命、工件表面质量和加工成本。可见必须重视刀具几何角度的合理选择,以充分发挥刀具的切削性能。欲求合理的几何角度,须从以下几个方面考虑。

(1) 工件的实际情况　工件材料的牌号、毛坯和热处理状态、硬度、强度、工件的形状、尺寸、精度及表面质量要求等。

(2) 刀具的实际情况　刀具材料的强度和硬度、耐磨性、与工件材料的亲和性等内容。在刀具结构形式上,还要考虑是整体式、焊接式、机夹重磨式还是可转位式。

(3) 各类几何参数之间的联系　对于刀具几何参数中刃口、刀尖、刀面和几何角度之间的联系及相互影响,在确定其合理数值时,应从整体综合协调综合协调考虑,而不能孤立地去选择某一参数。

(4) 具体的加工条件　在选择合理的几何角度时,要考虑机床、刀具、工件、夹具等组成的工艺系统刚度的情况和切削用量及机床功率的大小。粗加工时,着重从保证刀具最高耐用度的原则来选择刀具合理的几何参数;精加工时,主要考虑保证加工质量要求;对于自动线生产用刀具,主要考虑刀具工件的稳定性、断屑等;机床刚性和动力不足时,刀具应该力求锋利,以减小切削力。

(5) 刀具锋利与强度之间的关系　在保证刀具有足够强度的前提下,应力求刀具锋利。在提高切削刃锋利性同时,设法强化刀尖和刃口。

(一) 前角的合理选择

前角是刀具最重要的一个角度,它的大小影响刀具的锋利程度,影响刀具强度、耐用度、工件表面质量、切削力、切屑的变形及流向等。因此,应首先重视前角的选择。

1. 前角与前面和倒棱的关系

一般情况下,选择前角的原则是在保证刀具有足够强度的前提下,尽量选用较大的前角,力求刀具锋利。选用较大的前角可使刀具锋利,但前角太大,刀具强度太差,很可能会出现不正常的损坏。因此,提出将主切削刃磨出宽为 $b_{\gamma 1}$、倾斜角度为 γ_{01} 的窄小平面带,用来加强切削刃的强度和散热效果,这窄小的平面带称为刀具的第一前面,也称作倒棱,$b_{\gamma 1}$ 为倒棱宽,γ_{01} 则是倒棱前角。$b_{\gamma 1}$ 和 γ_{01} 的数值可查表1-4。在切削塑性金属时,为了克服平面形刀具前面不易排屑和断屑的缺陷,又常在刀具前面上磨出卷屑槽,以保证在较大的前角上能断屑,并加强了它的切削部分。刀具前面及倒棱的形状见表1-5。

表1-4　倒棱前角 γ_{01} 及倒棱宽 $b_{\gamma 1}$

工件材料及加工特性	倒棱宽 $b_{\gamma 1}$ (mm)	倒棱前角 γ_{01} (°)
碳素钢、合金钢	$(0.3 \sim 0.5)f$	$-10 \sim -15$

续表

工件材料及加工特性	倒棱宽 $b_{\gamma 1}$（mm）	倒棱前角 γ_{01}（°）
低碳钢、易切削钢、不锈钢	≤0.5f	-5～-10
灰铸铁	(0～0.5)f	-5～-10
冲击性或断续性切削	(1.5～2)f	-10～-15
韧性铜、铝及铝合金	0	0

表1-5 刀具前面和倒棱的形状及应用

前面和倒棱的形状		切削过程的特点	应用范围
特征	图形		
正前角、平面形前面、无倒棱		切削刃口锋利，切削刃强度较差，切削变形小，不易断屑，制造方便	各种高速钢刀具，刃形复杂的成形刀具，加工铸铁、青铜墙铁壁、脆黄铜墙铁壁的硬质合金车刀、铣刀和刨刀等
正前角、平面形前面、有倒棱		切削刃强度好，耐用度较高，切削变形小，不易断屑	加工铸铁的硬质合金车刀，硬质合金铣刀、刨刀等
正前角、前面有卷屑槽、无倒棱		刃口锋利，切削刃强度较差，切削变形小，易断屑	各种高速钢刀具，加工紫铜、铝合金及低碳钢的硬质合金刀具
正前角、前面有卷屑槽、有倒棱		切削刃强度好，耐用度较高，切削变形较小，易断屑	加工各种钢料所用的硬质合金车刀
负前角、平面形前面		切削刃强度好，切削变形大，易断屑	加工淬硬钢、高锰钢的硬质合金车刀、铣刀、刨刀等

2. 前角的选择原则

1）根据刀具材料与工件材料的强弱对比来考虑，刀具材料强度高、韧性好，前角可选得大一些；工件材料的强度和硬度高，前角就要选小一些；加工塑性材料时，韧性好，前角可选大一些；加工塑性很大的材料，如紫铜，前角则应选更大一些；加工脆性材料，前角宜选小一些。

2）根据加工情况来考虑，粗车时，为保证切削刃的强度，应选较小的前角；精车时，进给量小，可选用较大前角；当有冲击载荷时，前角宜小些。

3）根据工艺系统刚性和加工工艺要求来考虑，刚性差或机床功率不足时，宜选取较大的前角。用成形刀具加工时，如螺纹车刀、铣刀、齿轮刀具等，则应选用较小的（甚至是零）前角。

高速钢车刀的几何角度参考值可查表1-6。

表1-6 高速钢车刀的几何角度参考值

工件材料		前角 γ_o (°)	后角 α_o (°)	工件材料	前角 γ_o (°)	后角 α_o (°)
铸钢和钢	$\sigma_b = 0.392 \sim 0.49$ GPa	25~30	8~12	钨	20	15
	$\sigma_b = 0.686 \sim 0.981$ GPa	5~10	58~	镁合金	25~35	10~15
镍铬钢和铬钢	$\sigma_b = 0.686 \sim 0.784$ GPa	5~15	57~	软橡胶	506~0	15~20
灰铸铁	160~180HBS	15	68~	玻璃钢	20~25	8~12
	220~260HBS	6	68~	聚氢乙烯	25~30	15~20
可锻铸铁	140~160HBS	15	6~8	聚苯乙烯	20~30	10~12
	170~190HBS	12	68~	有机玻璃	20~30	10~12
铜、铝、巴氏合金		25~30	8~12	聚四氟乙烯	25~30	15~20
中硬青铜及黄铜墙铁壁		10	8	尼龙1010	15~20	10~12
硬青铜		5	6			

硬质合金车刀的几何角度参考值可查表1-7。

表1-7 硬质合金车刀几何角度参考值

工件材料	牌 号	工序精度	刀具材料牌号	前角 γ_o (°)	后角 α_o (°)	刃倾角 λ_s (°)
低碳钢	Q235A	粗车	YT5，YT15	20~25	8~10	0
		精车	YT15，YT30	20~25	10~12	0~5
中碳钢	45（正火）	粗车	YT15，YT5	15~20	6	0~-5
		精车	YT15，YT30	20	8	0~5
	40Cr（正火）	粗车	YT15，YT5	10~15	5~6	0~-5
		精车	YT15，YT30	13~18	7~8	0~5
合硬质金钢	40Cr（正火）	粗车	YT15，YT5	13~18	5~7	0~-5
		精车	YT15，YT30	15~20	6~8	0~5
	40Cr（调质）	粗车	YT15，YT5	10~15	6	0~-5
		精车	YT15，YT30	13~18	8	0~5
锻钢件	45，40Cr	粗车	YT5	10~15	6~7	0~-5
铸钢件	45，40Cr	粗车	YT5，YT15	10~15	5~7	-5~-10
		精车	YT30，YT15	5~10	6~8	0
淬火钢	45（40HRC）	精车	YA6	-5~-10	4~6	-5~-12

续表

工件材料	牌号	工序精度	刀具材料牌号	前角 γ_o (°)	后角 α_o (°)	刃倾角 λ_s (°)
不锈钢	1Cr18Ni9Ti	粗车	YG8，YA6	15~20	6~8	0~5
		精车	YW1，YA6	20~25	8~10	0~5
灰铸铁 青铜	HT150 ZGS10-1 HPb59-1	粗车	YG8，YG6	10~15	4~6	0~-5
		精车	YG3，YG6	5~10	6~8	0
灰铸铁件 断续切削	HT150 HT200	粗车	YG8，YG6	5~10	4~6	-10~-15
		精车	YG6	0~5	~7	0
铝及铝 合金件	L5，Y12	粗车	YG8，YG6	30~35	8~10	5~10
		精车	YG6	30~40	10~12	5~10
紫钢	T0~	粗车	YG8，YG6	25~30	8~10	5~10
		精车	YG6	30~35	10~12	5~10

（二）后角的合理选择

增大后角，可使刀具刃口锋利，还可减少刀具后面与工件后面与工件表面间的摩擦及表面的变形，使切削力和切削热减少，减少加工硬化，从而提高加工质量。如图1-39所示，在磨损限度 VB 相同的条件下，较大后角 α_{o2} 的允许磨损体积要大于后角 α_{o1} 时的允许磨损体积（图1-39中画剖面部分）得到相对提高。但是，太大的后角会使切削刃强度降低，散热条件变差，造成刀具非正常损坏。后角可在以下几条原则指导下进行选择。

（1）切削厚度　粗车时，切削厚度较大，为了保证切削刃强度，可取较小的后角，如加工中碳钢工作，$\alpha_o = 5° \sim 8°$；精车时，切削厚度小，为了保证表面加工质量，选略大的后角，如加工中碳钢工作，$\alpha_o = 6° \sim 12°$；铣削时，切削厚度比车削时要小，后角宜取大一些，$\alpha_o = 12° \sim 16°$；每齿进给量不超过0.01mm的圆片铣刀，后角可取到30°。

（2）后角应与前角协调　当前角选大时，后角的数值应在可选择的范围内取较小值，以此保证刀具有合适的强度；当前角选小值甚至负值时，为便于切入，应在可选择的数值范围内取较大的后角。

（3）工件材料　加工塑性或弹性较大的材料时，为减小刃口的挤压与摩擦，宜选较大的后角；工件材料的强度与硬度较高时，为保证刃口强度，可取较小的后角。

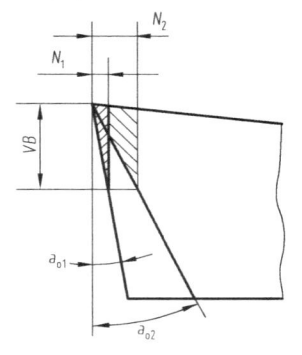

图1-39　后角对刀具磨损量的影响用度

（4）工艺系统刚度　工艺系统刚性较差且振动较大时，应选较小的后角。

（三）主偏角、副偏角及过渡刃的选择

1. 主偏角的选择

主偏角的大小，除影响加工表面残留面积的高度（如图1-40所示）外，还影响切削层公称厚度与公称宽度的比例、切削分力之间的比例、刀尖角的大小和刀具散热条件。主偏角的选择要对以下诸因素进行综合考虑。

（1）工艺系统刚性　在工艺系统刚性允许的情况下，应尽可能采用较小的主偏角，这时切削层宽度较大，切削刃散热条件好，刀具耐用度较高。

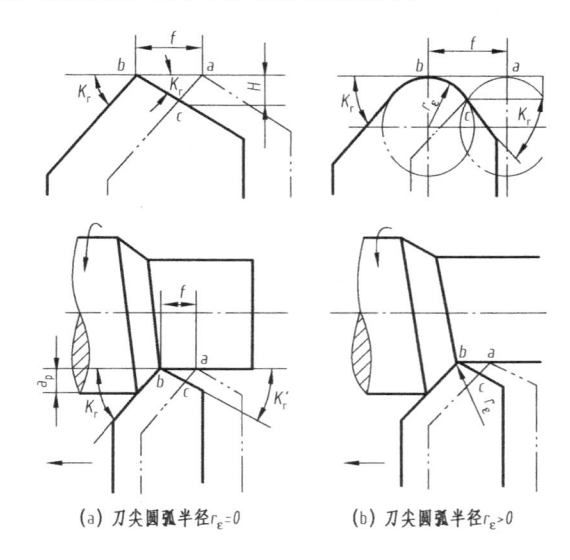

(a) 刀尖圆弧半径 $r_\varepsilon=0$　　(b) 刀尖圆弧半径 $r_\varepsilon>0$

图 1-40　已加工表面上的残留面积

当工艺系统刚性较差时，应采用较大的主偏角，如车削细长轴时，常采用主偏角为90°的车刀，以减小切深抗力 F_p。

（2）工件材料的强度和硬度　当强度、硬度较高时，刀具磨损快，宜选用较小的主偏角，这时刀尖角大，散热条件好。主偏角一般在30°左右。

（3）粗车　粗车时，特别是强力切削时，常取较大的主偏角，以便获得厚而窄的切屑，使切屑平均变形和径向分力相对减小。强力车刀常用75°主偏角。

（4）考虑操作者的方便和加工表面形状　主偏角选用某特殊值时，可用一把车刀加工出较多的表面，以免多次换刀。如主偏角为90°的车刀，既可加工外圆，又能加工直角台阶与端面；主偏角为45°的车刀，可加工外圆、端面及倒角。主偏角的参考值可查表 1-8。

表 1-8　主、副偏角参考值

加工情况		偏角数值（°）	
		主偏角 K_r	副偏角 K_r'
粗车	工艺系统刚性好	45、60、75	5~10
	工艺系统刚性差	75、90	10~15
车细长轴、薄壁零件		90、93	6~10
精车	工艺系统刚性好	45	0~5
	工艺系统刚性差	60、75	0~5
车削冷硬铸铁、淬火钢		10~30	4~10
车削塑性大的有色金属		30~90	15~30
从工件中间切入		45~60	30~45
切断刀、车槽刀		60~90	1~2

2. 副偏角的选择

副偏角的大小明显地影响加工质量，根据切削残留面积高度 H 的计算可知，减小副偏角可以减小 H 值，减小表面粗糙度值；减小副偏角可增大刀尖角，提高刀尖强度与刀体散热能力，使其耐用度提高。但是，副偏角太小，则副切削刃参与切削的长度大，切深抗力 F_Y 增大，可能引起振动，同时也增加了副后面与已加工表面之间的摩擦，降低了加工质量。因此，副偏角选取应考虑以下因素。

（1）工序要求　粗车时，为了考虑生产效率和耐用度，减小副切削刃的切削作用，副偏角应选大一些；精车时，为了保证已加工面的表面粗糙度，副偏角应选小一些，甚至为零。

（2）工件材料　当加工高硬度、高强度的材料或断续切削时，为了增加刀尖强度，副偏角应取较小值，如 $K'_r = 4° \sim 6°$。当加塑性和韧性较大的材料，如紫铜、铝及其合金时，为了使刀尖锐利，则副偏角可取较大值，如

$$K'_r = 15° \sim 30°。$$

（3）工艺系统刚性　当工艺系统刚性较好时，副偏角应取较小值；工艺系统刚性较差时，则 K'_r 应取较大值。

副偏角的参考值可查表 1-8。

3. 过渡刃的选择

刀尖处强度低、散热差，因此最容易容易磨损和崩刃。在主、副切削刃之间磨出过渡刃，可加强刀尖、改善散热条件，从而提高刀具耐用度。但它会使切削刃的偏角变小，引起切深抗力增加，极易引起振动，故过渡刃也不宜过大。过渡刃有两种形式，如图 1-41 所示。

（1）修圆刀尖　修圆刀尖的参数为刀尖圆弧半径 r_ε。当 r_ε 增大时，可减小加工表面的粗糙度值和提高刀具耐用度，但又会使切深抗力 F_p 增加，极易产生振动，故 r_ε 不宜过大。具体数值可参考表 1-9 进行选取。当工艺系统刚性较好时，取允许范围中的较大值；反之取小值。

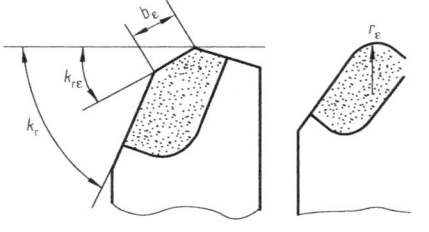

图 1-41　过渡刃

表 1-9　修圆刀尖圆弧半径

车刀种类及材料		加工性质	车刀刀柄截面尺寸 B（mm）× H（mm）				
			12×20	16×25	20×30	25×40	30×45
				20×20	25×25	30×30	40×40
			修圆刀尖圆弧半径 r_ε（mm）				
外圆刀 端面刀 车孔刀	高速钢	粗加工	1~1.5	1~1.5	1.5~2.0	1.5~2.0	—
		精加工	1.5~2.0	1.5~2.0	2~3	2~3	—
	硬质合金	粗、精加工	0.3~0.5	0.4~0.8	0.5~1.0	0.5~1.5	1~2
切断及车槽			0.2~0.5				

（2）倒角刀尖　其特点是结构简单，易磨。一般粗加工或强力切削用的车刀、切断刀都采用倒角刀尖。其特征参数为倒角刀尖长度 b_ε 偏角 $K_{r\varepsilon}$。其数值选用可参考表 1-10。

表 1-10　倒角刀尖尺寸

车刀种类	倒角刀尖长度 b_ε (mm)	倒角刀尖偏角 $K_{r\varepsilon}$ (°)
车槽刀	$\approx 0.25B$	75
切断刀	$0.5 \sim 1.0$	45
硬质合金	$\leqslant 2.0$	$1/2k_{wv}$

注：B 表示车槽刀宽度。

4. 刃倾角的选择

刃倾角的主要作用是影响切削刃强度、切削刀锋利程度和排屑方向。

当 $\lambda_s>0$ 时，切屑流向待加工表面；$\lambda_s<0$ 时，切屑流向已加工表面；当 $\lambda_s=0$ 时，切屑朝垂直于主切削刃的方向流出，见图 1-30（b）、（e）。增大刃倾角可使切削刃更锋利，切屑变形减小，从而延缓刀具磨损，提高刀具耐用度，但刃倾角太大又会使刀体强度降低，散热不利及造成非正常损失。负刃倾角可使刀尖较远处先接触工件，避免刀尖直接受冲击，如图 1-42 所示。但是，刃倾角由正变负，尤其是负值过大，则切深抗力 F_p 增大，若工艺系统刚性差，则容易引起振动。刃倾角的具体数值可参考表 1-9。

二、切削用量的合理选择

切削用量的大小对切削力、切削功率、刀具磨损、加工质量及成本均有显著的影响。选择切削用量时，应在保证加工质量和刀具耐用度的前提下，充分发挥机床潜力和车刀切削性能使切削效率提高，加工成本最低。

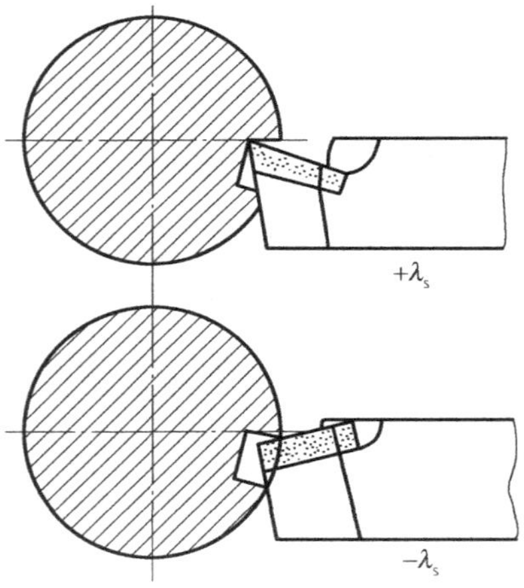

1. 切削用量的选择原则

（1）粗车时切削用量的选择原则　粗加工的主要特点是加工精度和表面质量要求低，毛坯余量大且又不均匀。因此，粗加工的主要目的是在较短单件工序时间内去除余量，并达到高效率、低成本。

图 1-42　刃倾角对刀刃受冲击点位置的影响

切削速度对刀具耐用度影响最大，而背吃刀量影响最小。若首先将 v_c 选得很大，刀具耐用度就会急剧下降，则换刀次数增多，从而增加了辅助时间。因此，应根据切削用量对耐用度的影响大小，首先选择换大的背吃刀量 a_p，其次选较大的进给量 f，最后按照刀具耐用度的限制确定合理的切削速度 v_c。

（2）精车时切削用量的选择原则　精车时，表面粗糙度和加工精度要求较高，加工余量小而均匀。因此，精车时选择切削用量的出发点应是，在保证加工质量要求的前提下，尽可能提高生产效率。

切削用量 a_p、f、v_c 对切削变形、残留面积的高度、积屑瘤、切削力等的影响是不同的，因而它们对加工精度和表面粗糙度的影响也不相同。

提高切削速度，可使切削变形、切削力减小，而且能有效控制积屑瘤的产生。进给量受残留面积高度（表面质量）的限制。背吃刀量受预留精车余量大小的控制。因此，精车时要保证加工质量，又要提高生产率，只有选用较高的切削速度、较小的进给量和背吃刀量。

若切削速度受到工艺条件的限制，如重型工件或复杂的加工表面等，则可选择低速来精车。

2. 切削用量的选择方法

（1）背吃刀量的选择　粗车时，背吃刀量的选择原则是，尽可能用一次走刀切除全部加工余量，以使进给量最少。只有当余量 Z 太大或加工余量不均匀，而工艺系统刚性又不足时，为了避免振动才分两次或多次进给。采用两次进给时，第一次进给的背吃刀量 a_p = （2/3 ~ 3/4）Z，第二次进给的背吃刀量 a_p = （1/3 ~ 1/4）Z。在车削铸件或锻件毛坯时，第一次进给时，应避免切削刃在金属表层硬皮上切削。

在中、小型车床上精车时，通常取 a_p = 0.05 ~ 0.08mm；半精车时，a_p = 1 ~ 2mm。精车时的背吃刀量不宜太小，若 a_p 太小，因车刀刃口都有一定的钝圆半径，使切屑形成困难，已加工表面与刃口的挤压、摩擦变形较大，反而会降低加工表面的质量。

（2）进给量的选择　粗车时对加工表面粗糙度的要求不高，进给量的选择主要受切削力的限制。在工艺系统刚性和机床进给机构硬度允许的情况下，应选择较大的进给量。

表 1-14 为硬质合金车刀粗车外圆及端面时的进给量，可供选用时参考。

精车时产生的切削力不大，进给量主要受表面粗糙度的限制，因此精车时的进给量 f 一般选得较小，但同样也不宜太小，以免切削厚度太小而切不下切屑。

精车时，机床功率足够，切削速度主要受刀具耐用度的限制。

3. 切削用量选择实例*

生产中通常根据查表法或按照经验数据来选择切削用量。表 1-11、表 1-12、表 1-13 为硬质合金车刀切削用量推荐表。表中数据供选用时参考。

表 1-11　硬质合金车刀粗车外圆和端面时进给量的参考值

工件材料	车刀刀杆尺寸 B（mm）×H（mm）	工件直径 d（mm）	背吃刀量 a_P（mm）				
			≤3	>3 ~ 5	> 5 ~ 8	> 8 ~ 12	>12
			进给量 f（mm/r）				
碳素结构钢、合金结构钢及耐热钢	16 × 25	20	0.3 ~ 0.4	—	—	—	—
		40	0.4 ~ 0.5	0.3 ~ 0.4	—	—	—
		60	0.5 ~ 0.7	0.4 ~ 0.6	0.3 ~ 0.5	—	—
		100	0.6 ~ 0.9	0.5 ~ 0.7	0.5 ~ 0.6	0.4 ~ 0.5	—
		400	0.8 ~ 1.2	0.7 ~ 1.0	0.6 ~ 0.8	0.5 ~ 0.6	—
	20 × 30 25 × 25	20	0.3 ~ 0.4	—	—	—	—
		40	0.4 ~ 0.5	0.3 ~ 0.4	—	—	—
		60	0.6 ~ 0.7	0.5 ~ 0.7	0.4 ~ 0.6	—	—
		100	0.8 ~ 1.0	0.7 ~ 0.9	0.5 ~ 0.7	0.4 ~ 0.7	—
		600	1.2 ~ 1.4	1.0 ~ 1.2	0.8 ~ 1.0	0.6 ~ 0.9	0.4 ~ 0.6
铸铁及铜合金铸铁及铜合金	16 × 25	40	0.4 ~ 0.5	—	—	—	—
		60	0.6 ~ 0.8	0.5 ~ 0.8	0.4 ~ 0.6	—	—
	20 × 30	100	0.8 ~ 1.2	0.7.0	0.6 ~ 0.8	0.5 ~ 0.7	—
		400	1.0 ~ 1.4	1.0 ~ 1.2	0.8 ~ 1.0	0.6 ~ 0.8	—
	25 × 25	40	0.4 ~ 0.5	—	—	—	—
		60	0.6 ~ 0.9	0.5 ~ 0.8	0.4 ~ 0.7	—	—
		100	0.9 ~ 1.3	0.8 ~ 1.2	0.7 ~ 1.0	0.5 ~ 0.8	—
		600	1.2 ~ 1.8	1.2 ~ 1.6	1.0 ~ 1.3	0.9 ~ 1.1	0.7 ~ 0.9

表 1-12　按表面粗糙度选择进给量的参考值

工件材料	表面粗糙度（μm）	切削速度范围 v_c（m/in）	刀尖圆弧半径 r_g（mm)		
			0.5	1.0	2.0
			进给量 F（mm/r）		
铸铁、青铜、铝合金	Ra6.3 Ra3.2 Ra1.6	不限	0.25~0.40 0.15~0.25 0.10~0.15	0.40~0.50 0.25~0.40 0.15~0.20	0.50~0.60 0.40~0.60 0.20~0.35
碳钢及合金钢	Ra6.3	<50 >50	0.30~0.50 0.40~0.55	0.45~0.60 0.55~0.65	0.55~0.70 0.65~0.70
	Ra3.2	<50 >50	0.18~0.25 0.20~0.30	0.25~0.30 0.30~0.35	0.30~0.40 0.35~0.50
	Ra1.6	<50 50~100 >50	0.10 0.11~0.16 0.16~0.20	0.11~0.15 0.16~0.25 0.20~0.25	0.15~0.22 0.25~0.35 0.25~0.35

表 1-13　硬质合金外圆车刀切削速度的参考值

工件材料	热处理状态或硬度	$\alpha_p = 0.3~2$mm $f = 0.08~0.03$mm/r $v_c =$（m/min）	$\alpha_p = 2~6$mm $f = 0.3~0.6$mm/r $v_c =$（m/min）	$\alpha_p = 6~10$mm $f = 0.6~1$mm/r $v_c =$（m/min）
中碳钢	热轧 调质	130~160 100~130	90~110 70~90	60~80 50~70
合金结构钢	热轧 调质	100~130 80~110	70~90 50~70	50~70 40~60
灰铸铁	190HBS 190~225HBS	90~120 80~110	60~80 50~70	50~70 40~60
铜及铜合金 铝及铝合金	—	200~250 300~600	120~180 200~400	90~120 150~300

复习思考题

1. 试说明车削的切削用量（包括名称、定义、代号和单位）。

2. 根据图 1-43 所示的刀具切削加工状态，要求：

1）在基面投影图 p_r 中注出：已加工表面、待加工表面、过渡表面、刀具前面、主切削刃、副切削刃、刀尖、主偏角、副偏角和正交平面。

2）按投影关系作出正交平面，并注出切削平面 p_s、前面、后面、前角 $\gamma_o = 10°$、$\alpha_o = 6°$。

3. 车外圆时，已知工件转速 $n = 320$r/min，车刀移动速度 $v_f = 64$mm/min，其他条件如图 1-44 所示。试求切削速度 v_c、进给量 f、切削深度 α_p。

4. 弯头车刀的几何图形如图 1-43（a），试说明车外圆时的主切削刃、副切削刃、刀尖、前角、后角、主偏角和副偏角。

5. 高速钢和硬质合金刀具在性能上的主要区别是什么？各适合作何种刀具？

6. 在一般情况下，YT 类硬质合金适于加工钢件，但在粗加工铸钢毛坯时，却要选用

YG6 硬质合金，为什么？

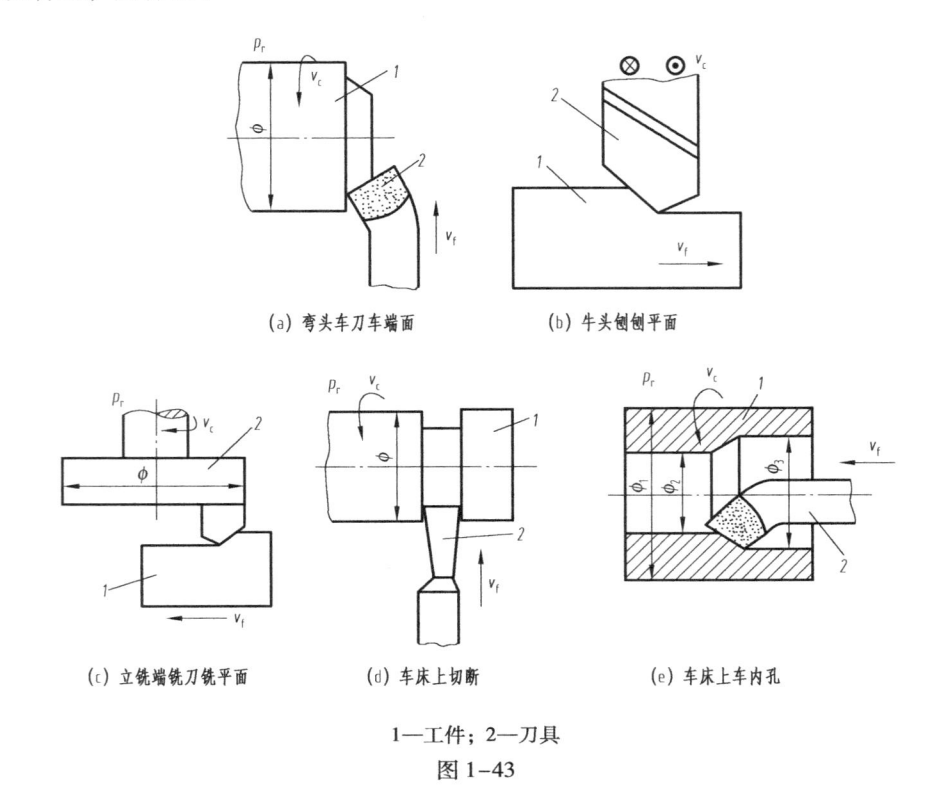

(a) 弯头车刀车端面

(b) 牛头刨刨平面

(c) 立铣端铣刀铣平面

(d) 车床上切断

(e) 车床上车内孔

1—工件；2—刀具

图 1-43

7. 试对下列各种情况选择合适的刀具材料，写出它们的牌号。

1) 粗车图 1-45（a）所示台钻立柱的外圆，毛坯为金属模，手工造型的铸件，材料为 HT300。

2) 高速精车图 1-45（a）所示为的立柱外圆表面，精车余量为 1mm。

3) 粗车图 1-45（b）所示的零件的断续外圆表面，工件材料为球墨铸铁 QT700。

4) 粗车、精车图 1-45（c）所示的零件外圆表面，工件材料为 40Cr，抗拉强度 σ_b = 0.98GPa，毛坯为自由锻造。

图 1-44

(a)

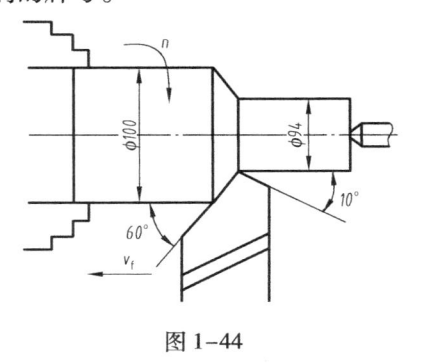

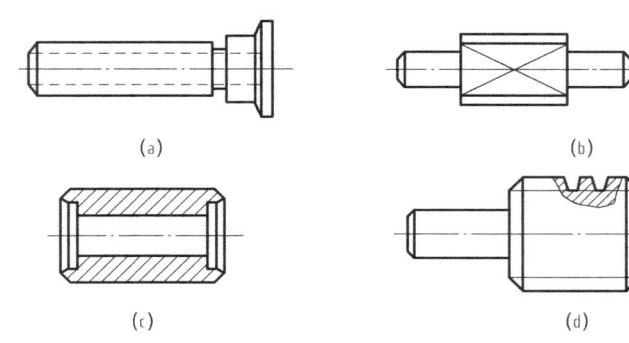

(b)

(c)

(d)

图 1-45

5）低速粗、精车图 1-45（d）所示为蜗杆，模数为 6mm，材料为 45 钢。

6）粗车一根材料为特殊黄铜 HPb59-1，抗拉强度 $\sigma_b = 0.637\text{GPa}$，直径为 60mm 轴的外圆表面。

8. 积屑瘤是如何形成的？它对切削加工有哪些影响？

9. 切削热对切削加工有什么影响？

10. 切削液的主要作用是什么？常根据哪些主要因素选用切削液？

11. 从提高生产率或降低成本的观点看，刀具耐用度是否越高越好？为什么？

12. 为什么精车刀常选用较大的刀尖圆弧半径？刀尖圆弧半径是否越大越好？为什么？

13. 粗、精车时限制进给量的因素各是什么？为什么？限制切削速度的因素各是什么？为什么？

14. 在 CA6140 机床上粗、精车图 1-46 所示的外圆表面，工件材料为 45#钢，抗拉强度 $\sigma_b = 0.75\text{GPa}$，毛坯为锻造。试选择刀具的几何角度及合理的切削用量。

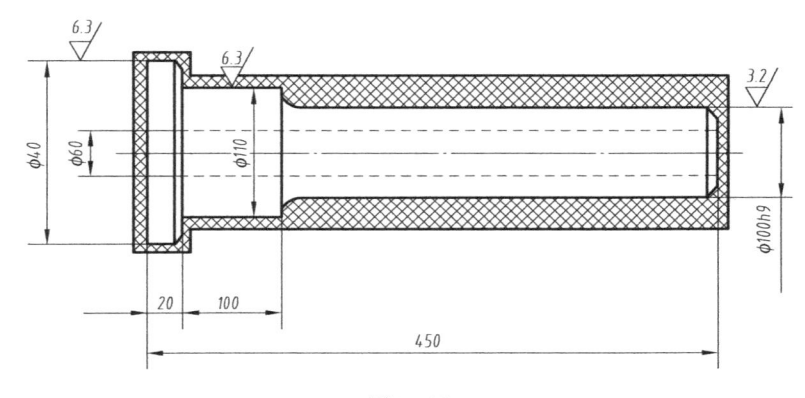

图 1-46

第 2 章 工件定位原理与工装夹具

【本章学习目标】
1. 了解工件定位的基本原理、常见定位方式与定位元件及机床常用夹具的种类与特点。
2. 掌握定位基准的选择原则与工件的装夹方法。
3. 典型零件的装夹方式与夹具选择。

【教学目标】
1. 知识目标：了解工件定位基本概念，理解常见定位方式与定位元件及机床常用夹具的种类与特点及应用。
2. 能力目标：通过理论知识的学习和应用，培养综合运用能力。

【教学重点】
定位基准的选择与工件的装夹方法运用。

【教学难点】
掌握定位基准的选择与工件的装夹方法。

【教学方法】
读书指导法、分析法、演示法、练习法。

2.1 工件定位的原理和方式

2.1.1 基本原理

1. 六点定位原理

工件定位即是确定工件在夹具中占有正确位置的过程。正确的定位可以保证工件加工面的尺寸和位置精度要求。一个尚未定位的工件，其位置是不确定的。在空间直角坐标系中具有六个自由度，如图 2-1 所示，即沿 X、Y、Z 三个直角坐标轴方向的移动自由度和绕这三个坐标轴的转动自由度。因此，要完全确定工件的位置，确保加工精度就必须消除这六个自由度，通常用支承点（定位元件）来限制工件的六个自由度实现的，其中每一个支承点限制相应的一个自由度。

如图 2-2 所示，在 XOY 平面上，不在同一直线上的三个支承点限制了工件的 Z 移动自由度和绕 X、Y 轴的转动自由度；在 YOZ 平面上，沿长度方向布置的两个支承点限制了工件的 X 轴移动自由度和绕 Z 轴转动的自由度；在 XOZ 平面上，一个支承点限制了 Y 轴移动的自由度。其中 XOY 平面称为主基准面，YOZ 平面称为导向平面，XOZ 平面称为止动平面。可见，定位的任务首先是消除工件的自由度。

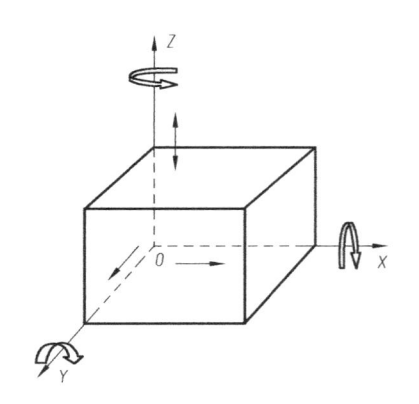

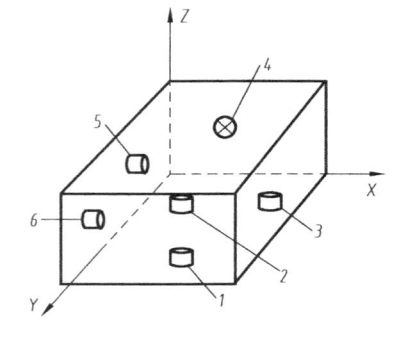

图 2-1　工件在空间的六个自由度　　　图 2-2　工件的六点定位

综上所述，若要使工件在夹具中获得唯一确定的位置，就需要在夹具上合理设置相当于定位元件的六个支承点，使工件的定位面与定位元件紧贴接触，即可消除工件的六个自由度，这就是工件的六点定位原理。

2. 定位方式

正确的定位形式有完全定位和不完全定位。六点定位即是完全定位，它适合较复杂工件的加工中。在满足加工要求的情况下，还可以采用不完全定位。

（1）完全定位

工件的六个自由度全部被夹具中的定位元件所限制，而在夹具中占有完全确定的唯一位置，称为完全定位，如图 2-3 所示。

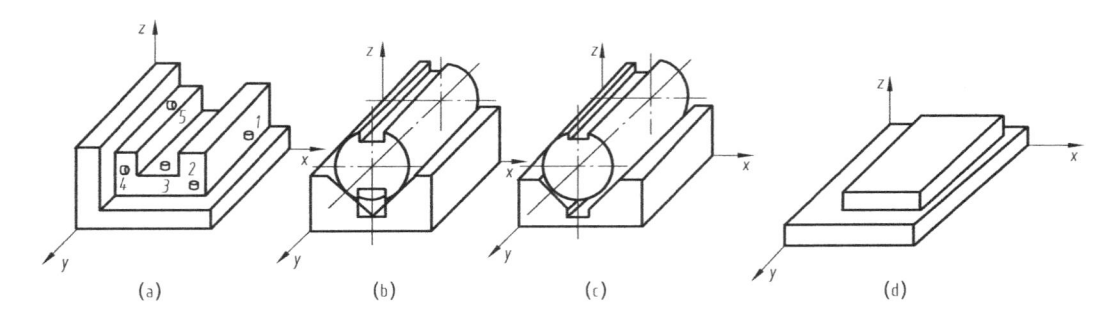

图 2-3　不完全定位示例

（2）不完全定位

根据工件加工表面的不同加工要求，有些自由度对加工要求有影响，有些自由度对加工要求无影响，只要分布与加工要求有相关的支承点，就可以达到工件定位的要求，这种用支承点的数目少于六个点的定位称为不完全定位，如图 2-3 所示。

按照加工要求应该限制的自由度没有被限制的定位不足的定位称为欠定位。过定位的情况较复杂，它是指定位工件的同一个或几个自由度被数个不同的定位点重复限制。如图 2-4 所示，长销限制 X、Y 轴（移动、转动）四个自由度，支承板限制了 X、Y 轴两个转动自由度和一个 Z 轴移动自由度，其中 X、Y 轴的转动自由度被两个定位元件重复限制产生过定位。若采用 d 图方案就不会产生过定位。

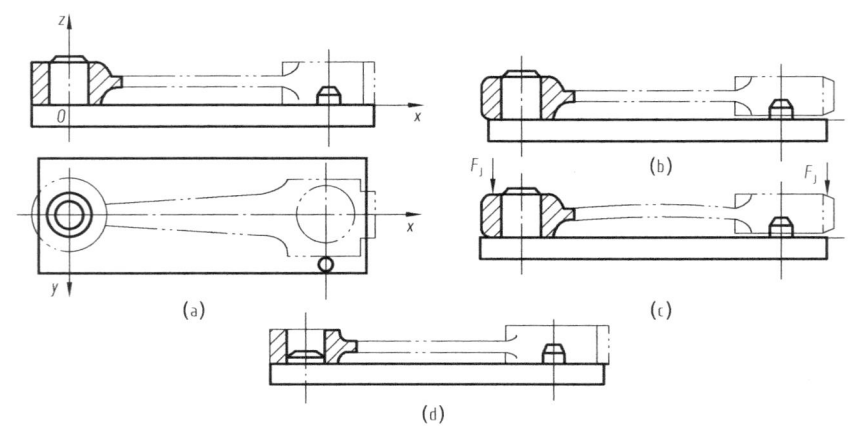

图 2-4 连杆定位方案

当过定位导致工件变形，影响加工精度时，应该禁止采用。但当过定位不影响加工精度，反而对提高加工精度有利时，也可以采用，要根据具体情况具体分析。

2.1.2 夹紧和装夹方法

工件定位之后，为了使其在加工过程中保持定位位置不变，必须将工件固定，这操作叫做夹紧。由于工件在加工时，受到各种力的作用，若不将工件固定，则工件会松动、脱落。因此，夹紧为工件提供了安全、可靠的加工条件。使工件定位并将其夹紧的整个过程，称为装夹。

1. 装夹方法

工件装夹的方法多种多样，常用的有以下几种：

（1）直接找正装夹

即是在机床上利用划针、角尺、百分表或凭眼力直接找正工件位置并夹紧的方法。如图 2-5 所示为在车床上加工法兰盘时，用直接找正法进行装夹的情况。

（2）按划线找正装夹

即是预先根据图样要求，将毛坯上待加工表面的轮廓线划出，然后用划针按照所划的线校正工件在机床上的位置并夹紧的安装方法。

按划线装夹，实质上也是一种找正装夹，不过是按划线找正而已。虽然比直接找正操作容易，但也存在一些缺陷，如增加了划线工序，划线水平要求高，而且划线和按划线找正很费时间。因此生产效率低，成本高，装夹精度也较低。

（3）工件夹具上装夹

即是将工件按工艺要求直接安放在夹具的定位支承面上并夹紧的方法。用这种方法装夹，迅速方便，定位可靠，操作简单适宜成批大量生产中采用。

（4）工件直接在机床工作台上装夹

当被加工面和底面平行时，可将工件直接装夹在机床工作台上，几乎不需进行找正，如刨削、铣削、磨削平面等。

2. **工件装夹的注意事项：**

（1）工件装夹要注意定位的正确性，要使定位基准与工序工艺基准重合。

（2）要注意夹紧力的方向、大小和作用点选择及接触面的形状要合理，既要保证工件在加工过程中其位置稳定牢固不变、振动小、不松脱，又要使工件不会产生过大的夹紧变形。

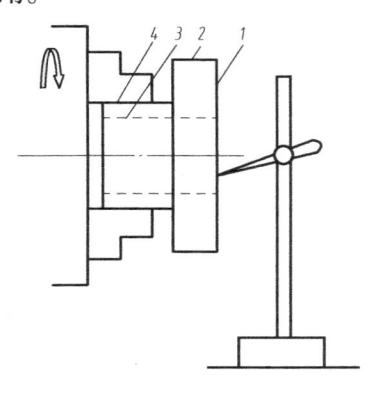

图 2-5　直接找正装夹

（3）要注意夹具的选用，要经济，要方便工件的装拆，同时不妨碍工件的加工。

2.2 基准的选择

2.2.1 基准的概念及分类

所谓基准，就是用来确定被加工工件位置和尺寸大小的工件上的点、线、面，由这些点、线、面来确定工件上其他点、线、面的位置。这些作为根据或依据的点、线、面就叫基准。

根据基准的不同作用，可分为设计基准和工艺基准两大类：

1. **设计基准**

设计时，在图纸上用来确定零件其他点、线、面所依据的点、线、面，也就是标注设计尺寸起始的点、线、面称为设计基准。图 2-6 所示的法兰零件，其径向尺寸 $\phi66$、$\phi48$、$\phi16$ 的设计基准是该零件的轴心线，其径向尺寸 8、25、30 的设计基准是该零件的右端面。

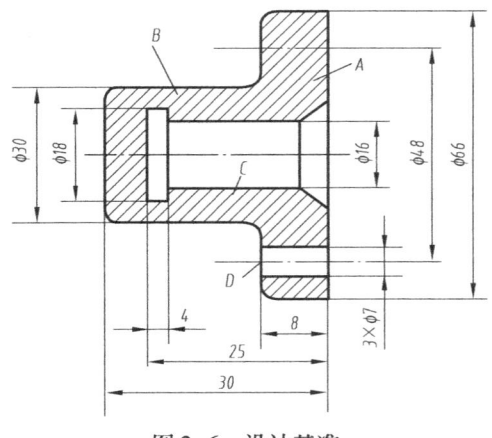

图 2-6　设计基准

2. 工艺基准

零件在加工、测量和装配中所使用的基准称为工艺基准。工艺基准按用途不同又可分为定位基准、测量基准和装配基准等三种，如图 2-7 所示。

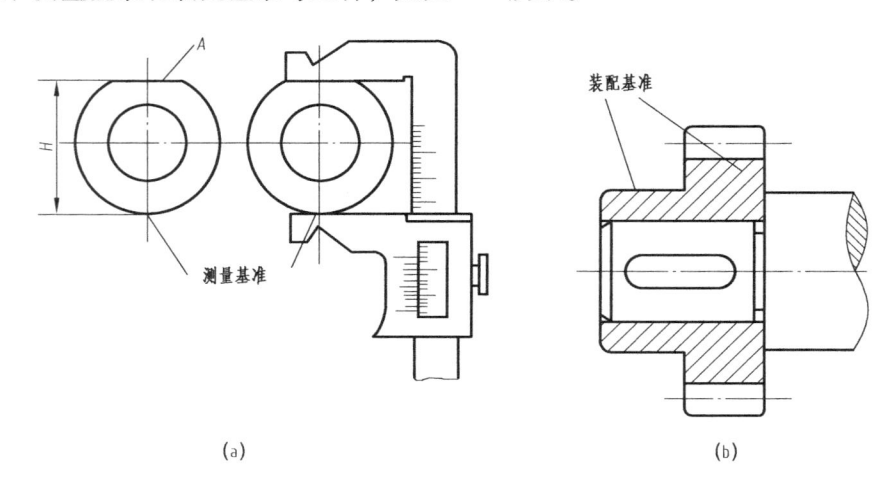

图 2-7 工艺基准

（1）定位基准　工件加工时，用以定位的基准。如利用心轴装夹工件加工时，工件的内孔就是定位基准；在车床上用两顶尖装夹车削轴类零件时，两轴端中心孔就是定位基准。根据加工情况定位基准又可分为粗基准和精基准两种。以未加工的毛坯表面来定位的基准，叫做粗基准。用已加工过的表面来定位的基准，叫做精基准。

（2）测量基准　工件在加工时或完工后，用以检验已加工表面尺寸及其相对位置所用的基准，称测量基准。图 2-7（a）所示为检验加工平面 A 的位置时所用的测量基准。

（3）装配基准　装配时，用来确定零件或部件在机器中的位置所用的基准，叫装配基准。

图 2-7（b）所示为齿轮与轴的装配，齿轮以其内孔和左端面来确定它与轴和其他零件的相对位置。因此，齿轮的内孔与左端面是齿轮与轴的装配基准。

提示：作为工艺基准的点或线，在工件上并不一定具体存在，而是由某些具体的表面体现出来的，这些表面就是基准。

2.2.2 定位基准的选择

从上面的论述可见，选用不同的基准，其定位的误差不同，夹紧的繁简和操作的难易不同。下面介绍定位基准的选择。

1. 粗基准的选择

如图 2-8（a）所示的套筒毛坯，以不加工的外圆 1 作为粗基准（用三爪定心卡盘夹住外圆 1），不仅可以保证内孔 2 加工后壁厚均匀，而且还可以在一次安装中加工出在部分要加工表面。如果选用孔 2 作为粗基准（用四爪单动卡盘夹住外圆 1，按孔 2 找正工件），则加工后孔 2 与不加工的外圆表面 1 不同心，加工余量虽然是均匀的，但壁厚不均匀，但加工余量是均匀的，如图 2-8（b）所示。

从上述分析中可以看出：粗基准的选择影响着加工余量的分配和加工表面与不加工表面之间的位置精度。

因此，选择粗基准时，必须满足这样两条基本要求：一是保证所有加工表面都有足够的加工余量；二是保证零件的加工表面和不加工表面之间有一定的位置精度。

综上所述，在选择粗基准时，一般应注意下列几个问题：

（1）如果零件图上对加工表面与不加工表面之间有相互位置精度要求时，应选择不加工表面作粗基准。

（2）如果零件上有很多不加工表面，应选择其中与加工表面相互位置精度要求较高的表面作粗基准。如图 2-8 所示的零件，一般要求壁厚均匀，内外圆同心，因此图 2-8（a）的方案是正确的。

（3）对所有表面都需加工的零件，应该选择加工余量最小的表面作为粗基准，使各表面都有足够的、均匀的加工余量，防止因余量不够或余量不均匀而产生废品。图 2-9 所示的台阶轴零件，毛坯为锻件，A 段余量较小，B 段余量较大，粗车时应按 A 段找正工件，再适当考虑 B 段的加工余量。

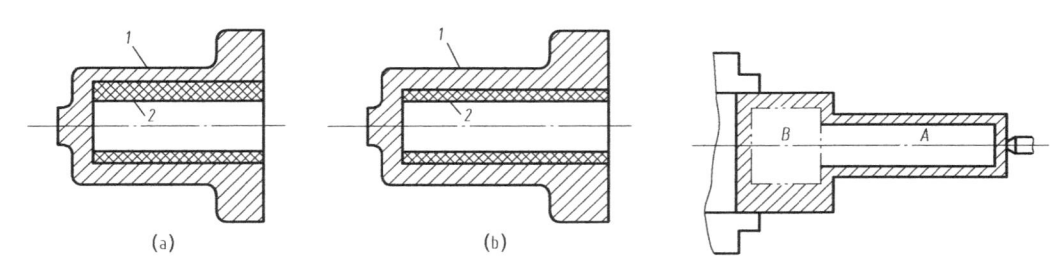

图 2-8　粗基准的选择

图 2-9　选择余量较小的表面作粗基准

（4）选择粗基准时，必须考虑定位准确，夹紧可靠。因此，选作粗基准的表面应尽可能平整、光滑，不能有锻造飞边，铸造浇冒口或其他缺陷。

（5）粗基准一般只能用一次，应尽量避免重复使用。因为粗基准的精度和表面粗糙度都很差，如果重复使用，则因定位误差大而不能保证加工精度。

在某些特殊情况下，例如毛坯质量很高，而加工精度要求不高时，重复使用粗基准是可以的。

2. 精基准的选择

精基准的选择主要应从如何保证加工精度和装夹方便的角度出发。因此，选择精基准时，一般应注意下列问题：

（1）选择精基准时，应尽量选择零件的设计基准作为定位基准，这就是基准重合的原则。这样可以避免因基准不重合而引起的定位误差。

（2）当工件以某一精基准定位，可以方便地加工其他表面时，应使尽可能多的表面的加工都用该精基准作为定位基准，这就是所谓基准统一的原则。采用基准统一的原则，不但可以简化工艺过程的制定，减少设计和制造夹具的时间与费用，而且可以避免因基准变更所带来的定位误差。

某些工件上可能没有合适的表面供选作统一基准，必要时可在工件上先加工出一组专供定位用的表面，而这些表面零件在机器中的使用来说没有什么用处，仅仅是为了定位用的这种表面称为"工艺面"。轴类零件两端的中心孔就是最典型的例子。

（3）有的精加工工序要求加工余量小而均匀，在加工时可选择加工表面本身作为精基准。总而言之，选择定位基准时，不能单从本工序装夹是否合适出发，还须结合整个工艺过程来全面考虑。如工件有哪些表面要加工，基准如何转换，先行工序如何为后面工序提供精基准等，以便使每个工序都有合适的基准和装夹方式。

2.3　机床夹具介绍

为保证加工精度，在机床上加工零件时，必须先使工件定位，然后将其夹紧。用于装、夹工件的工艺装备，叫机床夹具。

2.3.1　机床夹具的分类

机床夹具的种类很多，按专业化程度可分为通夹具、专用夹具、组合夹具、可调夹具等。按驱动夹具工作的动力源可分为手动夹具、气动夹具、液压夹具、电动夹具、磁力夹具、真空夹具等。按使用机床类型分类可分为车、铣、钻、镗、加工中心和其他机床夹具等。下面介绍几种常用的类型夹具：

1. 车床夹具

车床主要用于加工内外圆柱面、圆锥面、回转成形面、螺纹及端平面等。根据这一特点车床夹具分为两种基本类型：一类是安装在车床主轴上的夹具，如图2-10、11、12、13、14所示；另一类是安装在滑扳或床身上的夹具，如图2-15、16所示。

三爪定心卡盘，如图2-10所示，该夹具与工件随主轴一起转动，是一种自动定心夹具，适用于装夹轴类、盘套类零件。四爪单动卡盘，如图2-11所示，与三爪同类，适用于外形不规则、非圆柱体、偏心、有孔距要求及位置与尺寸精度要求高的零件。

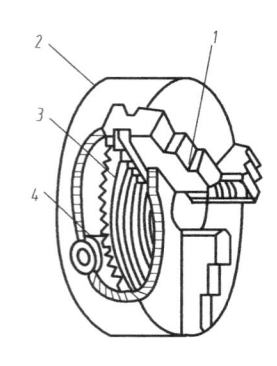

1—卡爪　2—卡盘体
3—锥卡端面螺纹圆盘　4—小锥齿轮
图2-10　三爪卡盘

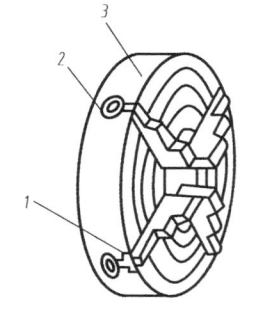

1—卡爪　2—螺杆　3—卡盘体
图2-11　四爪卡盘

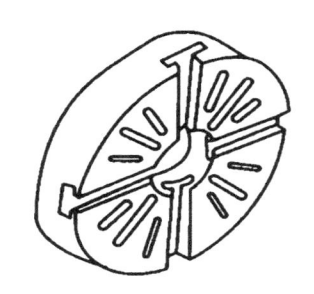

图2-12　花盘

花盘，如图2-12所示，与其他车床附件一起使用，适用于外形不规则、偏心及需要端面定位夹紧的工件。心轴，常用心轴有圆柱心轴、圆锥心轴和花键心轴。圆柱心轴（图2-13）主要用于套筒和盘类零件的装夹；圆锥心轴（小锥度心轴）定心精度高，但工件的轴向位移误差大，多用于以孔为定位基准的工件；花键心轴（图2-14）用于以花键孔定位的工件。

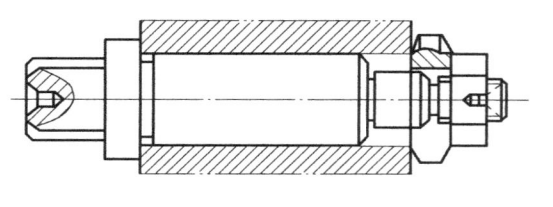

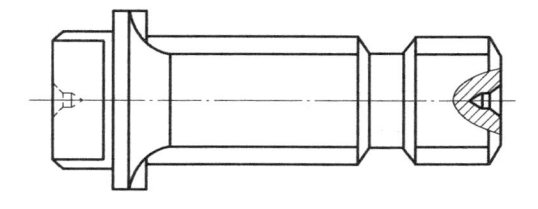

图 2-13 圆柱心轴　　　　　　　　　图 2-14 花键心轴

角铁式夹具如图 2-15 所示，属第二类夹具，主要用于加工壳体、支座、接头等形状较复杂工件的圆柱面及端面。圆盘式夹具如图 2-16 所示，也属第二类，主要用于加工定位基准为与加工圆柱面垂直的端面的复杂工件。

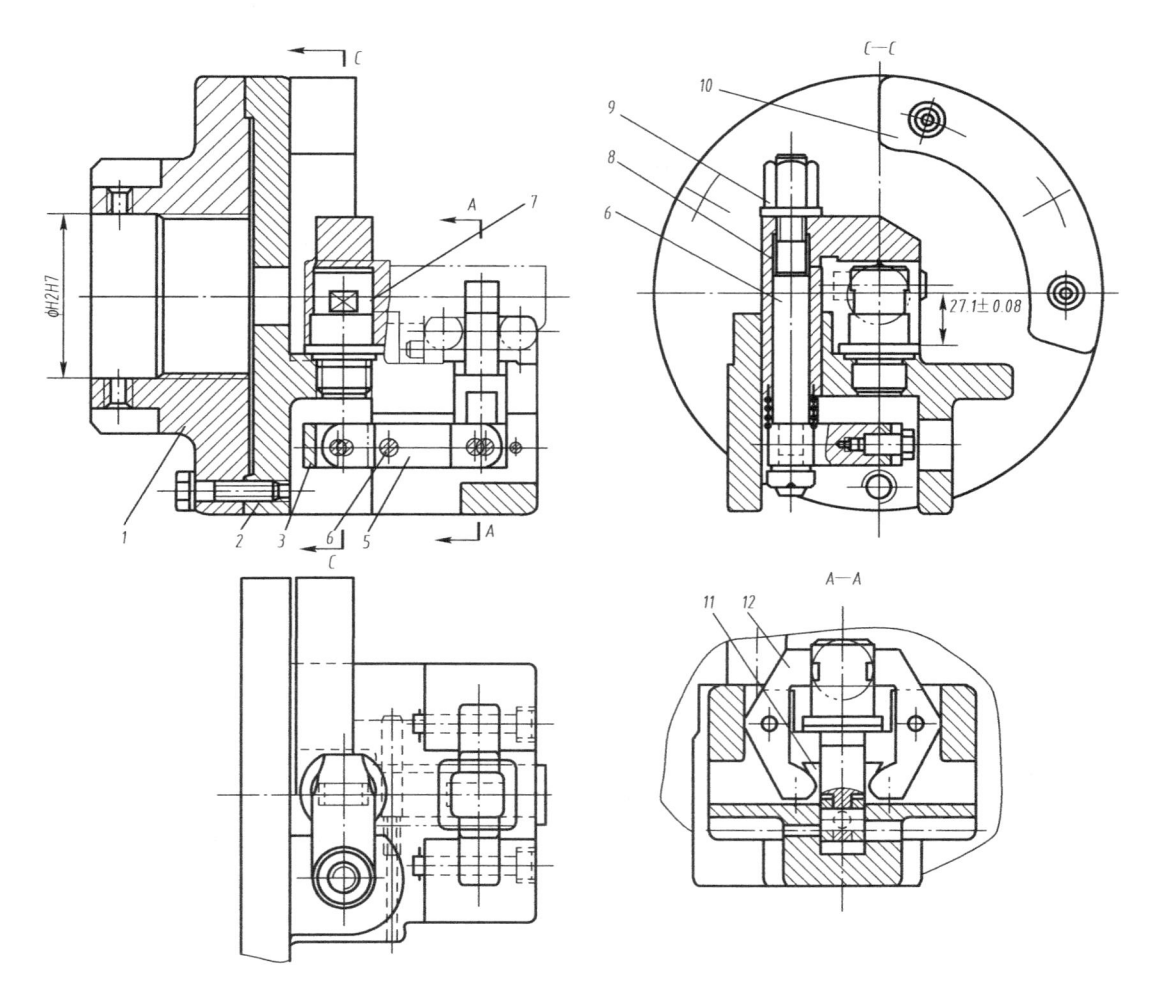

1—过渡盘　2—夹具体　3—联接块　4—销钉　5—杠杆　6—拉杆　7—定位销
8—钩形压板　9—带肩螺母　10—平衡块　11—楔块　12—摆动压块

图 2-15 角铁式车床夹具

2. 铣床夹具

铣床夹具主要用于加工零件上的平面、沟槽、缺口、花键以及成形面等。铣床夹具中使

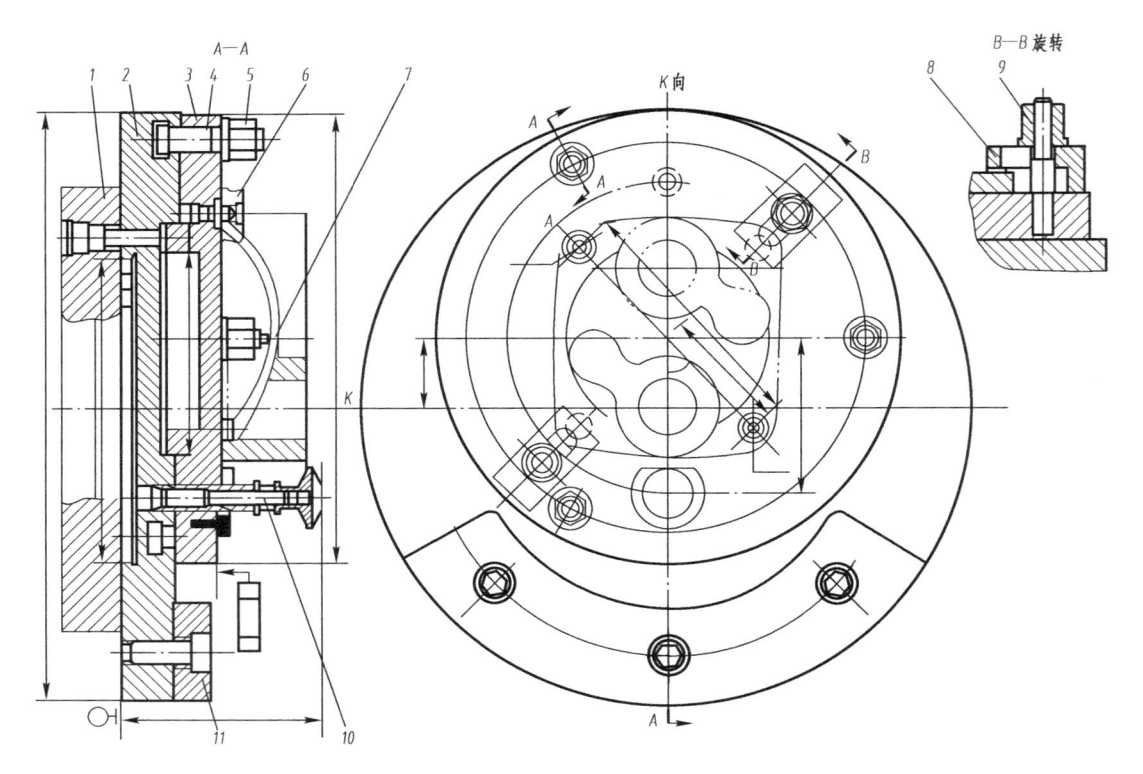

1—过渡盘　2—夹具体　3—分度盘　4—T形螺钉　5、9—螺母
6—菱形销　7—定位销　8—压板　10—对定销　11—平衡块

图2-16　圆盘式车床夹具

用最普遍的是机械夹紧机构，这类机构大多数是利用机械摩擦的原理来夹紧工件的。斜楔夹紧是其中最基本的形式，螺旋、偏心等机构是斜楔夹紧机构的演变形式。

（1）斜楔夹紧机构　是采用斜楔作为传力元件或夹紧元件的夹紧机构。如图2-17（a）所示为其夹紧机构的应用示例，敲入斜楔1大头，使滑柱2下降，装在滑柱上的浮动压板3可同时夹紧两个工件4。加工完后，敲斜楔1的小头，即可松开工件。采用这种夹具夹工件，夹紧力小，操作不方便，因此这种夹具在实际中一般与其他机构联合使用。如图2-17（b）为斜楔与螺旋夹紧机构的组合形式。

（2）螺旋夹紧机构　采用螺旋直接夹紧或采用螺旋与其他元件组合实现夹紧的机构，称为螺旋夹紧机构。螺旋夹紧机构具有结构简单、夹紧力大、自锁性能好和制造方便等优点，很适合于手动夹紧，因而在机床夹具中得以广泛应用。但是，夹紧动作较慢。螺旋夹紧机构分为简单螺旋夹紧机构和螺旋压板夹紧机构。如图2-17（c）、（d）和（e）、（f）所示。

（3）偏心夹紧机构　用偏心件直接或间接夹紧工件的机构，称为偏心夹紧机构。如图2-18所示，这种机构操作简单、夹紧动作快，但夹紧行程和夹紧力较小，一般用于没有振动或振动较小、夹紧力要求不大的场合。

3. 钻床夹具

在钻床上进行孔的钻、扩、铰、锪、攻螺纹加工所用的夹具，称为钻床夹具。钻床夹具的种类繁多，一般分为固定式、回转式、移动式、翻转式、盖板式和滑柱式等。

(a) (b)

斜楔夹紧机构

(c) (d)

(e) (f)

螺旋夹紧机构

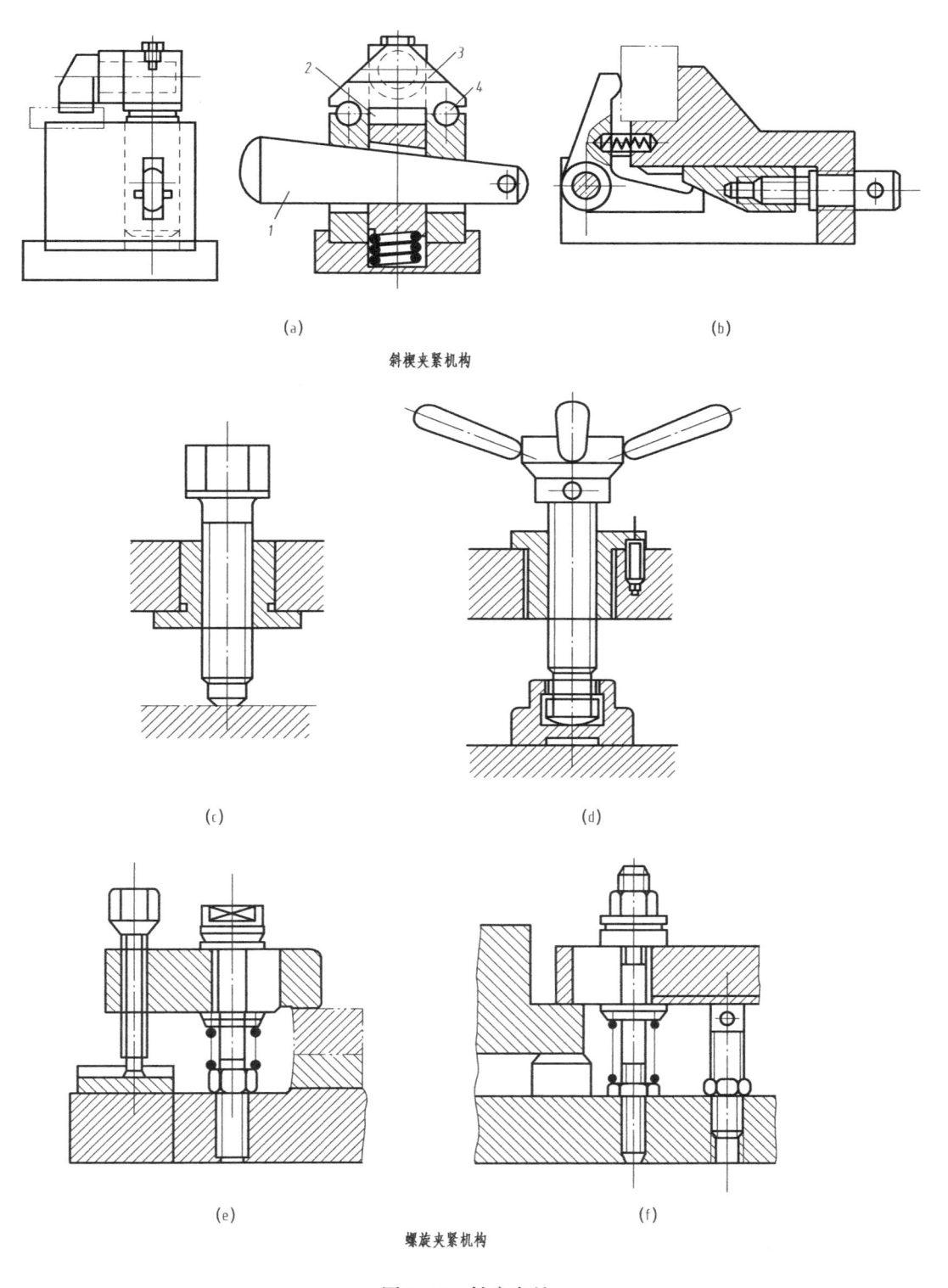

图 2-17 铣床夹具

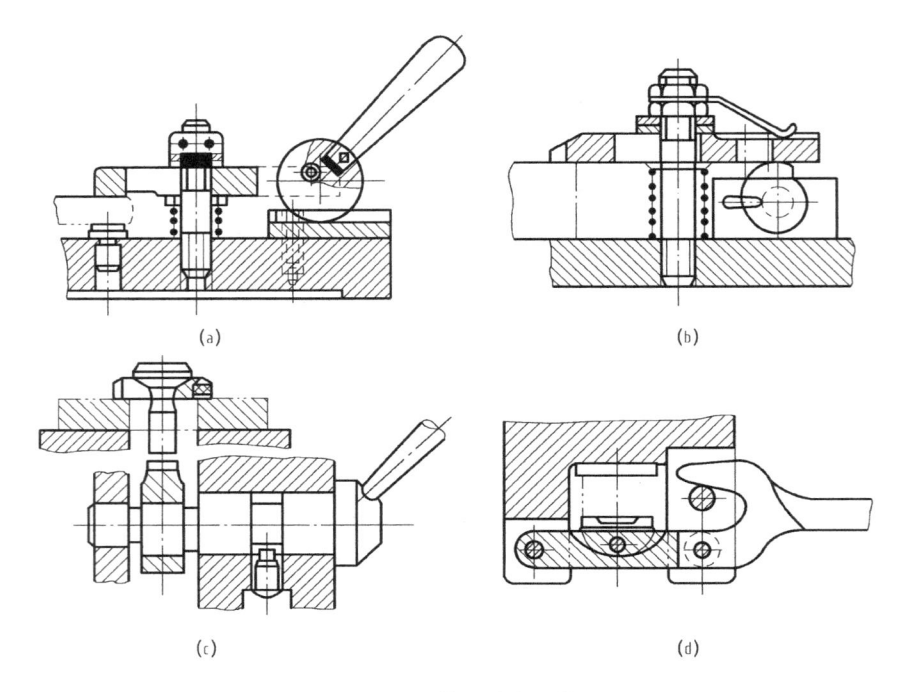

图2-18 偏心夹紧机构

（1）固定式钻床夹具　在使用中，夹具和工件在机床上的位置固定不变。常用于在立式钻床上加工较大的单孔或在摇臂钻床上加工平行孔系，如图2-19（a）所示。

（2）回转式钻床夹具　在钻削加工中，回转式夹具使用较多，它用于加工同一圆周上的平行孔系或分布在圆周上的径向孔。它包括立轴、卧轴、斜轴回转三种形式，如图2-19所示为一套专用回转式夹具。

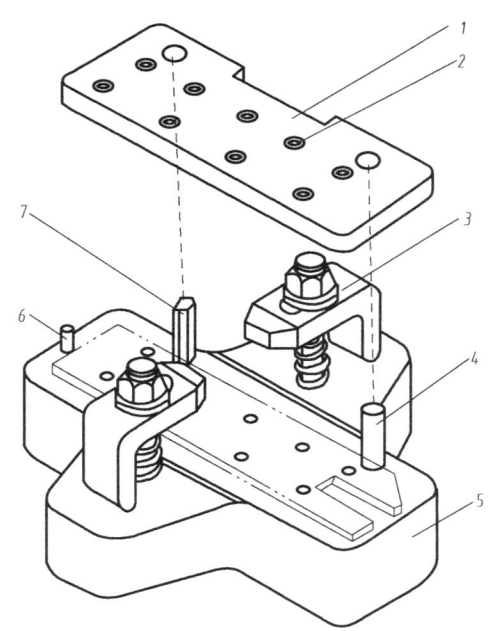

1—模板　2—钻套　3—压板　4—圆柱销　5—夹具体　6—挡销　7—菱形销
图2-19（a）　固定式钻床夹具

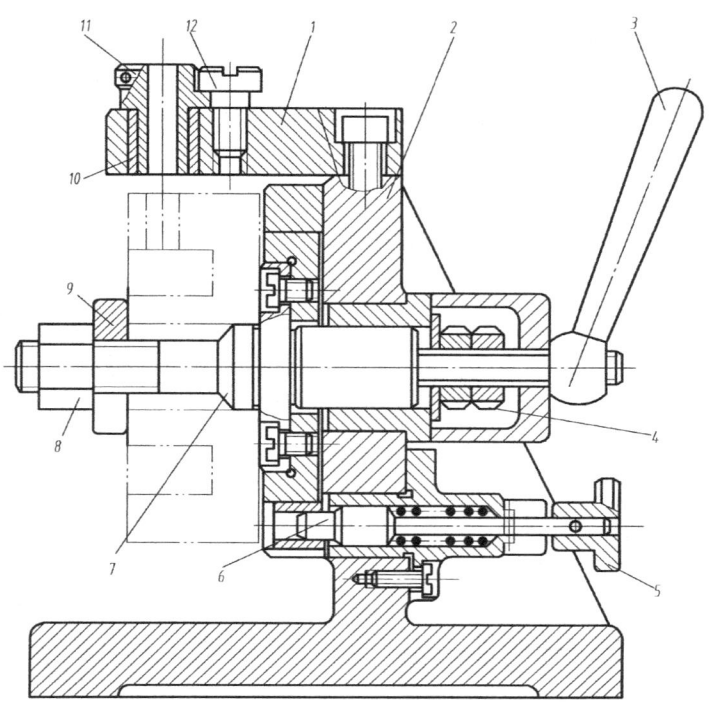

1—钻模板　2—夹具体　3—手柄　4、8—螺母　5—把手
6—对定销　7—圆柱　9—快换垫圈　10—衬套　11—钻套　12—螺钉

图 2-19（b）　专用回转式钻床夹具

（3）移动式钻床夹具　这类夹具用于钻削中、小型工件同一表面上的多个孔。图 2-20

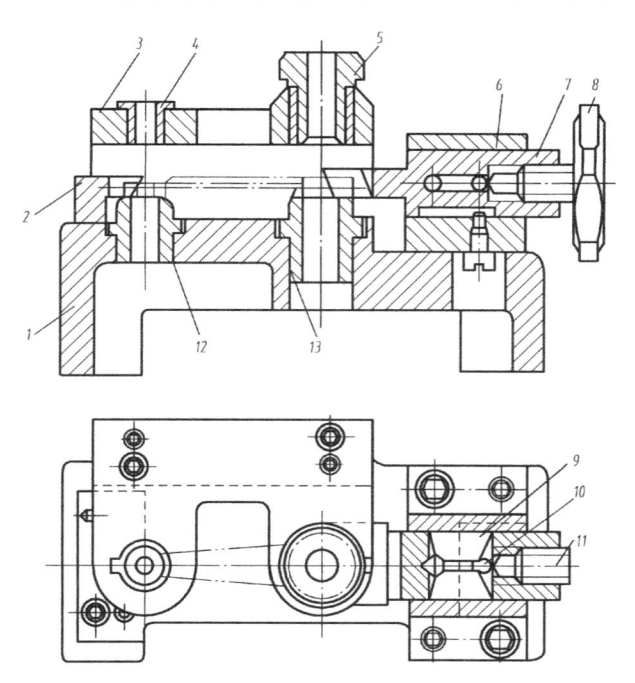

1—夹具体　2—固定 V 形块　3—钻模板　4、5—钻套　6—支座　7—活动 V 形块
8—手轮　9—半月键　10—钢球　11—螺钉　12、13—定位套

图 2-20　移动式钻床夹具

所示的移动式钻模，用于加工连杆大、小头上的孔。工件以端面及大、小头圆弧面作为定位基面，在定位套12、13，固定V形块2及活动V形块7上定位。先通过手轮8推动活动V形块7压紧工件，然后转动手轮8带动螺钉11转动，压迫钢球10，使两片半月键9向外胀开而锁紧。V形带有斜面，使工件在夹紧分力作用下与定位套贴紧。通过移动钻模，使钻头分别在两个钻套4、5中导入，从而加固工件上的两个孔。

（4）翻转式钻床夹具　这类夹具主要用于加工中、小型工件分布在不同表面上的孔，图2-21所示为加工套筒上四个径向孔的翻转式钻模。工件以内孔及端面在台肩销1上定位，用快换垫圈2和螺母3夹紧。钻完一组孔后，翻转60°钻另一组孔。该夹具的结构比较简单，但每次钻孔都需找正钻套相对钻头的位置，所以辅助时间较长，而且翻转费力。因此，夹具连同工件的总重量不能太重，其加工批量也不宜过大。

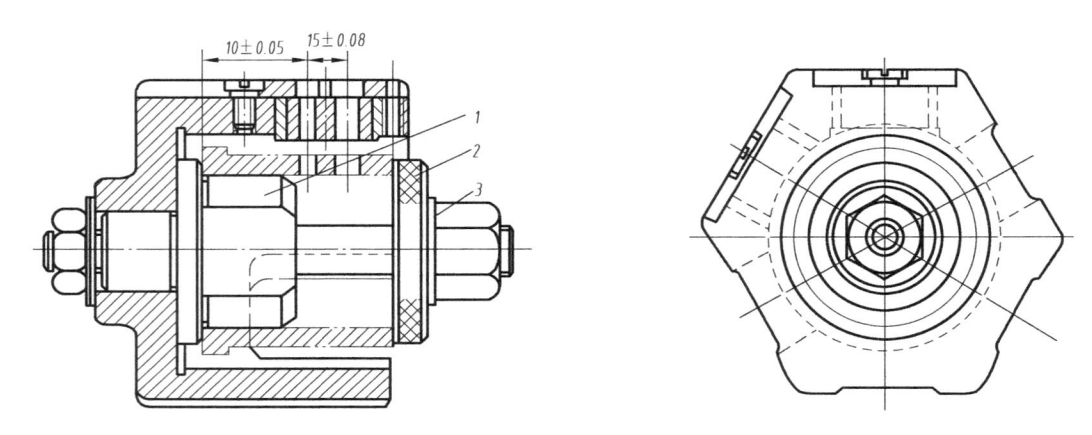

1—定位销　2—快换垫圈　3—螺母
图2-21　翻转式钻床夹具

2.3.2　实训部分

（1）车削如图2-22所示偏心轴，因其长度较短、偏心距较小，故可选用四爪单动卡盘或三爪自定心卡盘安装。

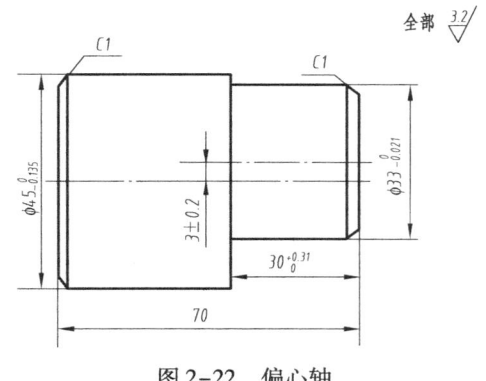

图2-22　偏心轴

（2）车削如图2-23所示薄壁套筒。（提示：苹零件轴向尺寸不大，但径向尺寸较大，且有一台阶，内外圆表面同轴度要求较高，相关表面的形状、位置精度要求也较

高，可考虑用特制）

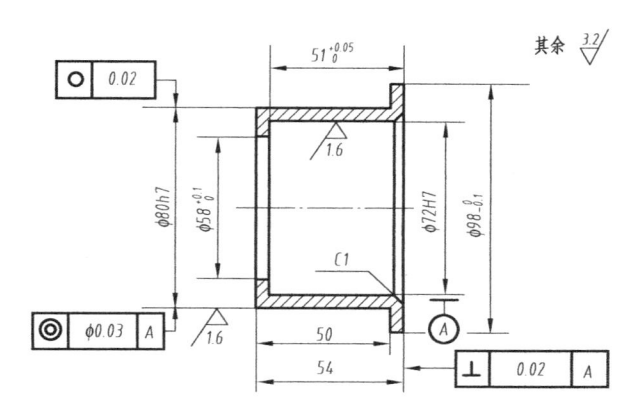

图 2-23　薄壁套筒

（3）铣削加工如图 2-24 所示零件，毛坯尺寸为 68mm×40mm×6mm，问：怎样装夹及夹具如何选择。

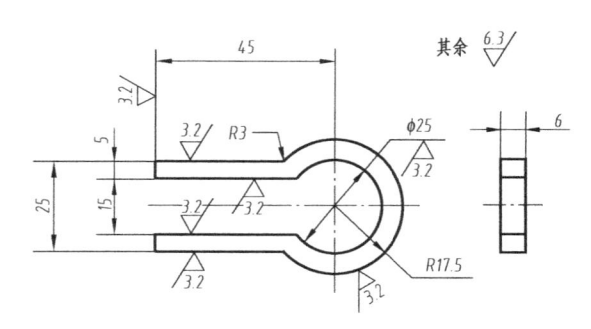

图 2-24　铣削加工典型零件图

复习思考题

1. 什么是定位、夹紧、装夹？并分别举例说明。
2. 对零件加工时，有哪几种装夹方法？
3. 基准有哪些种类？选择基准时应注意哪些问题？
4. 什么是夹具？常用的夹具有哪些类型？
5. 对于尺寸较大，形状较复杂的工件在车床切削时应选用什么样的夹具？

第 3 章 机械加工工艺规程的编制

【本章学习目标】
1. 了解工艺规程的作用、组成及制定方法，认识机械加工工艺分析的目的、内容与步骤。
2. 掌握机械加工工艺分析方法。
3. 完成典型零件的机械加工工艺分析与工艺卡的编写。

【教学目标】
1. 知识目标：了解工艺规程的作用、组成及制定方法，理解机械加工工艺分析方法。
2. 能力目标：通过理论知识的学习和应用，培养综合运用能力。

【教学重点】
机械加工工艺分析与工艺卡的编写。

【教学难点】
机械加工工艺分析与工艺卡的编写。

【教学方法】
读书指导法、分析法、演示法、练习法。

3.1 工艺规程概述

在机械零件的生产过程中，为了保质保量的同时获取较高的生产效率和经济效果，需要使用到许许多多以表格或卡片等力求简单明了的方式来表达的文件来指导与管理生产。这些用以规定零件生产过程和制作方法的工艺文件，称为工艺规程。

3.1.1 机械的生产过程和工艺过程

1. 生产过程

机械产品的生产过程是将原材料转变为成品的全过程。它包括直接生产和辅助生产两个方面。

2. 工艺过程

在生产过程中,对原材料直接进行加工以改变生产对象的形状、尺寸、相对位置或性质等的某一工作过程,称为工艺过程。例如:把钢材锻成毛坯的工作过程称为锻造工艺过程;在机械加工车间,用金属刀具在机床上进行切削加工的工作过程,称为机械加工工艺过程;把成品零件装配成机器的工作过程,称为装配工艺过程。工艺过程是生产过程的重要组成部分。

3.1.2 机械加工工艺过程的组成

机械加工工艺过程是由一个或若干个顺序排列的工序组成的,每一工序又可分为装夹、工位、工步和走刀。

1. 工序

一个(或一组)工人在一台机床(或一个工作地点)上对一个(或同时对几个)工件进行加工时,所连续完成的那部分工艺过程,称为一个工序。如图 3-1 所示的轴零件加工,可通过车(车端面、车外圆)和铣(铣键槽)两个工序完成,见表 3-1。

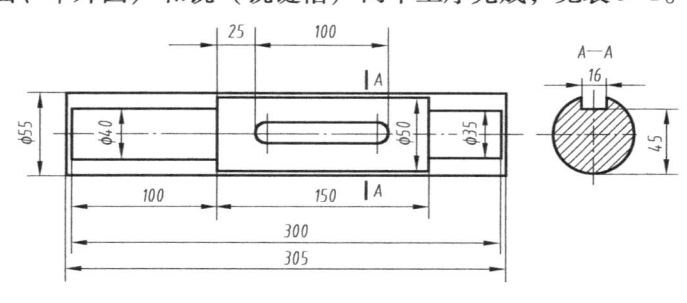

图 3-1 阶梯轴

表 3-1 阶梯轴加工工序

工 序	工 步	工作地点	工序内容	设 备
1	1	车床	夹住左端,车右端面	车床
	2		车 $\phi50$,长度大于 200	
	3		车 $\phi35$,长 50	
	4		调头夹住右端,车左端面,保证总长 300	
	5		车 $\phi40$,长 100	
2	6	铣床	铣键槽 16×100 至尺寸	铣床

2. 工步与走刀

工步是指加工表面(或装配时连接表面)和加工(或装配)工具不变的条件下所完成的那部分工艺过程。在一个工序内,可以包括几个工步,也可以只包括一个工步。表 3-1 所示工序 1 中包括装夹车左右端面、车 $\phi50$、$\phi40$、$\phi35$ 外圆等 5 个工步,而工序 2 采用键

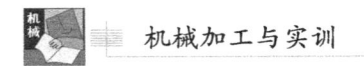

槽铣刀铣键槽时，就只包括一个工步。

为了提高生产率，用几把刀具同时加工几个表面（或几个孔）的工步，称为复合工步，如图3-2所示。在工艺文件上，复合工步应视为一个工步。

在一个工步内，若被加工表面需要切去的金属层很厚，需要分几次切削，则每一进行一次切削就是一次走刀。一个工步可包含一次或几次走刀。

3. 工位

在一次装夹工件后，工件相对机床所占的每一个相对位置上所完成的那一部分工艺过程称为工位。有时，为了减少由于多次装夹而带来的误差及时间损失，在批量生产中，常采用转位（或移位）工作台和转位（或移位）夹具进行加工。图3-3所示加工中，工件只夹装一次，利用回转工作台使每个工件能在1~6工位上顺次进行钻、扩、铰孔加工。

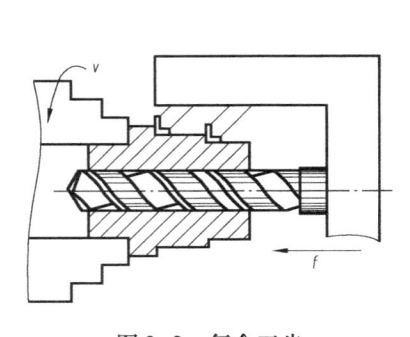

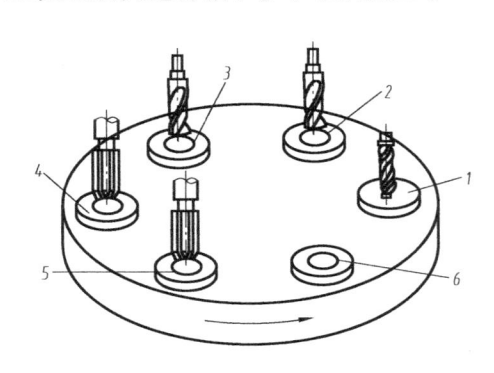

图3-2 复合工步　　　　图3-3 多工位加工

3.1.3 生产类型及工艺特征

1. 生产类型

企业（或车间、工段、班组、工作地）生产专业化程度的分类，称为生产类型。一般可分为：单件生产、成批生产、大批量生产三种类型。

一次投入或产出的同一产品的数量，称为批量。根据数量大小成批生产可分为小批生产、中批生产和大批生产三种类型。

2. 工艺特征

不同生产类型，零件的加工工艺有很大的不同，详情见表3-2。

表3-2　各种生产类型的工艺特征

工艺特征	生产类型		
	单件小批生产	中批生产	大批大量生产
零件的互换性	用修配法，钳工修配，缺乏互换性	大部分具有互换性，装配精度要求高时，灵活应用分组装配法和调整法，同时还保留某些修配法	具有广泛的互换性，少数装配精度较高处，采用分组装配法和调整法

续表

工艺特征	生 产 类 型		
	单件小批生产	中批生产	大批大量生产
毛坯的制造方法与加工余量	手工造型或自由锻造。毛坯精度低，加工余量大	部分采用机械造型铸造或模锻，毛坯精度和加工余量中等	广泛采用机械造型模锻或其他高效方法，毛坯精度高，加工余量小
机床设备及其布置形式	通用机床，按机床类别采用机群式布置	部分通用机床和高效机床，按工件类别分工段排列设备	广泛采用高效专用机床及自动机床，按流水线和自动线排列设备
生产特点	品种繁多，同类型零件仅造一个或少数几个，产品很少再重复生产。如：新产品的试制	分批地生产相同的零件，生产周期性重复。如：飞机制造、机车制造等多属于成批生产	产品的产量大、品种少，同一零件产品长期重复地进行加工。如：畅销螺钉的生产多属于大批量的生产
工艺装备	大多数采用通用夹具、标准附件、通用刀具和万能量具。靠划线和试切法达到精度要求	广泛采用夹具、部分靠找正法装夹，达到精度要求。较多采用专用刀具和量具	广泛采用专用高效夹具、复合刀具、专用量具或自动检验装置，靠调整法达到精度要求
对工人技术要求	需要技术水平较高的工人	需要一定技术水平的工人	对调整工的技术水平要求高，对操作工的技术水平要求低
工艺文件	有工艺过程卡，关键工序有工序卡	有工艺过程卡，关键零件有工序卡	有工艺过程卡和工序卡，关键工序有调整卡和检验卡
成本	较高	中等	较低

3.2 机械加工工艺规程

用以规定零件机械加工工艺过程和操作方法的工艺文件，称为机械加工工艺规程。机械加工工艺规程是机械制造厂最主要的技术文件。一般包括下列内容：工件加工的工艺路线、各工序的具体内容及所用设备和工艺装备、工件的检验项目及检验方法、切削用量、时间定额等。

3.2.1 工艺规程的作用

工艺规程有以下几个方面的作用：

1. 工艺规程是指导生产和管理生产的必要规章制度，是现场生产的指挥依据。

机械加工往往是社会化大生产，它涉及到许多方方面面，比如：原材料的组织、人员的分工、设备的配置、生产的调度、技术的准备、产品的质量等。只有按照工艺规程进行生产，才能使生产井然有序，产品的质量和较高的生产率与经济性才能保证。

但是工艺规程不是固定不变的，它可以根据生产的实际情况进行修改，但必须要有严格的审批手续。否则，它就缺乏权威性和使用性。

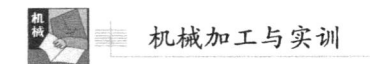

2. 工艺规程是生产管理和组织工作的基本依据

在生产的组织和管理中,产品投产前原材料及毛坯的供应、通用工艺装备的准备、机械负荷的调整、专用工艺装备的设计和制造、作业计划的编排、劳动力的组织以及生产成本的核算等,都是以工艺规程为依据的。

3. 工艺规程是新建或扩建工厂、车间的基本资料

在新建或扩建工厂时,只有依据工艺规程才能确定:生产所需设备、车间面积、机床的布置、生产工人的工种、技术等级、辅助部门的安排。

3.2.2 工艺文件的种类及内容

目前工厂中常用的工艺文件有以下几种。

1. 工艺过程卡

工艺过程卡简称过程卡。它是以工序为单位,简要列出一个零件所经过的加工工艺路线的卡片。包括零件各个工序的名称,经过的车间、工段、工种,所用的刀具、夹具、量具等,因此又叫路线单。它是制定其他工艺文件的基础,也是生产技术准备,编制作业计划和组织生产的依据,见表3-3。

表3-3 工艺过程卡

共 页 ××厂		工艺过程卡		产品型号		零件图		01		
				产品名称		零件名		轴		第 页
材料及牌号	45	毛坯种类	热轧圆钢	毛坯外形尺寸	$\phi36\times580$	每毛坯件数	1	每台件数		备注
车间名称	工序号	工序内容		设备或工种	工艺装备		技术等级	工时		
								准终	单件	机加
机	10	车端面、钻中心孔		C620-A	三爪自定心卡盘车夹具、$\phi2.5$中心钻、外圆刀					
机加	20	车外圆$\phi32$、$\phi25$、$\phi22$、$\phi16$,倒角		C620-A	三爪自定心卡盘车夹具、中心顶、外圆偏刀					
机加	30	校正、车端面、钻中心孔		C620-A	车夹具、中心架、$\phi2.5$中心钻、外圆偏刀					
机加	40	车外圆$\phi20$、倒角45°		C620-A	车夹具、中心顶、外圆偏刀					
机加	50	车M16螺纹		C620-A	车夹具、中心顶、三角螺纹车刀、M16环规					
机加	60	铣三条键槽		X62立式铣床	铣夹具、6键槽铣刀、6H9塞规					
机加	70	磨外圆$\phi25$、$\phi22$、$\phi20$、3°斜面		M131W磨床						

续表

××厂		工艺过程卡		产品型号		零件图		01	共 页
				产品名称		零件名		轴	第 页
材料及牌号	45	毛坯种类	热轧圆钢	毛坯外形尺寸	φ36×580	每毛坯件数	1	每台件数	备注
更改内容									
编制		校对		审核		批准			

2. 工艺卡

工艺卡是以工序为单位，详细说明零件整个加工过程的工艺文件。其内容包括零件的材料、重量、毛坯性质、生产纲领、各道工序的具体内容及要求等。它是指导操作工人进行生产和管理人员组织生产的一种主要文件，见表3-4，广泛用于成批生产中比较重要的零件。

3. 工序卡

工序卡是根据工艺卡为每一道工序编制的，主要是用来指导工人操作的工艺文件。它的内容更为详细，主要包括：工序简图、定位基准、装夹方法、工序尺寸及公差，所用的机床、刀具、量具、切削用量和时间定额等，见表3-5。

4. 技术检查卡

技术检查卡是检查人员用的工艺文件。卡中内容主要是检验项目、允许的偏差、检验方法和检具等，并附有零件检验简图。普遍用于大批量生产中，在中小批生产中，只有少数重要工序才编制使用，见表3-6。

3.2.3 工艺规程制订的原则

工艺规程制定的原则是在保证产品质量的前提下，争取最好的经济效益。在制定时，应该注意以下几个方面的问题：

（1）了解本单位和国内本行业现阶段的技术水平。
（2）经济上的合理性（低成本、低能耗）。
（3）工人的劳动强度要低。

3.2.4 制定工艺规程的步骤

（1）根据年生产纲领，确定生产类型。
（2）分析零件图及产品装配图，对零件进行工艺分析。
（3）选择毛坯。
（4）拟定工艺路线。
（5）确定各工序的加工余量，计算工序尺寸及公差。
（6）确定各工序所用设备及刀、夹、量具和辅助工具。
（7）确定切削用量及时间定额。
（8）确定各主要工序的技术要求和检验方法。
（9）填写工艺文件。

表3-4 加工工艺卡

××厂			工艺卡				产品型号		零件图号	01		共 页	
材料及牌号	45	毛坯种类	热轧圆钢	毛坯外形尺寸	φ36×580	每毛坯件数	产品名称		零件名称	轴	每台件数	1	第3页
工序号	工种	工步号	工序内容	切削用量			设备名称及编号	工艺装备名称及编号			备注	技术等级	工时
				深度	速度	进给量	转速		夹具	刀具	量具			准终	单件
1	车	1	三爪卡盘夹住毛坯外圆 车端面	1.5	154	0.4	760	C620-A	车夹具	端面刀	卡规				0.16
		Z2	钻中心孔 φ2.5		15.3	0.32	195		车夹具	中心钻					0.22
2	车	1	一端夹牢, 一端顶住 车φ32外圆 φ32×545	1.5	154	0.6	760	C620-A	车夹具	外偏刀	千分尺	中心顶			0.22
		2	车φ25js6, φ25h6至25.5	1	154	0.6	760		车夹具	外偏刀	千分尺	中心顶			0.22
		3	车φ22g6至22.5-0.1	1	154	0.6	760		车夹具	外偏刀	千分尺	中心顶			0.22
更改内容		4	车M16外径至φ16-0.4	1.5	154	1	760	C620-A	车夹具	外偏刀	千分尺	中心顶			0.06
		5	车沟槽2-3×0.5	0.5	15.3	0.5	195		车夹具	车槽刀	卡规	中心架			
		6	倒角2×45°		154		760		车夹具	外偏刀					
3	车	1	一端夹牢, 一端顶住校正 车端面, 取长577	1.5	154	0.4	760	C620-A	车夹具	外偏刀	卡规	中心顶			0.22
		2	钻中心孔φ2.5, Ra1.6	1	15.3	0.32	195		车夹具	中心钻					
4	车	1	一端夹牢, 一端顶住 车20h8外圆至20.4-0.1	1.5	154	1	760	C620-A	车夹具	外偏刀	千分尺	中心顶			
		2	倒角6×45°		154		760								

续表

××厂		工艺卡	产品型号			零件图号	01		共 页	
			产品名称			零件名称	轴		第3页	
材料及牌号	毛坯种类	热轧圆钢	毛坯外形尺寸	φ36×580	每毛坯件数	1	每台件数	1	备注	
45										

工序号	工种	工步号	工序内容	切削用量				设备名称及编号	工艺装备名称及编号				技术等级	工时	
				深度	速度	进给量	转速		夹具	刀具	量具	辅具		准终	单件
5	车		一端夹车,一端顶住					C620-A							0.5
		1	车M16螺纹至尺寸		35	1	185			螺纹刀	环规				
			检查												
6	铣		工件夹于虎夹上辅助支承					立式铣	V形虎夹			支撑			
6	铣	1	铣键槽6H9(+0.03/0)×21.5							φ6铣刀	6H塞规				
		2	铣键槽6H9(+0.03/0)×18.5												
		3	铣键槽6H9(+0.03/0)×16.5												
			检查												
7	磨		工件装于两顶尖间					磨床 M131W							
		1	磨φ25js6至尺寸,Ra0.8												
		2	磨φ25h6至尺寸,Ra0.8												
		3	磨φ22g6至尺寸,Ra0.8												
		4	磨φ20h8至尺寸,Ra0.8												
8	磨	1	工件装于两顶尖间												
9	普		修毛刺、清洗、涂防锈油					普通工							

| 编制 | | 校对 | | 审核 | | 批准 | |

表 3-5 工序卡表

××厂		工艺工序卡		产品型号		零件图号		共 页	
				产品名称		零件名称		第 页	
(工序简图)				车间	工序号	工序名称		材料及牌号	
				毛坯种类	技术等级	单件时间		准备结束时间隔	
				设备名称	设备型号	设备编号		同时加工件数	
				夹具编号		夹具名称		切削液	
序号	装夹和工步内容		工艺装备	主轴转速(r/m)	切削速度(m/m)	进给量(mm/r)	切削深度	走刀次数	时间定额
									机动 辅助
更改内容									
编制		校 对		审核		会签			

表 3-6 技术检查卡

××车间	检查图表	型号	件号	件名	材料	硬度	工序名称	工序号	共 页
									第 页
					项目	检验内容		量具	备注
					索引号				
					更改单号				
					签名日期				
					编制		校对		审核

3.3 零件的工艺分析

零件工艺性的分析包括零件图分析和结构工艺性分析两部分内容。

1. 零件图分析

首先应熟悉零件在产品中的作用、位置、装配关系和工作条件，搞清楚各项技术要求对零件装配质量和使用性能的影响，找出主要的和关键的技术要求，然后对零件图样进行分析。

分析的具体内容有：

（1）尺寸标注是否正确、齐全。

（2）加工的技术要求是否合理。如图 3-4 所示为汽车钢板弹簧吊耳，使用时钢板弹簧与吊耳的内侧是不接触的，所以图示标注的内侧粗糙度不合理，应放低要求，由原设计的 $Ra3.2\mu m$，改为 $Ra12.5\mu m$，这样在铣削加工时可增大进给量，提高生产率。

（3）选材是否恰当和热处理要求是否合理等。如图 3-5 所示为方头销，方头部分要求淬火硬度为 55~60HRC，所选材料为 T8A，零件上有一个孔 $\phi12H7$ 要求装配时配作。由于零件全长只有 15mm，方头部分长为 4mm，所以用 T8A 材料局部淬火势必使全长均被淬硬，以至装配时孔 $\phi2H7$ 无法加工。若材料改用 20Cr 钢，局部渗碳淬火，便能解决问题。

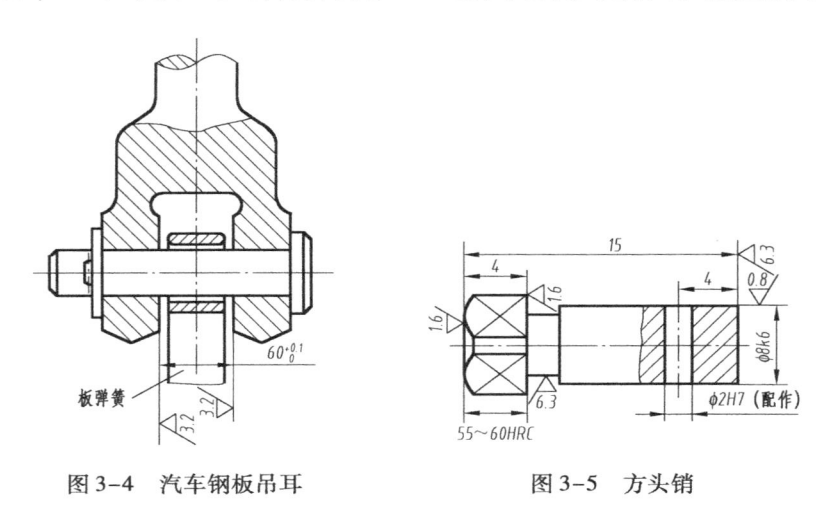

图 3-4　汽车钢板吊耳

图 3-5　方头销

2. 零件的结构工艺性分析

零件的结构工艺性是指所设计的零件在满足使用要求的前提下制造的可行性和经济性。良好的结构工艺性，可以使零件加工容易，节省工时和材料。而较差的零件结构工艺性，会使加工困难，浪费工时和材料，有时甚至无法加工。因此，零件各加工部位的结构工艺性应符合机械加工的特点，见表 3-7。

表 3-7　结构工艺性对比

序号	（A）工艺性不好的结构	（B）工艺性好的结构	说　明
1			采用统一的基准定位，键槽的尺寸、方位相同，减少装夹次数，减少误差和提高生产率
2			结构 A 的加工不便进刀

续表

序号	（A）工艺性不好的结构	（B）工艺性好的结构	说　明
3			内槽圆角的大小决定着刀具直径的大小，所以内槽圆角半径不应太小。通常 $R < 0.2H$ 时，可以判定零件该部位的工艺性好。结构 A 的工艺性不如结构 B 好
4			零件的内腔和外腔最好采用统一的几何类型和尺寸，这样可以减少刀具规格和换刀次数，使操作方便，提高生产效率
5			结构 A 孔的加工稳定性不好，刀具易偏离原位置

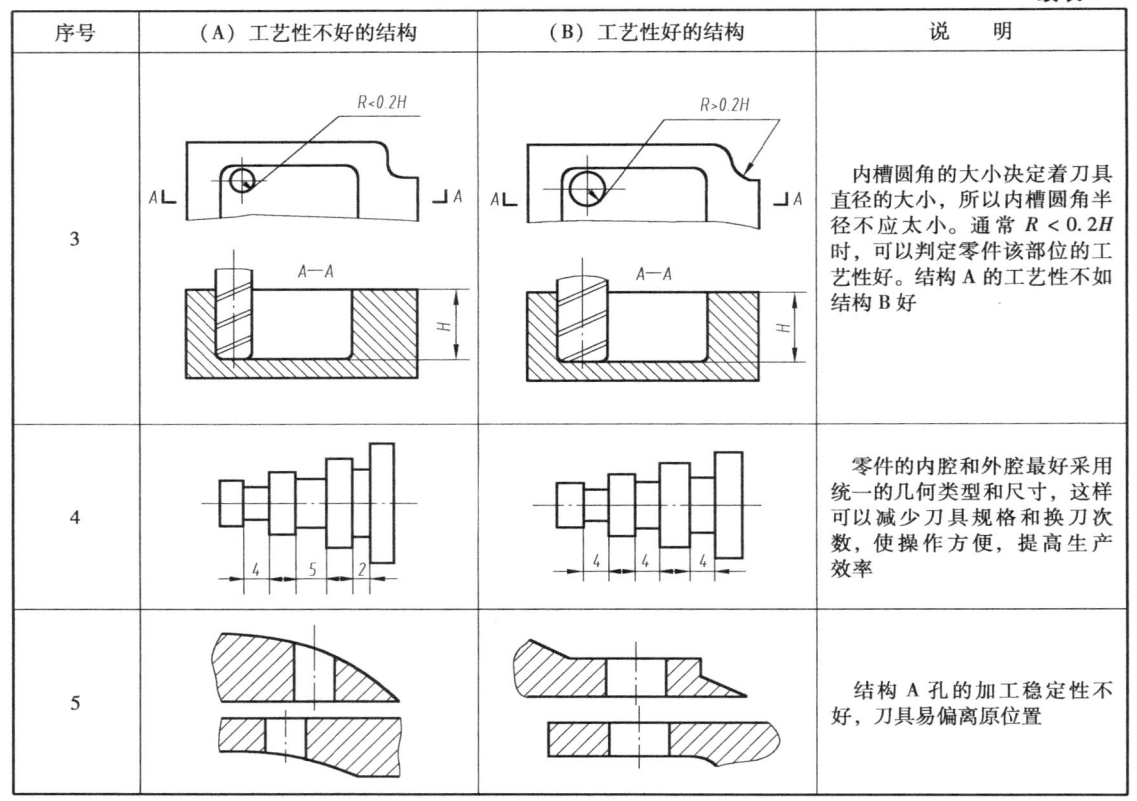

3.4　零件毛坯的选择

不同的毛坯种类其制造方法不同，加工的劳动量和成本也不同，因此，正确选择毛坯对提高零件的生产质量和降低产品成本是具有很大技术经济意义的。

3.4.1　机械毛坯的常用类型

1. 型材

型材是具有规则截面形状的批量生产材料。一般有热轧和冷拔两种。热轧型材一般用于尺寸较大，精度较低的机械零件。冷拔型材用于尺寸较小，毛坯精度要求较高的零件。

2. 铸件

将熔化的金属浇注到型腔中而获得的毛坯，叫铸件。制造的方法有砂型铸造、金属型铸造、压力铸造、离心铸造等。常用于形状复杂的毛坯。

3. 锻件

是通过材料的塑性变形来获取一定尺寸、形状的工件。锻件有自由锻件、模锻件、精锻件三种，适用于对强度有一定要求，形状比较简单的坯件。

4. 其他毛坯

焊接件、冲压、粉末冶金、冷挤等毛坯。

3.4.2 毛坯的选用依据

1. 零件材料及其力学性能

零件的材料大致确定了毛坯的种类。例如材料为铸铁和青铜的零件应选择铸件毛坯；钢质零件为当形状不复杂、力学性能要求不太高时可选型材；重要的钢质零件，为保证其力学性能，应选择锻件毛坯。

2. 零件的结构形状与外形尺寸

形状复杂的毛坯，一般用铸造方法制造。薄壁零件不宜用砂型铸造；中小型零件可考虑用先进的铸造方法；大型零件可用砂型铸造。一般用途的阶梯轴，如各阶直径相差不大，可用圆棒料；如各阶直径相差较大，为减少材料消耗和机械加工的劳动量，则宜选择锻件毛坯。尺寸大的零件一般选择自由锻造；中小型零件可选模锻件。

3. 生产类型

大量生产的零件应选择精度和生产率都比较高的毛坯制造方法，用于毛坯制造的昂贵费用可通过材料消耗的减小和机械加工费用的降低来补偿。如铸件采用金属模机器造型或精密铸造 I；锻件采用模锻；精锻采用冷轧和冷拉型材。零件产量较小时应选择精度和生产率较低的毛坯制造方法。

4. 现有生产能力

确定毛坯的种类及制造方法，必须考虑具体的生产能力，如毛坯制造的工艺水平、设备状况以及对外协作的可能性等。

5. 充分考虑利用新工艺、新技术的可能性。

3.4.3 毛坯形状与尺寸

毛坯的形状和尺寸以尽量与零件接近，达到减少劳动量降低成本提高产品生产率为目的。但是，由于目前现有加工条件的限制，毛坯的某些表面仍需留有一定的加工余量，以便通过机械加工达到零件的技术要求。

毛坯制造尺寸与零件相应尺寸差值称为毛坯加工余量。毛坯的加工余量与毛坯的制造方法有关，在制造方法相同的情况下，其加工余量又与毛坯的尺寸、部位及形状有关。如锻件的加工余量是与其锻造方式有关的，自由锻的加工余量要比模锻的加工余量要大得多。

生产中毛坯的尺寸可参照有关的工艺手册和结合具体加工情况确定，在这种情况下，毛坯的形状与零件的形状有可能不同，例如，为了加工时工件安装的方便，有的铸件毛坯需要铸出必要的工艺凸台，如图 3-6 所示。

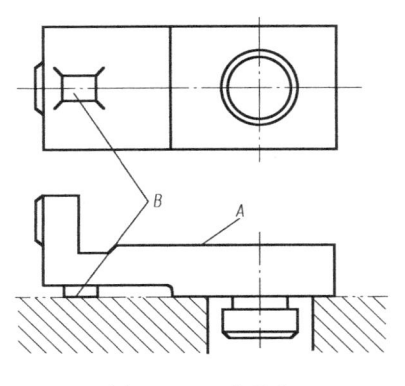

图 3-6　工艺凸台

3.5　工艺路线的拟定

工艺路线的拟定是制定工艺规程的关键，其主要任务是选择各个表面的加工方法和加工方案，确定各个表面的加工顺序以及工序集中或分散等。机械零件的结构形状是多种多样的，但它们都是由平面、外圆柱面、内圆柱面或曲面、成形面等基本表面组成的。每一种表面有多种加工方法，具体选择时应根据零件的加工精度、表面粗糙度、材料、结构形状、尺寸及生产类型等因素，选用相应的加工方法和加工工艺路线。

3.5.1　加工方法的拟定

1. 外圆表面加工方法的拟定

外圆表面的主要加工方法是车削和磨削。当表面粗糙度要求较高时，还要经光整加工。外圆表面的加工方法如图 3-7 所示。

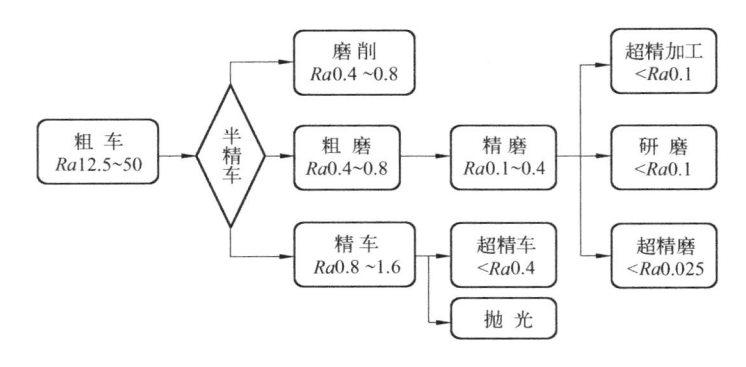

图 3-7　外圆表面加工工艺路线

（1）最终工序为车削的加工方法，适用于除淬火钢以外的各种金属。

（2）最终工序为磨削的加工方法，适用于淬火钢、未淬火钢和铸铁，不适用于有色金属，因为有色金属韧性大，磨削时易堵塞砂轮。

（3）最终工序为精细车或金刚车的加工方法，适用于要求较高的有色金属的精加工。

（4）最终工序为光整加工，如研磨、超精磨及超精加工等，为提高生产效率和加工质量，一般在光整加工前进行精磨。

（5）对表面粗糙度要求高，而尺寸精度要求不高的外圆，可采用抛光。

2. 孔表面加工方法的拟定

孔表面加工方法有钻孔、扩孔、铰孔、镗孔、拉孔、磨孔和光整加工。图3-8是常用的孔加工方法，具体应根据实际而定。

① 加工精度为IT9级的孔，当孔径小于10mm时，可采用钻→铰方案；当孔径小于30mm时、可采用钻→扩方案；当孔径大于30mm时、可采用钻→镗方案。工件材料为淬火钢以外的各种金属。

② 加工精度为IT8级的孔，当孔径小于20mm时，可采用钻→铰方案；当孔径大于20mm时，可采用钻→扩→铰方案，此方案适用于加工淬火钢以外的各种金属，但孔径应在20～80mm之间，此外也可采用最终工序为精镗或拉削的方案。淬火钢可采用磨削加工。

③ 加工精度为IT7级的孔，当孔径小于12mm时，可采用钻→粗铰→精铰方案；当孔径在12～60mm时，可采用钻→扩→粗铰→精铰方案或钻→扩→拉方案。若毛坯上已铸出或锻出孔，可采用粗镗→半精镗→精镗方案或粗镗→半精镗→磨孔方案。最终工序为铰孔适用于未淬火钢或铸铁，对有色金属铰出的孔表面粗糙度较大，常用精细镗孔替代铰孔。最终工序为拉孔的方案适用于大批量生产，工件材料为未淬火钢、铸铁和有色金属。最终工序为磨孔的方案适用于加工除硬度低韧性大的有色金属以外的淬火钢、未淬火钢及铸铁。

④ 加工精度为IT6级的孔，最终工序采用手铰、精细镗、研磨或珩磨等均能达到，视具体情况选择。韧性较大的有色金属不宜采用珩磨，可采用研磨或精细镗。研磨对大、小直径孔均适用，而珩磨只适用于大直径孔的加工。

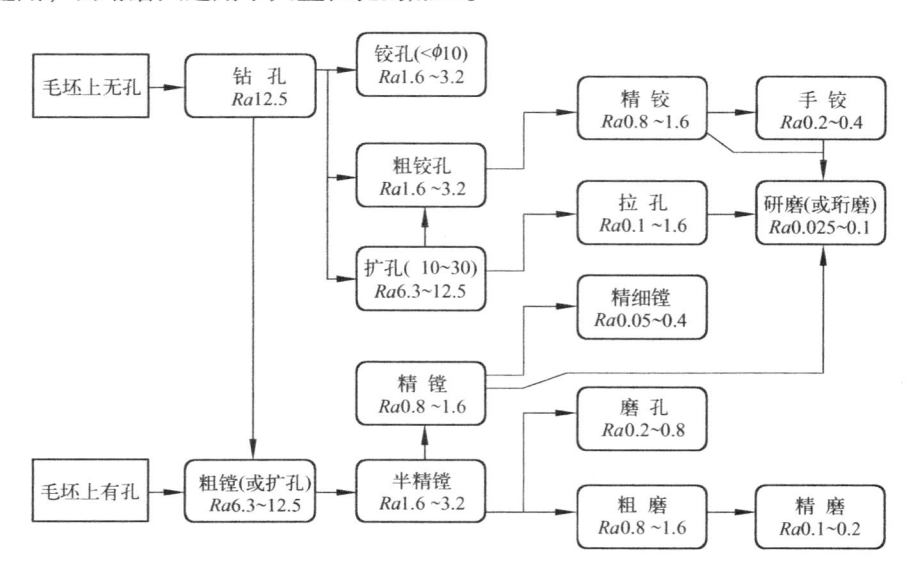

图3-8 孔加工工艺路线

3. 平面加工方法的拟定

平面的主要加工方法有铣削、刨削、车削、磨削和拉削等，表面粗糙度要求高的平面还需要经研磨或刮削加工。常见的加工工艺路线如图3-9所示。

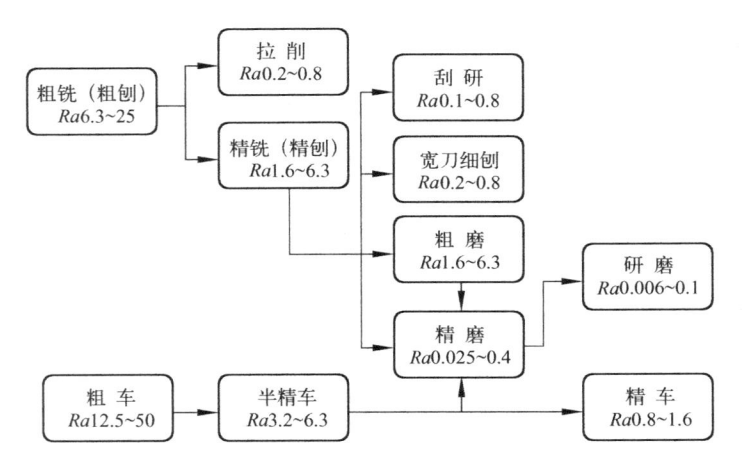

图 3-9 常见平面加工路线

（1）最终工序为刮研的加工方案多用于单件小批生产中配合表面要求高且非淬硬平面工件。当批量较大时，可用宽刀细刨代替刮研，宽刀细刨特别适用于加工像导轨面狭长平面，能显著提高生产效率。

（2）磨削适用于直线度及表面粗糙度要求较高的淬硬工件和薄片工件、未淬硬钢件上面积较大的平面的精加工，但不宜加工塑性较大的有色金属。

（3）车削主要用于回转零件端面的加工，以保证端面与回转轴线的垂直度要求。

（4）拉削平面适用于大批量生产中的加工质量要求较高且面积较小的平面。

（5）最终工序为研磨的方案适用于精度高、表面粗糙度要求高的小型零件的精密平面，如量规等精密量具的表面。

4. 平面轮廓和曲面轮廓加工方法的拟定

（1）平面轮廓常用的加工方法有数控铣、线切割及磨削等。对如图3-10（a）所示的内平面轮廓，当曲率半径较小时，可采用数控线切割方法加工。若选择铣削的方法，因铣刀直径受最小曲率半径的限制，直径太小，刚性不足，会产生较大的加工误差。对图3-10（b）所示的外平面轮廓，可采用数控铣削方法加工，常用粗铣→精铣方案，也可采用数控线切割方法加工。对精度及表面粗糙要求较高的轮廓表面，在数控铣削加工之后，再进行数控磨削加工。数控铣削加工适用于除淬火钢以外的各种金属，数控线切割加工可用于各种金属，数控磨削加工适用于除有色金属以外的各种金属。

（2）立体曲面加工方法主要是数控铣削，多用球头铣刀，以"行切法"加工，如图3-11所示。根据曲面形状、刀具形状以及精度要求等通常采用二轴半联动或三轴半联动。对精度和表面粗糙度要求高的曲面，当用三轴半联动的"行切法"加工不能满足要求时，可用模具铣刀，选择四坐标或五坐标联动加工。

(a) 内平面轮廓　　　　(b) 外平面轮廓

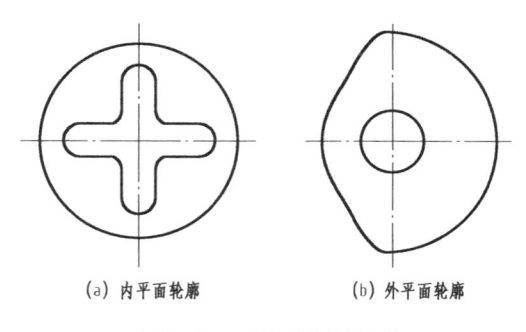

图 3-10　平面轮廓类零件

表面加工的方法选择，除了考虑加工质量、零件的结构形状和尺寸、零件的材料和硬度以及生产类型外，还要考虑加工的经济性。各种表面加工方法所能达到的精度和表面粗糙度都有一个相当大的范围。当精度达到一定程度后，要继续提高精度，成本会急剧上升。例如外圆车削，将精度从IT7级提高到IT6级，此时需要价格较高的金刚石车刀，很小的背吃刀量和进给量，增加了刀具费用，延长了加工时间，大大地增加了加工成本。对于同一表面加工，采用的加工方法不同，加工成本也不一样。例如，公差为IT7级、表面粗糙度 Ra 值为 $0.4\mu m$ 的外圆表面，采用精车就不如采用磨削经济。

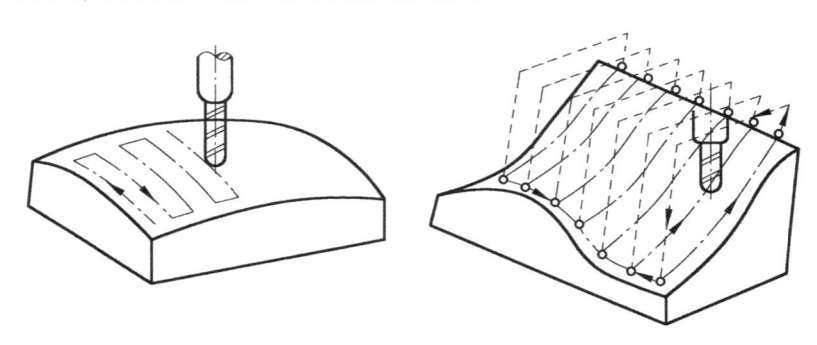

图 3-11　曲面的行切法加工

3.5.2　加工顺序的拟定

1. 工序划分的原则

工序的划分可以采用两种不同原则，即工序集中原则和工序分散原则。

（1）工序集中原则　工序集中原则是指每道工序包括尽可能多的加工内容，从而使工序的总数减少。采用工序集中原则的优点是：有利于采用高效的专用设备和数控机床，提高生产效率；减少工序数目，缩短工艺路线，简化生产计划和生产组织工作；减少机床数量、操作工人数和占地面积；减少工件装夹次数，不仅保证了各加工表面间的相互位置精度，而且减少了夹具数量和装夹工件的辅助时间。但专用设备和工艺装备投资大、调整维修比较麻烦、生产准备周期较长，不利于转产。

（2）工序分散原则　工序分散就是将工件的加工分散在较多的工序内进行，每道工序的加工内容很少。采用工序分散原则的优点是：加工设备和工艺装备结构简单，调整和维修方

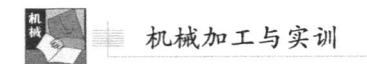

便,操作简单,转产容易;有利于选择合理的切削用量,减少机动时间。但工艺路线较长,所需设备及工人人数多,占地面积大。

2. 工序划分方法

工序划分主要考虑生产纲领、所用设备及零件本身的结构和技术要求等。大批量生产时,若使用多轴、多刀的高效加工中心,可按工序集中原则组织生产;若在由组合机床组成的自动线上加工,工序一般按分散原则划分。随着现代数控技术的发展,特别是加工中心的应用,工艺路线的安排更多地趋向于工序集中。单件小批量生产时,通常采用工序集中原则。成批生产时,可按工序集中原则划分,也可按工序分散原则划分,应视具体情况而定。对于结构尺寸和重量都很大的重型零件,应采用工序集中原则,以减少装夹次数和运输量。对于刚性差、精度高的零件,应按工序分散原则划分工序。

在数控机床上加工的零件,一般按工序集中原则划分工序,划分方法如下。

(1) 按所用刀具划分 以同一把刀具完成的那一部分工艺过程为一道工序,这种方法适用于工件的待加工表面较多,机床连续工作时间过长,加工程序的编制和检查难度较大等情况。加工中心常用这种方法划分。

(2) 按安装次数划分 以一次安装完成的那一部分工艺过程为一道工序。这种方法适用于工件的加工内容不多的工件,加工完成后就能达到待检状态。

(3) 按粗、精加工划分 即粗加工中完成的那一部分工艺过程为一道工序,精加工中完成的那一部分工艺过程为一道工序。这种划分方法适用于加工后变形较大,需粗、精加工分开的零件,如毛坯为铸件、焊接件或锻件。

(4) 按加工部位划分 即以完成相同型面的那一部分工艺过程为一道工序,对于加工表面多而复杂的零件,可按其结构特点(如内形、外形、曲面和平面等)划分成多道工序。

3.5.3 加工顺序的安排

在选定加工方法、划分工序后,接下来要做的主要内容就是合理安排这些加工方法和加工工序的顺序。零件的加工工序通常包括切削加工工序、热处理工序和辅助工序(包括表面处理、清洗和检验等),这些工序的顺序直接影响到零件的加工质量、生产效率和加工成本。这里重点介绍切削加工工序的顺序安排。

1. 基面先行原则

用作精基准的表面应优先加工出来,因为定位基准的表面越精确,装夹误差就越小。例如轴类零件加工时,总是先加工中心孔。

2. 先粗后精原则

各个表面的加工顺序按照粗加工→半精加工→精加工→光整加工的顺序依次进行,逐步提高表面的加工精度和减小表面粗糙度。

3. 先主后次原则

零件的主要工作表面、装配基面应先加工,从而能及早发现毛坯中主要表面可能出现的缺陷。次要表面可穿插进行,放在主要加工表面加工到一定程度后、最终精加工之前进行。

4. 先面后孔原则

对箱体、支架类零件，平面轮廓尺寸较大，一般先加工平面，再加工孔和其他尺寸，这利于安排加工顺序，一方面用加工过的平面定位，稳定可靠；另一方面在加工过的平面上加工孔，比较容易，并能提高孔的加工精度，特别是钻孔，孔的轴线不易偏斜。

5. 先近后远原则

在一般情况下，对离刀点近的部位先加工，对离刀点远的部位后加工，以便缩短刀具移动距离，减少空行程时间。对于车削而言，先近后远还有利于保持坯件或半成品的刚性，改善其切削条件。例如，加工如图 3-12 所示零件，当第一刀吃刀量未超限时，应该按 $\phi 34 \to \phi 36 \to \phi 38$ 的次序先近后远地安排车削顺序。

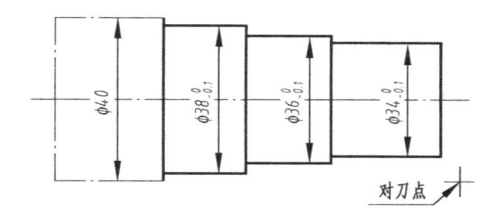

图 3-12 先近后远示例

3.6 工艺设备和工艺装备的选择

3.6.1 工艺设备的选择

工艺设备主要有：车、刨、铣、钻、磨、镗、拉、锻等通用机床或专用机床。这些机床的选择时要注意以下几个点：

（1）机床的规格要与加工工件的外形轮廓尺寸相适应。即是小工件尽可能选用小的机床，大工件选大的机床，使选用的设备尽可能的合理使用。

（2）机床的加工精度尽可能与工件要求的加工精度相适应。精度要求高的工件应选高精度的设备，精度要求低的工件应选低精度的设备来加工，但在缺乏精密设备时，可通过设备改装，以粗改精。

（3）机床的生产率要与加工工件的生产类型相适应。单件小批量生产一般选用通用设备，大批量生产宜选高生产率的专用设备。

（4）要结合现场的实际情况选用设备。如设备的类型、规格及精度状况，设备负荷的平衡情况以及设备的排列布置情况等。

3.6.2 工艺装备的选择

工艺装备主要是指：加工工件时所用到的夹具、刀具和量具等。

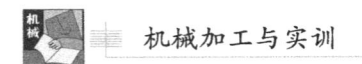

1. **夹具的选择**

单件小批量生产时，要尽量选择通用夹具。如各种卡盘、台虎钳、回转台等。为提高生产效率，应积极推广使用组合夹具。大批大量生产，应采用高生产率的气压、液压传动专用夹具。夹具的精度应与加工精度相适应。

2. **刀具的选择**

选择刀具时，应优先选用通用刀具，以缩短刀具制造周期和降低成本。必要时可采用各种高生产率的专用刀具和复合刀具。刀具的类型、规格和精度应符合加工要求。如铰孔时，应根据被加工孔不同精度，选择相应精度等级的铰刀。

3. **量具的选择**

单件小批量生产中尽可能地选用通用量具，如游标卡尺、百分表等活动量具。大批大量生产应尽可能地选用各种如量规的固定量具和一些高生产率的专用量具。量具的精度要与加工精度相适应。

3.6.3 提高生产率的措施

生产率是一项综合性的技术经济指标。提高生产率必须正确处理好生产率与质量、成本之间的关系。要在保证产品质量的前提下，提高生产率，降低生产成本。

提高生产率的措施主要有三个方面：一是科学生产管理，建立完善的生产管理机制，充分发挥设备效益和人才效益；二是不断科学地完善生产工艺，分类别地缩减时间定额，（如：在单件小批量生产中，辅助时间和准备终结时间所占比重较大，此时，就应着重缩减辅助时间；在大批大量生产中，基本时间所占比重较大，这就应着重缩减基本时间）正确选择切削用量，不断改进加工方法（如：实施多台机床看管、用粗磨代替铣平面、滚压代替铣或铰或磨等），采用新工艺、新技术和成组技术，提高机械加工自动化程度；三是不断提高员工的素质和技术操作水平。

3.7 轴类零件工艺规程设计实例

加工如图 3-18 所示的台阶轴，工件数量每批为 100 件。

1. **零件图的工艺分析**

该零件表面由外圆柱面、圆锥面、外退刀槽、外键槽和外三角螺纹等表面组成，其中多个轴径有尺寸精度和表面粗糙度要求。零件图尺寸标注正确、完整，切削加工技术要求不高；轮廓描述清楚完整；零件材料为45#钢，切削加工性能较好，无热处理和硬度要求。

通过上述分析，可采取以下几点工艺措施：

（1）由于工件不需要进行热处理，零件的最大直径尺寸是 $\phi32$，因此，毛坯直径可选较小校直棒料，如可选毛坯直径尺寸为 $\phi36$。

（2）毛坯直径尺寸 $\phi36$，而 C620-A 车床主轴孔能通过棒料的直径为 $\phi37$，故可将工件伸入主轴孔内夹住，车端面及钻中心孔。

（3）工件几何形状精度和相互位置精度要求不高，中心孔可选用 A 型。

（4）铣键槽时，应使用辅助支承，目的是增加工件加工时的刚性，防止工件变形或产生振动。

2. 毛坯的确定

由于轴各台阶之间尺寸相差不大，故毛坯可选用热轧圆钢。

3. 基准的选择

该零件属于一般的轴类零件，所以以外圆柱面为粗基准。车削两端面、钻一轴头中心孔。以切削好的外圆和另一轴头中心孔为精基准。

4. 确定装夹方案

加工外圆柱面，采用三爪自动定心卡盘夹紧，由于各轴颈经过磨削，对车削加工要求不高，所以可采用一夹一顶装夹方法。一端车削后，另一端搭中心架，车端面钻中心孔，供磨削用。

5. 确定加工工艺路线

（1）工艺路线方案

本例提出两个方案供分析比较（见表 3-8）

表 3-8　工艺路线的两个方案

方案 I	方案 II
（1）车端面 （2）钻中心孔 $\phi 2.5$，表面粗糙度 $Ra1.6$ （3）车 $\phi 32$ 外圆至尺寸，长度大于 545 （4）车 $\phi 25js6$、$\phi 25h6$ 外圆至 $\phi 25.5 \sim 0.1$ （5）车 $\phi 22g6$ 外圆至 $\phi 22.5 \sim 0.1$ （6）车 M16 螺纹外径至 $\phi 16 \sim 0.4$ （7）车沟槽 $2 \times 3 \times 0.5$、$3 \times \phi 13$ 倒角 （8）车另一端面，取正总长 577 （9）钻中心孔 $\phi 2.5$，表面粗糙度 $Ra1.6$ （10）车 $\phi 20h8$ 外圆至 $\phi 20.4 \sim 0.1$，3°斜面不车 （11）车 M16 螺纹至尺寸 （12）铣键槽 $6H9 \times 21.5$、$6H9 \times 18.5$、$6H9 \times 16.5$ （13）磨 $\phi 25js6$、$\phi 25h6$、$\phi 22g6$、$\phi 20h8$ （14）磨两斜面 3°至尺寸 （15）检验	（1）车两端面，长度取 577 （2）钻两端中心孔 $\phi 2.5$，表面粗糙度 $Ra1.6$ （3）车 $\phi 32$ 外圆至尺寸，长度大于 545 （4）车 $\phi 25js6$、$\phi 25h6$ 外圆至 $\phi 25.5 \sim 0.1$ （5）车 $\phi 22g6$ 外圆至 $\phi 22.5 \sim 0.1$ （6）车 M16 螺纹外径至 $\phi 16 \sim 0.4$ （7）车沟槽 $2 \times 3 \times 0.5$、$3 \times \phi 13$ 倒角 （8）车 $\phi 20h8$ 外圆至 $\phi 20.4 \sim 0.1$，3°斜面不车 （9）车 M16 螺纹至尺寸 （10）铣键槽 $6H9 \times 21.5$、$6H9 \times 18.5$、$6H9 \times 16.5$ （11）磨 $\phi 25js6$、$\phi 25h6$、$\phi 22g6$、$\phi 20h8$ （12）磨两斜面 3°至尺寸 （13）检验

（2）工艺方案的比较与分析

上述两个工艺方案的特点在于：方案 I 是先加工一端面和一中心孔，然后以毛坯外圆和中心孔为基准加工轴外圆 $\phi 32$ 及零件图的右部分，最后调头加工另一部分；方案 II 则是先把轴的两端面和两中心孔加工好，然后以两中心孔为基准加工轴各轴径外圆。两者相比较，可以看出，方案 I 的位置精度较易保证，并且定位夹紧都比较方便。方案 II 加工方法虽然与方案 I 基本相近，但，方案 II 开始时，需要多次装卸工件，并且两轴端面都是以毛坯外圆为基准，难保证平行，总长尺寸 577mm 可能偏差很大；如果是采用两头顶装夹，加工精度虽有提高，但加工速度受限；如果采用一夹一顶装夹，两端面中心孔都是以毛坯外圆为基准加工的，轴线偏差大，工件毛坯对校直要求很高，需加大毛坯直径，否则难以保证 $\phi32$ 轴径尺寸，导致材料增加成本。

最后加工路线确定如下：

① 以毛坯外圆为粗基准，选用 C620-A 车床和三爪自定心卡盘夹具车端面。
② 用 $\phi2.5$ 中心钻刃具钻中心孔 $\phi2.5$，表面粗糙度 $Ra1.6$。
③ 一端夹牢，一端顶住，在同一车床车 $\phi32$ 外圆至尺寸，长度大于 545。
④ 车 $\phi25js6$，$\phi25h6$ 外圆至 $\phi25.5-0.1$，长度大于 193。
⑤ 车 $\phi22g6$ 外圆至 $\phi22.5-0.1$。
⑥ 车 M16 螺纹外径至 $\phi16-0.4$。
⑦ 车沟槽 2-3×0.5，3×$\phi13$ 倒角。注意：沟槽、倒角除去留磨余量。
⑧ 松夹调头，一端夹牢，一端搭中心架，校正。
⑨ 以 $\phi16$、$\phi32$ 轴阶外圆柱面为基准，选用 C620-A 车床和三爪自定心卡盘夹具、中心架，车另一端面，取正总长 577mm。
⑩ 用 $\phi2.5$ 中心钻刃具，钻中心孔 $\phi2.5$，表面粗糙度 $Ra1.6$。
⑪ 车 $\phi20h8$ 外圆至 $\phi20.4-0.1$，3°斜面不车。
⑫ 松夹调头，一顶一夹选用 C620-A 车床车 M16 螺纹至尺寸，用 M16 环规量具测验螺纹。
⑬ 以两轴端中心孔为基准，选用 X62 立式铣床、专用夹具和 $\phi6$ 键槽铣刀，分别铣 6H9×21.5、6H9×18.5、6H9×16.5 三键槽，选用 6H9 塞规测量键槽。
⑭ 以两轴端中心孔为基准装夹，选用 M131W 磨床磨 $\phi25js6$、$\phi25h6$、$\phi22g6$、$\phi20h8$ 四台阶轴外圆面至尺寸。
⑮ 磨两斜面 3°至尺寸。
⑯ 检验（修毛刺、清洗、涂防锈油、入库）。

6. 确定加工余量及工序尺寸

台阶轴的材料为 45#钢，采用热轧圆钢毛坯，毛坯的重量约为 0.46kg。

根据上述原始资料及加工工艺，分别对各表面的机械加工余量、工序尺寸及毛坯尺寸确定如下：

（1）毛坯外圆表面 $\phi36×580$　考虑到零件长度为 577mm 和最大台阶轴径为 $\phi32$mm，$\phi32$mm 表面的公差为未注尺寸公差，表面粗糙度为 $Ra6.3\mu m$，通过校直，直径余量 $2Z=4$mm，长度余量 $2L=3$mm 已能满足加工要求．

（2）车端面 545mm，$2Z=3$mm。
（3）车 $\phi32$ 外圆柱面 $\phi32×545$，$2Z=4$mm。
（4）车 $\phi25$ 外圆柱面 $\phi25.5_{-0.1}^{0}$mm，$2Z=7$mm。
（5）车 $\phi22$ 外圆柱面 $\phi22.5_{-0.1}^{0}$mm，$2Z=3$mm。
（6）车 $\phi16$ 外圆柱面 $\phi16_{-0.4}^{0}$mm，$2Z=6$mm。
（7）切沟槽 2-3×0.5，3×$\phi13$（如 3-13 图所示）倒角。
（8）车端面 577mm，$2Z=3$mm。
（9）车 $\phi20$ 外圆柱面 $\phi20.4_{-0.1}^{0}$mm，$2Z=6$mm。

(10) 倒角 45°，2Z = 12mm。

(11) 铣槽 $\phi 16.5_{-0.11}^{0}$ mm、$\phi 21.5_{-0.11}^{0}$ mm、$\phi 18.5_{-0.11}^{0}$ mm，三槽加工余量均为 2Z = 3.5mm。

(12) 磨 ϕ25js6 外圆面 $\phi 25 \pm 0.0065$ mm，2Z = 0.50mm。

(13) 磨 ϕ25h6 外圆面 $\phi 25_{-0.013}^{0}$ mm，2Z = 0.50mm。

(14) 磨 ϕ22g6 外圆面 $\phi 22_{-0.020}^{-0.007}$ mm，2Z = 0.50mm。

(15) 磨 ϕ20h8 外圆面 $\phi 20_{-0.033}^{0}$ mm，2Z = 0.40mm。

(16) 磨 ϕ20h8 外圆两斜面 3°（图样要求）。

7. 确定切削用量和时间定额（略）

8. 填写工艺文件

填写工艺文件见表 3-3 ~ 表 3-4。

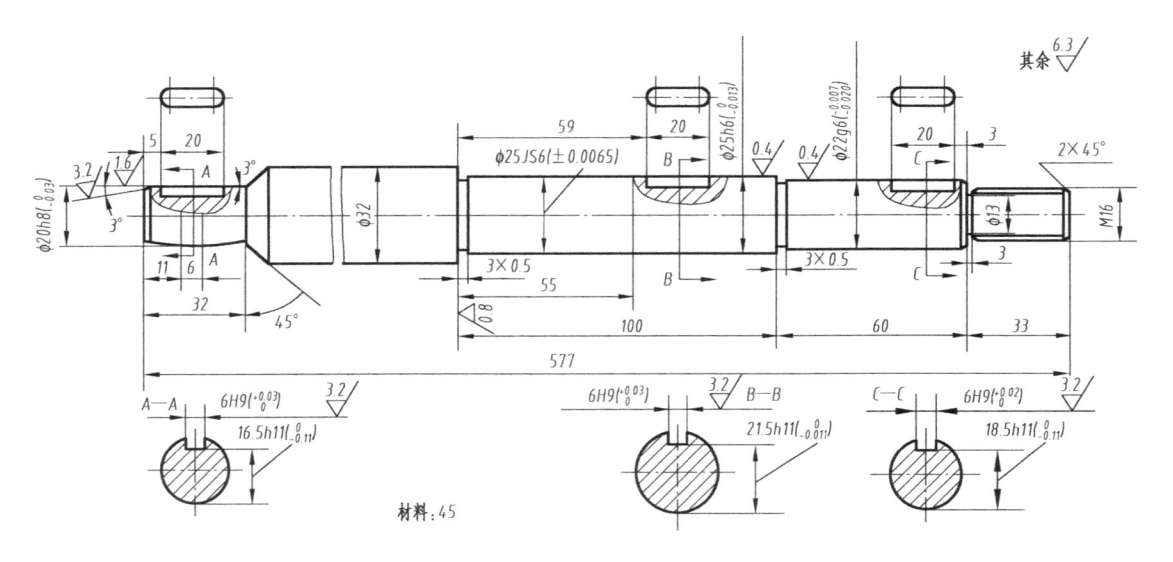

图 3-13 台阶轴

复习思考题

1. 阶梯轴结构如图 3-1 所示，已知条件：
(1) 当小批量生产时，其粗加工步骤如下：
① 车左端面，钻中心孔；卧式车床。
② 夹右端，顶住左端中心孔，粗车左端台阶；卧式车床。
③ 车右端面，钻中心孔；卧式车床。
④ 夹左端，顶右端中心孔，粗车右端各台阶；卧式车床。
(2) 当大批生产时，其粗加工步骤如下：
① 铣两端面，同时钻两端中心孔；专用铣钻机床。

② 粗车左端台阶；卧式车床。

③ 粗车右端各台阶；液压仿形车床。

试分析上述两种生产类型的粗加工由几道工序、工步、走刀和安装组成？并填写机械加工工艺卡（参照表3-4）。

2. 试选择图3-14端盖零件加工时的粗基准。

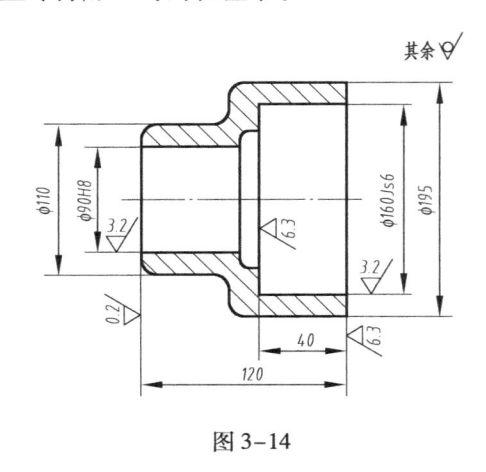

图 3-14

3. 工序卡的作用是什么？包括哪些内容？

4. 什么是工艺文件？生产中使用的工艺文件有哪几种？

5. 如图3-1所示零件，外图及端面已加工，现需铣出键槽，并保证尺寸 $10_{-0.06}^{0}$ mm 及 100 ± 0.1 mm，求试切调刀的测量尺寸45、25的上、下偏差。

6. 如图3-19所示零件，材料为18CrMnTi，小批量生产，试分析其机械加工工艺过程（零件图工艺分析、毛坯选择、确定装夹方案、工艺路线、填写工艺卡）。

第4章 车削加工工艺

【本章学习目标】

了解 C6140 车床的性能及加工方法，并掌握 C6140 型车床的操作方法和加工工艺。

【教学目标】

1. 知识目标：了解 C6140 车床的性能及加工方法，并掌握车床的操作方法和加工工艺。
2. 能力目标：通过理论知识的学习和应用，培养综合运用能力。

【教学重点】

C6140 型车床的操作方法和加工工艺。

【教学难点】

C6140 型车床的操作方法和加工工艺。

【教学方法】

读书指导法、演示法、项目教学法。

> **知识链接**
>
> 车削加工在机械加工中占有极其重要的位置，它是在车床上利用工件的旋转运动和刀具的直线运动相配合切去工件上多余的材料，以达到图样要求的一种加工方法。本章简要介绍车床的种类、加工特点、车削加工方法以及实训所应具备的操作知识。

4.1 车床概述

4.1.1 车削加工的内容及工艺特点

车床加工在金属切削机床中所占的比重最大，约占金属切削机床总数30%～50%，车削加工之所以在机械行业中占有主要的地位和作用,主要是因为车削加工的范围很广,它可以车外圆、端面、切槽或切断、钻孔、铰孔、车内孔、车螺纹、车内外圆锥面、车成形面、钻中心孔、滚花和盘绕弹簧等。同时,车削加工还能很好的适应工件材料、结构精度、表面粗糙度及生产批量的变化,利用不同的刀具,既可车削各种钢材、铸铁等金属,又可车削玻璃钢、尼龙、胶木等非金属,对不易进行磨削的有色金属零件的精加工,可采用金刚石车刀进行精细车削来完成。

车削加工的精度范围一般在 IT12～IT7 之间,表面粗糙度 Ra 值一般在 12.5～0.8μm 之间。

车刀一般为单刃刀具,其结构简单,制造容易,刃磨方便,装夹迅速。由于可转位刀具的逐渐普及,操作者可根据加工要求选择刀具材料、结构形式及刀具角度,有利保证加工质量,提高生产效率和降低成本。

在车床上安装其他附件和夹具,还可以扩大其加工范围,进行铣削、磨削、珩磨、抛光及不规则零件的加工。

4.1.2 车床的种类、型号及主要技术参数

1. 车床的种类

车床的种类很多,其通用特性代号为 C(车),按国家标准分为 10 个组,每一组划分为 10 个系,用阿拉伯数字表示。车床类组别划分表见表 4-1。

表 4-1 车床类组别划分表

组	C0	C1	C2	C3	C4	C5	C6	C7	C8	C9
机床名称	仪表车床	单轴自动车床	多轴自动、自动车床	转塔车床	曲轴及凸轮轴车床	立式车床	落地及卧式车床	仿形车床	轮、轴、辊、锭及铲齿车床	其他车床

在落地及卧式车床中常见的有落地车床(C60)、卧式车床(C61)、马鞍车床(C62)等生产设备。其中 CA6140 型卧式车床是加工范围很广,如图 4-1 所示。

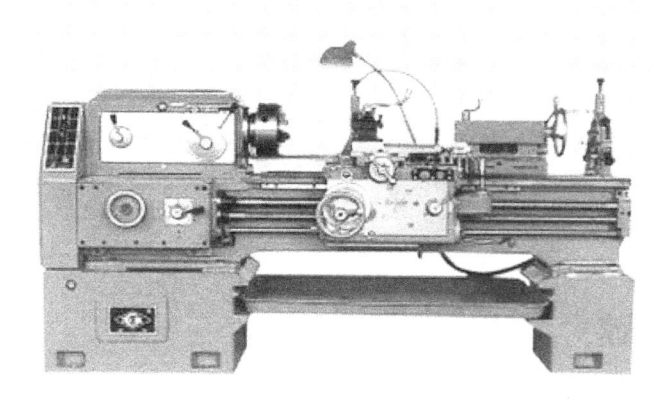

图 4-1 CA6140 型卧式车床

2. 车床的型号

我国目前现行的车床型号是按《金属切削机床型号编制方法》（GB/T15375—1994）编制的，每一台机床型号必须反映出机床的类别、结构特性和主要技术参数等。编制车床的型号时也是以此标准作出规定，如CA6140型卧式车床型号中各代号和数字的含义为：

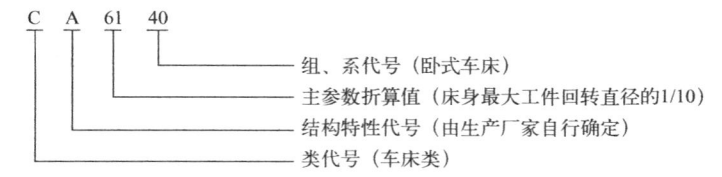

```
C   A   61  40
            └── 组、系代号（卧式车床）
        └────── 主参数折算值（床身最大工件回转直径的1/10）
    └────────── 结构特性代号（由生产厂家自行确定）
└────────────── 类代号（车床类）
```

CS6140型卧式车床型号中的代号和数字的含义为：

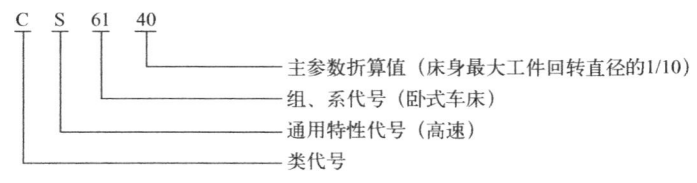

```
C   S   61  40
            └── 主参数折算值（床身最大工件回转直径的1/10）
        └────── 组、系代号（卧式车床）
    └────────── 通用特性代号（高速）
└────────────── 类代号
```

以上两种型号的卧式车床，类代号C后面的大写字母A是结构特性代号，S是通用特性代号，两者不同之处是：前者表示对C6140型号车床而言，主参数值相同但经过一定改进后，其结构性能不同，用A以示区别；后者则是按国家标准规定的"高速"的代号。结构特性代号由生产厂家根据需要确定用某一字母表示，国家标准规定的通用特性代号已用的字母不能用作结构特性代号。

3. CA6140型卧式车床的主要技术参数

（1）CA6140型卧式车床的特点

CA6140型车床是我国自行设计制造的一种卧式车床，与C6140型车床比较具有以下特点：

① 机床刚度高，抗振性能好，可进行强力切削和重载荷切削。

② 机床操作手柄位置安排合理，布局清楚，操作直观方便，溜板箱有快速移动机构，大大减轻劳动强度。

③ 机床设计科学，外形美观，结构紧凑，加工精度高，表面粗糙度小（精度等级为IT6~IT7级，表面粗糙度Ra值可达$0.8\mu m$）。

④ 机床滑板刻度盘有照明装置，尾座有夹紧机构，便于操作。

⑤ 床身导轨、主轴锥孔及尾座锥孔都经表面淬火处理，可延长车床的使用寿命。

（2）主要技术参数

CA6140型卧式车床主要技术参数一般包括以下内容，可在厂家随机交付的使用说明书上查阅：

① 床身上最大工件回转直径　　　　　　　　　　　　$D=400mm$

② 最大工件长度　　　　　　　　　　　　　　　　　750，1000，1500，2000mm

③ 最大车削长度　　　　　　　　　　　　　　　　　650，900，1400，1900mm

④ 刀架上最大工件回转直径　　　　　　　　　　　　$D_1=210mm$

⑤ 主轴中心至床身平面导轨的距离（中心高）　　　　$H=205mm$

⑥ 主轴内孔直径		48mm
⑦ 主轴前端锥度		莫氏6号
⑧ 尾座套筒锥孔		莫氏5号
⑨ 主轴转速	正转（24级）	$n = 10 \sim 1400 \text{r/min}$
反转（12级）		$n_1 = 14 \sim 1580 \text{r/min}$
⑩ 机动进给量	纵向、横向各64级	
	纵向进给量	$f_{纵} = 0.028 \sim 6.33 \text{mm/r}$
	横向进给量	$f_{横} = 0.014 \sim 3.16 \text{mm/r}$
⑪ 快速移动速度	纵向快速移动速度	4m/min
	横向快速移动速度	2m/min
⑫ 车削螺纹的范围		
公制螺纹	（44种）	$1 \sim 192 \text{mm}$
英制螺纹	（20种）	$2 \sim 24$ 牙/in
米制蜗杆	（39种）	$0.25 \sim 48 \text{mm}$
英制蜗杆	（37种）	$1 \sim 96$ 牙/in
⑬ 主电动机		7.5kW，1450r/min
⑭ 溜板快速移动电动机		0.25kW，2800r/min

4.1.3 车床的主运动和进给运动

车床的切削运动由两部分组成：即主运动和进给运动（图4-2）。在切削过程中，为了使工件上切去多余的金属，工件和刀具必须有相对运动，这种运动包括主运动和进给运动。

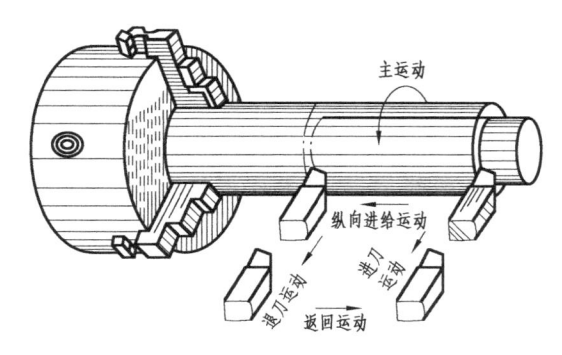

图 4-2 车床的主运动和进给运动

1. 主运动

主运动是使刀具和工件之间产生相对运动，促使刀具前刀面接近工件而实现切削。它速度最高，消耗功率最大。

2. 进给运动

进给运动使刀具与工件之间产生附加的相对运动，与主运动配合，即可连续地切除切削，获得具有所需几何特性的已加工表面。

各种切削加工方法（车削、钻削、刨削、铣削、磨削和齿轮加工等）都是为了加工某种表面而发展起来的，因此，也都有其特定的切削运动。切削运动有旋转的，也有直行的；有连续的，也有间歇的。

4.1.4 CA6140卧式车床的切削运动

车床运动的产出是由电动机提供的，它包括主运动和进给运动。CA6140型车床传动系统图如图4-3所示。

1. 主运动

主运动是指由电动机的旋转运动经皮带轮传递到主轴变速箱，再经箱内的变向和变速机构传递到主轴，使主轴得到24级正向和12级反向转速，这些不同的转速可以通过卡盘带动工件做所需的旋转运动，主轴的反转通常不用于切削，特殊情况除外，它主要用于车螺纹退刀用。

2. 进给运动

进给运动是指由主轴经主轴箱的另一部分变速机构把主运动经交换齿轮箱传入进给箱，从进给箱传出的运动。其中一条传动路线经丝杆至溜板箱，使刀架做纵向移动，用于车削各种螺纹；另一条传动路线则是经光杠和溜板箱内部的传动机构带动刀架做纵向或横向的进给运动。

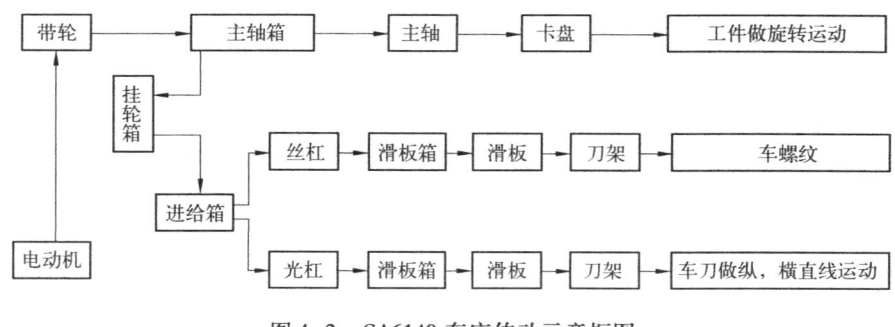

图4-3 CA6140车床传动示意框图

4.1.5 其他常用车床简介

1. 立式车床

立式车床用于加工径向尺寸大、轴向尺寸相对较小的大型和重型零件，如各种机架、体壳、盘轮类零件。

立式车床在结构布局上的主要特点是主轴垂直布置，并有一个直径很大的圆形工作台，主要用于装夹工件，工作台台面处于水平位置，因而装夹笨重和体大工件比较方便，找正相对容易。此外，由于工件及工作台的重量由底座导轨推力轴承承受，大大减轻了主轴及其轴承的负荷，因而较易保证加工精度和提高生产效率。

立式车床分单柱式和双柱式两种。单柱式立式车床（图4-4）加工零件直径一般较小，最大加工直径一般小于1600mm，双柱式立式车床（图4-5）加工的直径较大。

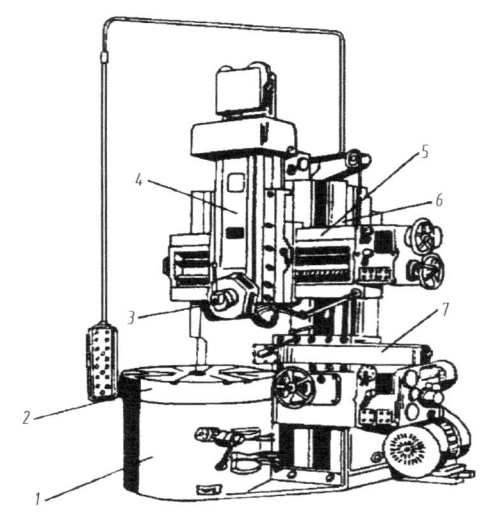

1—底座　2—工作台　3—转塔刀架
4—垂直刀架　5—横梁　6—立柱　7—侧刀架
图 4-4　单柱式立式车床

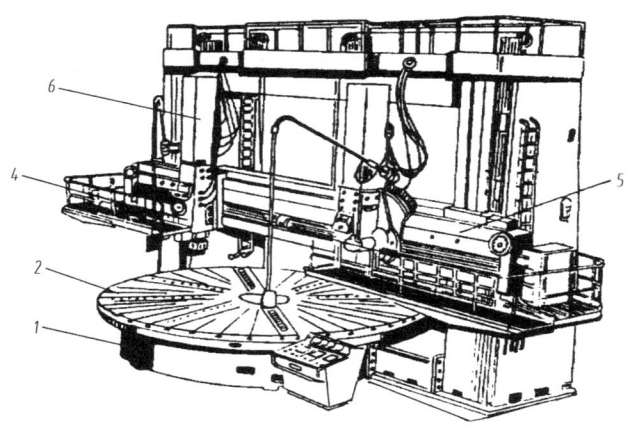

1—底座　2—工作台　3—垂直刀架
4—立柱　5—横梁
图 4-5　双柱式立式车床

2. 回轮、转塔车床

回轮、转塔车床是为了适应成批生产提高生产率的要求，在卧式车床的基础上发展起来的，适用形状比较复杂，换刀次数多，特别是带有内孔及内、外螺纹的工件。

回轮、转塔与卧式车床比较，结构上最主要的区别是：没有丝杠和尾座，而在尾座的位置上有一个可以装多把（六把）刀具的刀架，刀架通过转位把不同的刀具依次转到加工部位，对工件进行加工，大大减小了装夹刀具的时间，由于没有丝杠，所以加工内、外螺纹只能用丝锥和圆板牙。

回轮、转塔车床也有不足之处，调整机床的时间较长，在单件或小批生产中受到一定的限制，在大批或大量生产中一般用自动车床，多刀车床代替。转塔车床外形如图 4-6 所示，回轮车床外形如图 4-7 所示。

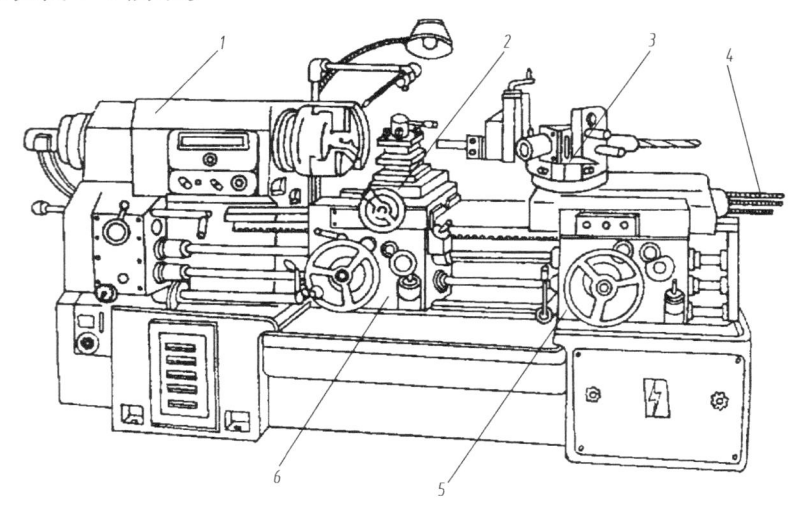

1—主轴箱　2—横向刀架　3—转塔刀架　4—定程装置　5、6—溜板箱
图 4-6　转塔车床的外形

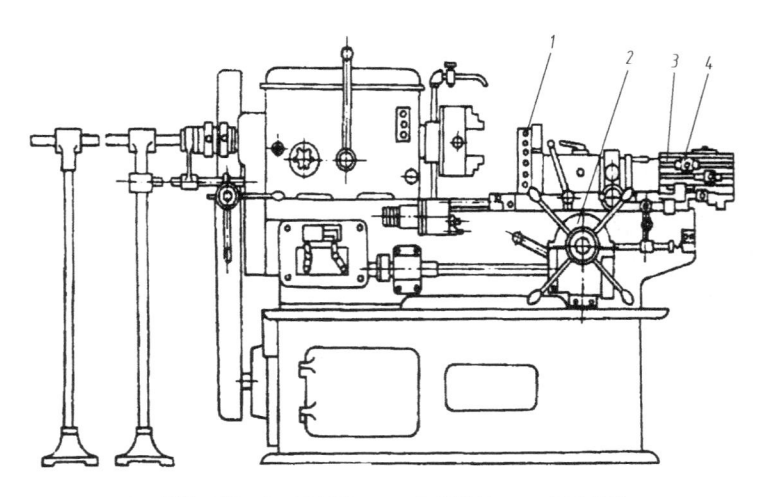

1—回转刀架　2—溜板箱　3—定程装置　4—调节挡块

图 4-7　回转车床的外形

3. 自动车床

车床在无需工人参与下，能自动完成一切切削运动和辅助运动，一个工件加工完成后，还能自动重复进行，能自动地完成一个零件的全部加工过程，这样的车床称为自动车床。由操作者装夹毛坯和卸下加工完毕的工件，并重新启动车床才能开始加工新的工件，这样的车床称为半自动车床。

自动和半自动车床能减轻操作者的劳动程度，提高产品质量和劳动生产率，所以在汽车、拖拉机、轴承标准件等制造企业大批量生产中被广泛应用。

自动车床的分类方法很多，以主轴的数目不同可分为单轴和多轴自动车床，按结构形式不同可分为立式和卧式的自动车床，按自动控制的方式不同可分为机械的、液压的、电气的和数字程序控制自动车床。

4.2　车削加工方法

4.2.1　工件的装夹与车刀的安装

1. 工件的装夹

用车床切削加工零件时，工件的装夹是操作者首先考虑的因素，定位和夹紧是工件装夹的必要条件，其直接影响到工件的加工质量和生产率。

根据工件形状、大小的差异和加工精度及数量的不同，在加工时分别采用不同的安装方法：

（1）用三爪自定心卡盘（又称三爪卡盘）装夹工件　三爪自定心卡盘的结构如图 4-8（a）所示，当用卡盘扳手转动小锥齿轮时，大锥齿轮也随之转动，在大锥齿轮背面平面螺纹的作用下，使三个爪同时向心移动或退出，以夹紧或松开工件。它的特点是对中性好，自动定心精度可达到 0.05～0.15mm。可以装夹直径较小的轴类工件。

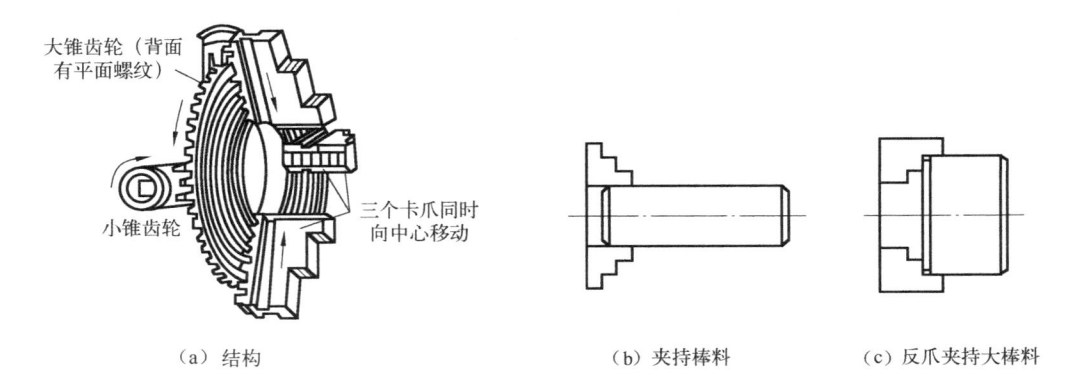

(a) 结构　　(b) 夹持棒料　　(c) 反爪夹持大棒料

图 4-8　三爪自定心卡盘结构和工件安装

如图 4-8（b）所示，当装夹直径较大的外圆工件时可用三个反爪进行。

如图 4-8（c）所示，由于三爪自定心卡盘夹紧力不大，所以一般只适宜于重量较轻的工件，当重量较重的工件进行装夹时，宜用四爪单动卡盘或其他专用夹具。

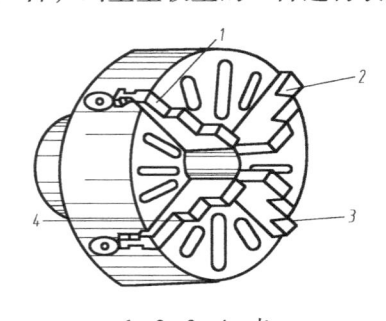

（2）用四爪单动卡盘（又称四爪卡盘）装夹工件　四爪单动卡盘的结构如图 4-9 所示，由于四爪单动卡盘的 4 个卡爪各自独立运动，因此，装夹工件时必须经过校正后才能加工。

用四爪单动卡盘校正工件比较费时，但可得到较高的精度，同轴度要求高的工件一般用这种卡盘装夹。

四爪单动卡盘的夹紧力较大，适用于装夹大型或形状不规则的工件，这种卡盘可装成正爪或反爪两种形式，反爪可用于装夹直径较大的工件。

1，2，3，4—卡

图 4-9　四爪单动卡盘的结构

（3）用两顶尖装夹工件　用两顶尖装夹工件的示意图如图 4-10 所示。对于较长的零件或工序较多，在车削后还要铣削或磨削的工件，为了保证每次装夹的装夹精度时，可用两顶尖装夹。两顶尖装夹工件方便，不需校正，装夹精度高。

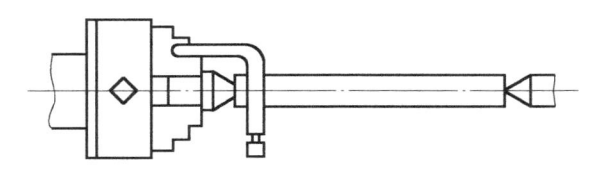

图 4-10　用两顶尖装夹工件的示意图

用顶尖装夹工件时，必须先在工件端面钻出中心孔，根据国家标准 GB/T145—1985 规定中心孔分为 A 型（不带护锥）、B 型（带护锥）、C 型（带螺孔）和 R 型（弧形）4 种。其中 A 型中心孔适用于不需重复使用且精度一般的工件；B 型中心孔适用于精度要求较高、工序较多的工件；C 型中心孔适用于要把零件轴向固定在轴上的工件；R 型中心孔适用于轻型和高精度的轴类工件。

四种类型中心孔的尺寸可在标准中查阅使用。

顶尖可分为前顶尖和后顶尖两种。前顶尖一般在车床卡盘上经车削而成，顶尖锥体角度为60°。后顶尖一般装在尾座套筒内的锥孔中，套筒内锥孔常用莫氏4号或5号锥度配合。

后顶尖有固定顶尖和活动顶尖两种，固定顶尖刚性高，定心准确，但与中心孔间因产出滑动摩擦发热，容易将中心孔或顶尖"烧坏"，因此，只适用于低速加工精度要求较高的工件。用硬质合金顶尖代替高速钢顶尖则可解决顶尖被"烧坏"的问题。

在加工精度要求不高的轴类零件时，用活动顶尖能满足高速切削的要求。活动顶尖克服了固定顶尖的不足之处，因此被广泛应用。

与顶尖配合使用的夹具有鸡心夹头，在使用两顶尖装夹、车削零件前，可在中心孔内放入黄油以减小摩擦，加工过程中注意零件中心孔内黄油的热化情况，以防止中心孔温度太高，避免影响工件的质量。

（4）用一夹一顶装夹工件

用两顶尖装夹工件虽然精度高，但刚性低，影响切削用量的提高，因此，车削一般轴类零件时，对于同轴度要求不高、长度比较大或较重的工件，不能用两顶尖装夹，而是用一夹一顶装夹，这种装夹方法较安全，能承受较大的轴向切削力。采用此法加工工件时，要防止因切削力的作用而产生的轴向位移，一般可在工件上车削一段台阶用于限位，效果不错。用一夹一顶装夹工件的示意图如图4-11所示。

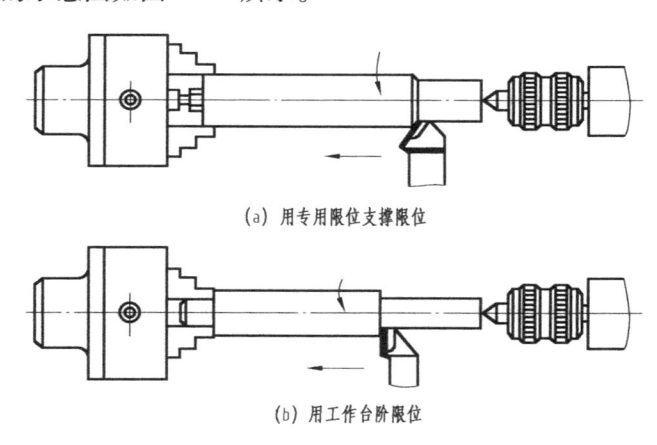

(a) 用专用限位支撑限位

(b) 用工作台阶限位

图4-11　用一夹一顶装夹工件的示意图

（5）用花盘角铁装夹工件　对于被加工表面的回转轴线与基准面互相垂直，外形复杂的工件，如图4-12中的双孔连杆，可以装夹在花盘上车削，其示意图如图4-12所示。

1）注意事项　用花盘装夹、车削工件时需注意：

① 车削前要校正花盘端面与轴中心线垂直，垂直度误差应小于0.02mm。

② 夹紧力要保证工件在加工中定位位置不变。

③ 工件转动中要保持平衡。

④ 测量手段应能保证达到零件图纸要求。

被加工表面回转轴线与基准面互相平行且外形复杂的工件可以装夹在花盘的角铁上加工，其示意图如图4-13所示。对开轴承座用三爪自定心卡盘和四爪单动卡盘很难装夹，用花盘也无法装夹，在花盘上再装上一块互成90°的角铁，装夹轴承座时就简便了很多。用此法加工零件时一般用划线盘校正十字中心线，使被加工零件表面的轴线与主轴旋转轴线重合，紧固工件，装上平衡块，平衡好工件后即可进行加工。

2）保证形位精度的方法　在花盘角铁上装夹工件时，保证形位公差要求的方法是：

① 对于形位公差要求高的工件，其定位基准面必须经过平磨和精刮，基准面要求平直，接触良好。

② 花盘角铁定位基准面的形位公差要小于工件形位公差的 $\frac{1}{2}$ 以下，因此，花盘平面一般在本机床上精车出来，角铁必须经过刮研。

③ 夹紧力要能保证工件定位位置不变，防止工件在夹紧中变形。

④ 车削前要经过平衡。

⑤ 定位夹紧平台最好使用组合夹具保证。

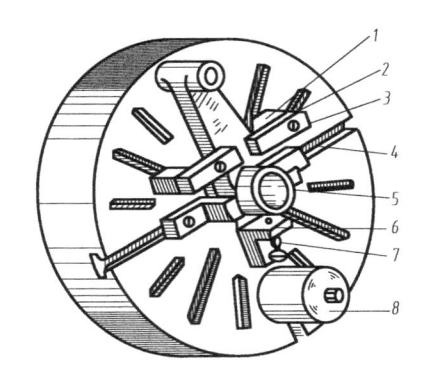

1—垫铁　2—压板　3—压板螺栓　4—T形槽
5—工件　6—弯板　7—可调螺栓　8—配重块

图4-12　用花盘装夹零件的示意图

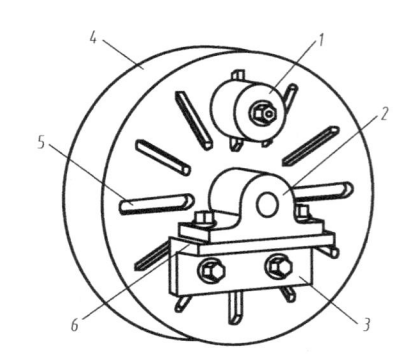

1—平衡块　2—工件　3—角铁　4—花盘　5—螺柱栓
6—安装基准

图4-13　用花盘角铁装夹零件的示意图

（6）用车床主轴装夹工件　在车削有莫氏锥度的轴或套时，为保证其同轴度要求，一般用车床主轴进行定位夹紧，如车削一个外锥为莫氏4号而内锥为莫氏2号的锥套时，可用主轴锥度和锥套配合装夹、加工零件，其具体步骤是：

① 用三爪自定心卡盘装夹车削莫氏4号的外锥体。

② CA6140型车床主轴的锥孔为莫氏6号，选用外锥为莫氏6号、内锥为莫氏4号的锥套装在主轴锥孔内，把工件放到锥套中用拉杆拉紧，即可加工内锥孔。

（7）用自行设计的夹具装夹

工件装夹时一般需要达到定位准确、夹紧稳固、安装简便、测量快速的目的。有一部分零件形状复杂、体积小、质量轻，直接用以上方法装夹总有不足之处，费时费力，而加工量却不多。在这情况下，可根据工件形状特点自行设计夹具，配合以上车床夹具车削，收到的效果是非常明显的，如薄壁套类零件一般用弹簧心轴装夹，而十字孔、环、螺钉用自制微型角铁装夹，既快速又实用，可大大提高工效。

2. 车刀的安装

这里介绍的车刀主要是经过选择和刃磨好的各种类型和结构的车刀。

用于加工工件的刀具，其安装时应贯彻"高平齐，长适宜，紧稳固"的原则。

高平齐：即是所安装刀具的刀尖与工件中心线等高。

长适宜：即是刀具伸出刀架的长度能合乎加工要求即可。

紧稳固：即是夹紧刀具的夹紧力能防止刀具不移位，但又不能太用力，以免损坏刀具。

在加工锥度工件时，车刀安装显得极为重要，刀尖位置一定要正对中心，否则加工出的工件将出现双曲线误差。

（1）刀具伸出刀架的距离对刀具强度的影响　刀具伸出刀架的距离太长时，会降低刀具在车削中的强度，切削力大到一定程度还会引起振动；刀具伸出刀架的距离太短时，使刀具沿径向做的切削运动受到限制。根据加工工件的形状和大小确定刀具的伸出长度，是操作者必须考虑的问题。

（2）刀具夹紧　在车削过程中，一般选用的是焊接、机夹重磨车刀以及可转位车刀，对焊接刀具而言，将其夹紧在车床的刀架上的过程中应注意：刀架上用于压紧车刀的有三颗螺钉，应先拧中间的螺钉，再拧前后两颗螺钉，拧紧时也要分次进行，不要一次拧紧，而且压紧部件要放垫片，螺钉不要直接和刀具体接触。

如果是机夹可重磨和机夹可转位车刀，除上述压紧方法外，还要注意刀片的安装情况，夹紧力的方向和接触面一定要符合基本原则，夹紧力的方向应与切削力方向相适应，接触部位应是面接触而不能是点或线接触。

4.2.2　车外圆和台阶

根据加工零件的技术要求，车外圆和台阶时一般分为粗车和精车两个阶段。

车外圆和台阶一般包括以下加工过程：车端面、车一个圆柱面、车几个圆柱面、切槽等，常用的车刀有外圆车刀、端面车刀和切槽刀。

1. 外圆车刀

外圆车刀按主偏角大小不同分为45°、75°、90°等几种，如图4-14所示，按进给方向不同分为右偏刀和左偏刀两种，如图4-15所示。

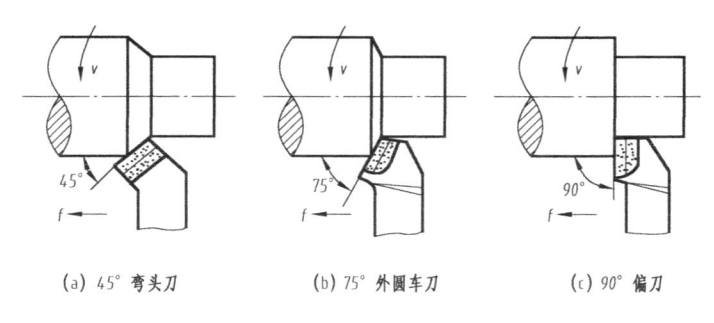

(a) 45°弯头刀　　(b) 75°外圆车刀　　(c) 90°偏刀

图4-14　外圆车刀

（1）90°车刀及其使用　右偏刀是加工外圆及台阶常用的刀具，因为它的主偏角较大，所以在车外圆时径向切削力较小，适用于多台阶轴的车削及精加工，左偏刀用于车削左向台阶和工件的外圆，但用得不多。

（2）45°车刀及其使用　45°外圆车刀的刀尖角 $\varepsilon_r = 90°$，刀尖强度和散热条件都比90°车刀好，常用于车削45°的台阶轴及用于倒角。

（3）75°车刀及其使用　75°车刀的刀尖角大于90°，刀头强度高，耐用性好，适用于粗车铸、锻件及余量较大的外圆，如图4-16所示为加工钢件用的硬质全合金75°粗车刀。

(a) 右偏刀　　　　(b) 左偏刀　　　　(c) 右偏刀外形

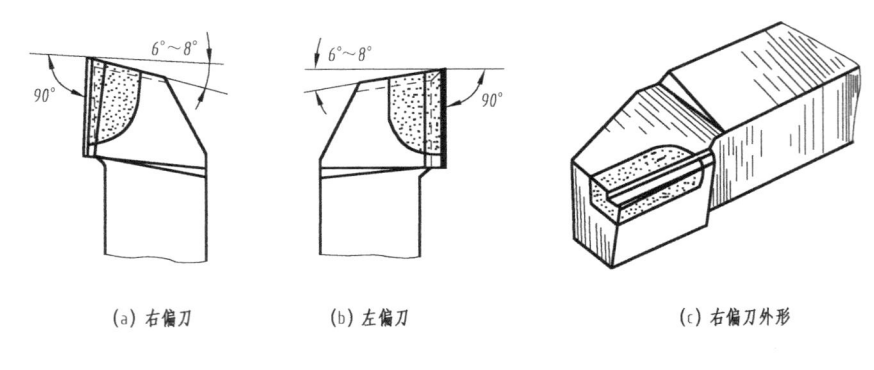

图 4-15　偏刀

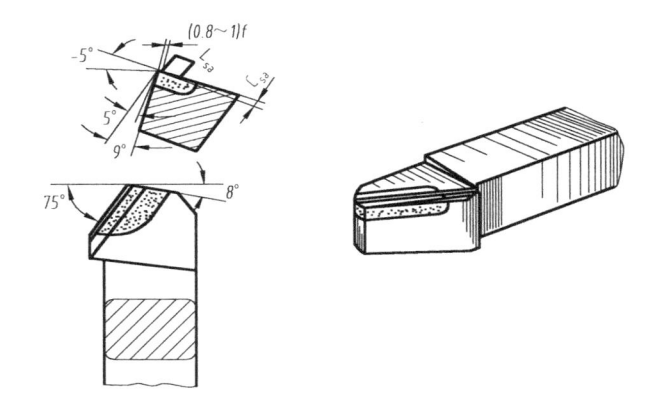

图 4-16　加工钢件用的硬质全合金 75°粗车刀

2. 端面车刀

端面车刀用于加工端面，一般使用主偏角为 45°和 90°的车刀。有时也可用 90°右偏刀从中心向外缘进给，切削余量较大时也可以用如图 4-17（c）所示的端面车刀车削。用右偏刀车削平面的示意图如图 4-17 所示。

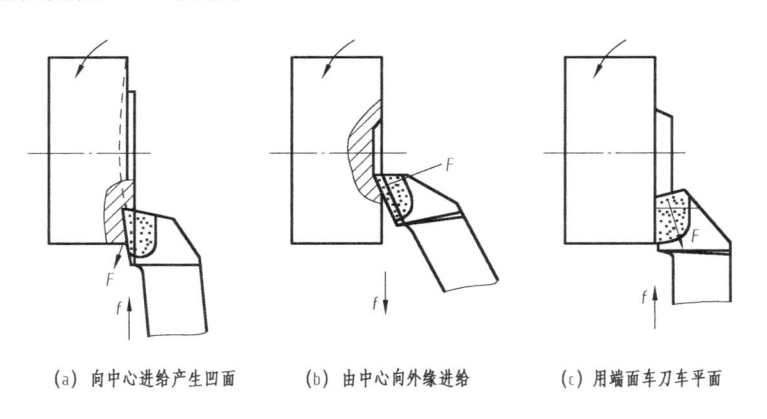

(a) 向中心进给产生凹面　　(b) 由中心向外缘进给　　(c) 用端面车刀车平面

图 4-17　用右偏刀车削平面的示意图

4.2.3 内、外圆锥面的车削

在机床与工具中,圆锥配合应用很广泛,其主要原因是:圆锥角在3°以下时,可传递很大的转距;装卸方便,虽经多次装卸仍能保证精确的定作用;圆锥配合同轴度较高,并能做到无间隙配合;操作简便,应用性广,可传递不同方向的运动。

1. 圆锥的术语、定义和计算

(1) 术语及定义

① 圆锥表面 与轴线成一定角度,且一端相交于轴线的一条直线段(母线),围绕该轴线旋转形成的表面称为圆锥表面,如图4-18所示。

② 圆锥 由圆锥表面与一定尺寸所限定的几何体称为圆锥,分内、外圆锥两种,如图4-19所示。

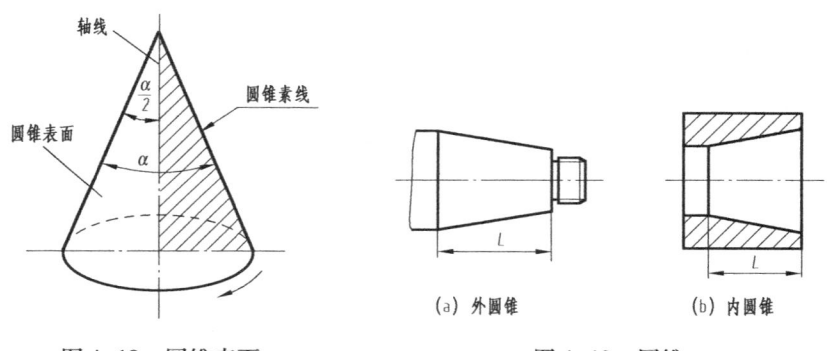

图4-18 圆锥表面

图4-19 圆锥

(2) 圆锥的基本参数及尺寸计算 圆锥的基本参数如图4-20所示。

① 圆锥角 α 在通过圆锥轴线的截面内,两条素线间的夹角称为圆锥角。车削时常用的是圆锥半角 $\frac{\alpha}{2}$。

② 大端直径 D 圆锥最大直径。

③ 小端直径 d 圆锥中最小直径。

④ 圆锥长度 L 大端直径与小端直径之间的轴向距离。

⑤ 锥度 C 大端直径与小端直径之差与圆锥长度之比。

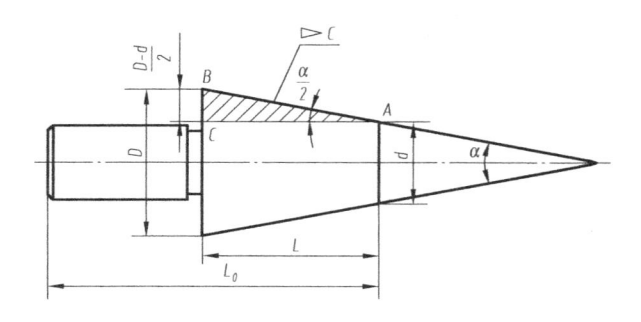

图4-20 圆锥的基本参数

$$C = \frac{D-d}{L}$$

分析圆锥半角与其他参数的关系可得：

$$\tan\frac{\alpha}{2} = \frac{D-d}{2L} = \frac{C}{2}$$

2. 工具圆锥

常用的工具圆锥有莫氏圆锥和米制圆锥两种。

莫氏圆锥应用广泛，如车床的主轴锥孔、顶尖、钻头柄等都是莫氏圆锥。莫氏圆锥分成7个号码，即0、1、2、3、4、5、6，最小的是0号，最大的是6号，其规格与尺寸可通过查有关标准获得。

米制圆锥分为7个号码：4、6、80、100、120、160、200，它的号码是指大端直径，锥度固定不变，为1：20，其各基本尺寸可从标准中查出。

3. 车圆锥的方法

车圆锥的方法有转动小滑板法、偏移尾座法、仿形法（靠模法）、宽刃刀车削法、铰内圆锥法5种，常用的有转动小拖板法和偏移尾座法两种，铰内圆锥法常用于大批生产内圆锥的工件。

（1）转动小滑板法　如图4-21所示为转动小滑板车削圆锥的方法。

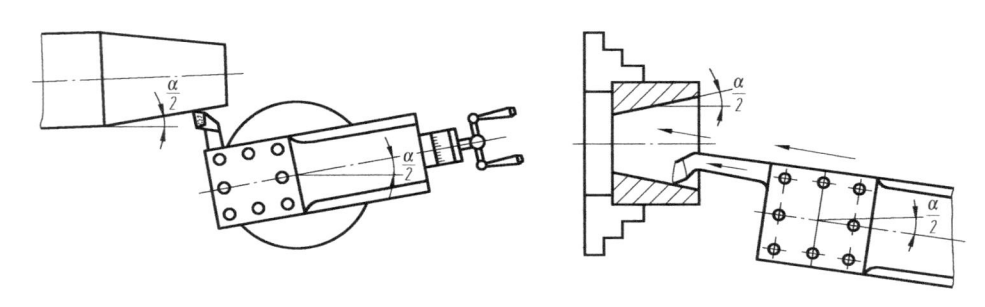

图4-21　转动小滑板车削圆锥的方法

车削较短或锥度较大的圆锥，一般用转动小滑板法。操作步骤为：计算出圆锥半角$\frac{\alpha}{2}$；安装刀具，使刀尖对准工件轴线；摆动小拖板，使其逆时针或顺时针转$\frac{\alpha}{2}$，然后车削锥度（手动进给）。

转动小滑板法不足之处是：只能加工长度较短的零件，长度不超120mm，由于用手动进给，劳动强度较大，表面粗糙度不易控制。

（2）偏移尾座法　如图4-22所示为偏移尾座车削圆锥的方法。

车削有锥度且较长的轴类工件时，若其两端有中心孔，用偏移尾座法车削圆锥效果较好。

用偏移尾座法车圆锥时，首先要确定偏移点和偏移量S，尾座偏移量的计算公式如下

$$S = L_0 \tan\frac{\alpha}{2} = \frac{D-d}{2L}L_0 \quad 或 \quad S = \frac{C}{2}L_0$$

式中：S 为尾座偏移量，mm；
D 为大端直径，mm；
d 为小端直径，mm；
L 为锥度长度，mm；
L_0 为工件全长，mm；
C 为锥度。

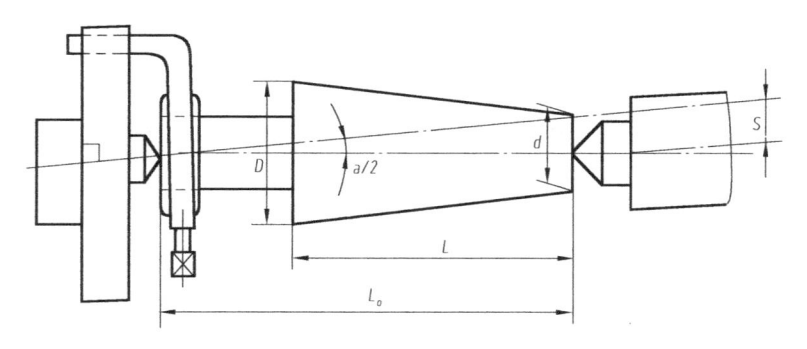

图 4-22 偏移尾座车削圆锥的方法

例 4-1：有一外圆锥件，$D=75\mathrm{mm}$，$d=70\mathrm{mm}$，$L=100\mathrm{mm}$，$L_0=120\mathrm{mm}$，求尾座偏移量 S。

解：$S = L_0 \tan\dfrac{\alpha}{2} = \dfrac{D-d}{2L}L_0 = \dfrac{75-70}{2\times 100}\times 120 = 3\mathrm{mm}$

偏移尾座法的优点是能机动进给，车出的工件表面粗糙度值较小，能车较长的圆锥，但受尾座偏移量的限制，不能车锥度较大的工件，另外中心孔的接触不良也会影响加工质量。

（3）铰内圆锥法

当加工直径较小的内圆锥时，若用一般车刀加工，由于刀杆强度较低，难于达到图样标注的精度和表面质量，用锥形铰刀加工则可解决这些问题。

锥形铰刀一般分粗铰刀和精铰刀两种，如图 4-23 所示。加工方法是：选取符合图样要求的锥形铰刀，用普通车刀粗加工并留下铰锥孔余量 0.2~0.3mm，再进行粗铰和精铰即可。工件的锥度一般用万能角度尺测量，也可用锥度量规测量，锥度精度要求高时，可用正弦规测量。

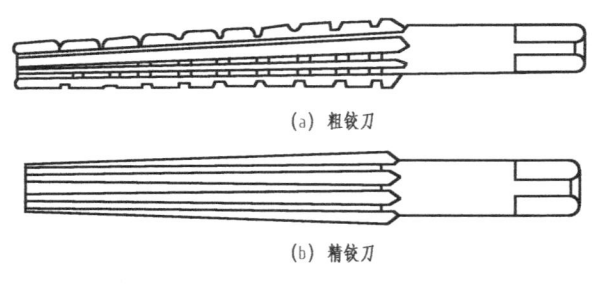

(a) 粗铰刀

(b) 精铰刀

图 4-23 锥形铰刀

4.2.4 内、外螺纹的车削

在各种机械产品中，带有螺纹的零件应用很广泛，内、外螺纹的车削是经常遇到的加工方法。内、外螺纹的车削方法基本相同。

1. 螺纹的车削原理

工件旋转，车刀沿工件轴线方向作等速移动，经多次进给后加工成螺纹。

2. 螺纹的种类

螺纹按用途可分为连接螺纹和传动螺纹；按牙型可分为三角形、矩形、梯形、锯齿形等螺纹；按螺旋线线数可分为单线和多线螺纹；按母体形状可分为圆柱螺纹和圆锥螺纹等。

3. 螺纹的术语

（1）螺纹　在圆柱表面上，沿着螺旋线所形成的具有相同剖面的连续凸起和沟槽称为螺纹。

（2）螺纹牙型、牙型角和牙型高度　螺纹牙型是通过螺纹轴线的剖面上螺纹的轮廓形状。牙型角是在螺纹牙型上相邻两牙侧间的夹角。牙型高度是螺纹牙型上，牙顶到牙底之间垂直于螺纹轴线的距离。

（3）螺纹直径　螺纹的公称直径代表螺纹尺寸的直径，指螺纹大径的基本尺寸。

外螺纹大径（d）　　也称为外螺纹顶径。

外螺纹小径（d_1）　　也称为外螺纹底径。

内螺纹大径（D）　　也称为内螺纹底径。

内螺纹小径（D_1）　　也称为内螺纹引径。

中径（d_2，D_2）　中径是一个假想圆柱的直径，该圆柱的母线在牙型上沟槽和凸起宽度相等的地方。同规格的内、外螺纹的中径尺寸相等。

（4）螺距（P）

相邻两牙在中线上对应两点间的轴向距离叫螺距。

（5）螺纹升角（ψ）

在中径圆柱上，螺旋线的切线与垂直螺纹轴线平面之间的夹角。螺纹升角可按下式计算：

$$\tan\psi = \frac{P}{\pi d_2}$$

式中：ψ——螺纹升角；

　　　P——螺纹螺距，mm；

　　　d_2——螺纹中径，mm。

4. 几种螺纹的尺寸计算

（1）普通螺纹的尺寸计算　普通螺纹是我国应用最广泛的一种三角螺纹，牙型角为60°。普通螺纹分粗牙和细牙两种，粗牙普通螺纹用字母"M"及公称直径表示，如 $M16$、$M10$ 等。细牙普通螺纹用字母"M"及公称直径×螺距表示，如 $M20 \times 1.5$、$M10 \times 1$ 等。粗牙普通螺纹与细牙普通螺纹的不同之处是：当公称直径相同时螺距不同，前者的螺距比较小。左旋螺纹在代号后加"LH"表示，未注明的则表示为右旋螺纹。普通螺纹的基本牙型如图 4-24 所示，各基本尺寸的计算公式如下：

① 螺纹大径 $D = d$（螺纹大径与螺纹公称直径相同）

② 中径 $d_2 = D_2 = d - 0.6495P$

③ 牙型高度 $h_1 = 0.5413P$

④ 螺纹小径 $d_1 = D_1 = d - 1.0825P$

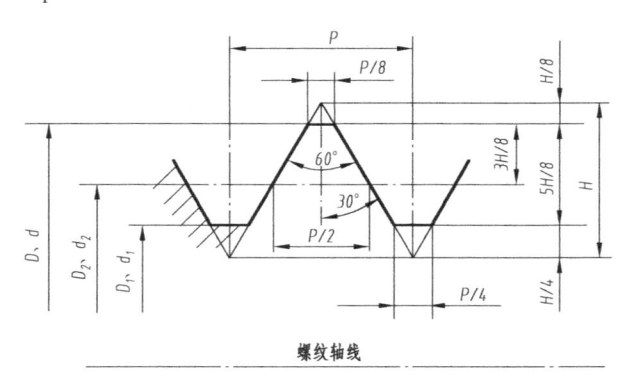

图 4-24 普通螺纹的基本牙型

例 4-2：计算 M24×2 螺纹的 d_2，h_1，d_1。

解：已知 $d = 24$mm，$P = 2$mm，根据公式可得：

$$d_2 = D_2 = d - 0.6495P = 24 - 0.6495 \times 2 = 22.70 \text{（mm）}$$

$$h_1 = 0.5413P = 0.5413 \times 2 = 1.08 \text{（mm）}$$

$$d_1 = D_1 = d - 1.0825P = 24 - 1.0825 \times 2 = 21.84 \text{（mm）}$$

普通螺纹的直径与螺距可查有关标准获得。

（2）梯形螺纹的尺寸计算　国家标准规定梯牙螺纹的牙型角为30°（英制梯牙螺纹的牙型角为29°，我国很少采用）。

30°梯牙螺纹的代号用字母"Tr"及公称尺寸×直径螺距表示，单位 mm，左旋螺纹需在尺寸规格之后加注"LH"。

30°梯形螺纹的牙型如图 4-25 所示，它的各部分名称、代号及计算公式见表 4-2。

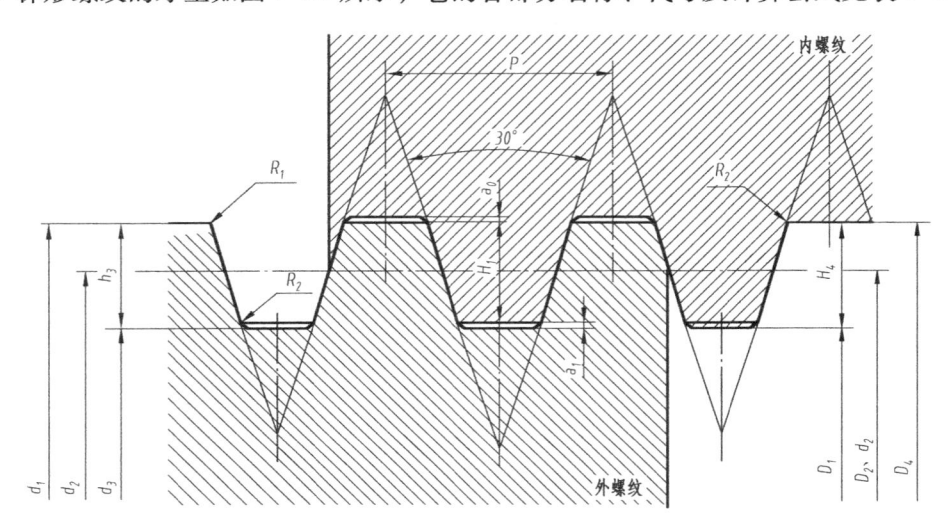

图 4-25 梯形螺纹的牙型

表 4-2 梯形螺纹各部分名称、代号及计算公式

名称		代号	计算公式			
牙型角		α	$\alpha = 30°$			
螺距		P	由螺纹标准确定			
牙顶间隙		a_c	P	1.5 ~ 5	6 ~ 12	14 ~ 44
			a_c	0.25	0.5	1
外螺纹	大径	d	公称直径			
	中径	d_2	$d_2 = d - 0.5P$			
	小径	d_3	$d_3 = d - 2h_3$			
	牙高	h_3	$h_3 = 0.5P + a_c$			
内螺纹	大径	D_4	$D_4 = d + 2a_c$			
	中径	D_2	$D_2 = d_2$			
	小径	D_1	$D_1 = d - P$			
	牙高	H_4	$H_4 = h_3$			
牙顶宽		f, f'	$f = f' = 0.366P$			
牙槽底宽		w, w'	$w = w' = 0.366P - 0.536a_c$			

5. 螺纹车刀

车螺纹时,合理选择车刀的材料,正确刃磨及装夹车刀,对加工质量和生产效率都有很大的影响。

(1) 螺纹车刀的选择

常用的螺纹车刀材料有高速钢和硬质合金两种。高速钢螺纹车刀容易磨得锋利,韧性较好,刀尖不易崩裂,但耐热性较差,因此只适用于低速车削螺纹;而硬质合金螺纹车刀硬度高,耐热性较好,但韧性较差,可高速切削螺纹。

(2) 三角形螺纹车刀 高速钢三角形外螺纹车刀如图 4-26 所示;硬质合金三角形外螺纹车刀如图 4-27 所示。

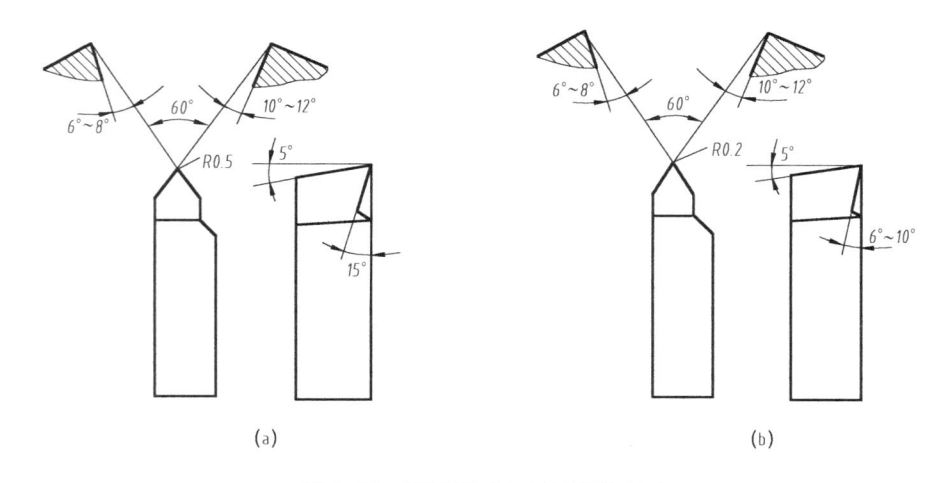

(a)   (b)

图 4-26 高速钢三角形外螺纹车刀

（3）梯形螺纹车刀　车削梯形螺纹时，径向切削力比较大，为提高螺纹的质量，可分粗车和精车两个工序进行车削。高速钢梯形螺纹粗车刀如图4-28所示，高速钢梯形螺纹精车刀如图4-29所示，硬质合金梯形螺纹车刀如图4-30所示。

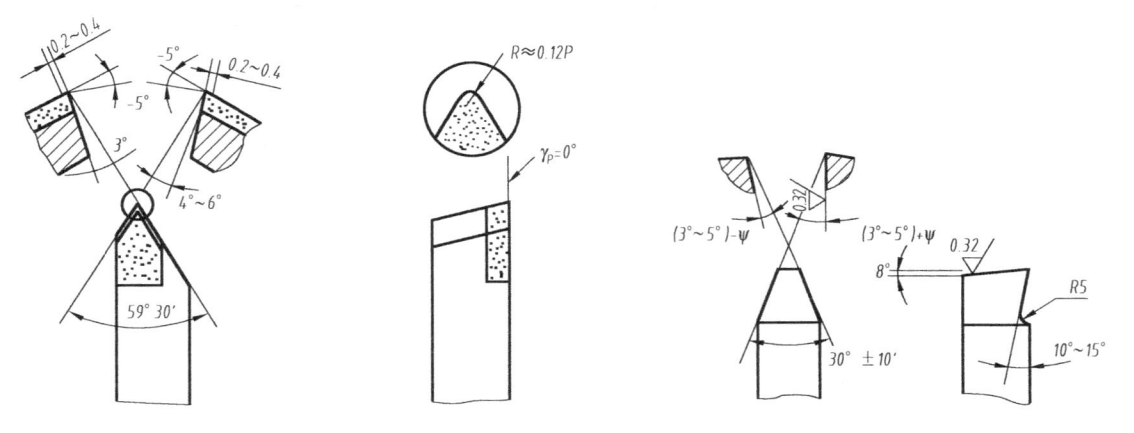

图4-27　硬质合金三角螺纹外螺纹车刀

图4-28　高速钢梯形螺纹粗车刀

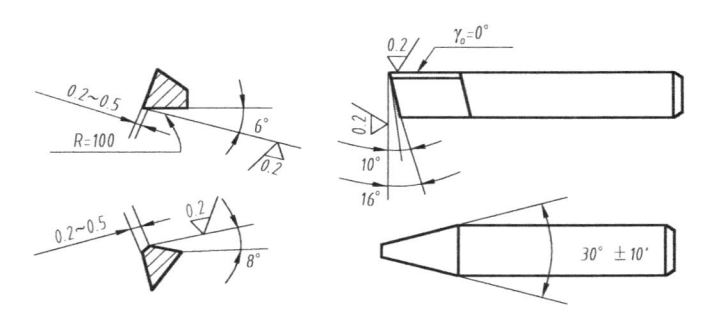

图4-29　高速钢梯形螺纹精车刀

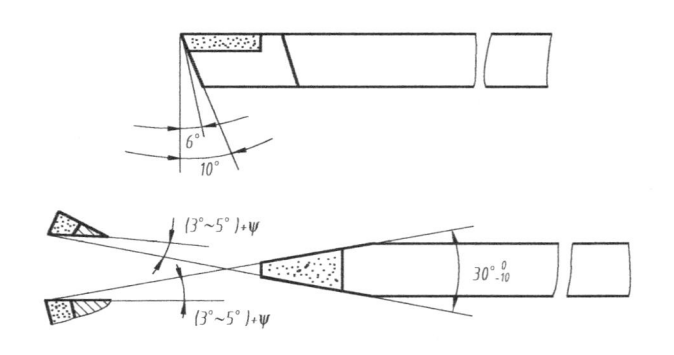

图4-30　硬质合金梯形螺纹车刀

6. 车螺纹的方法

（1）用高速钢车刀车削三角螺纹　用较低速度车削，粗车 M24 螺纹时，主轴转速 n = 150r/min 左右，精车时主轴转速在 36r/min 以下。每次车削过程中，除进刀外，同时利用小滑板把车刀向左或向右作微量进给（0.05mm），粗车时中、小滑板微量进给主要是为了解

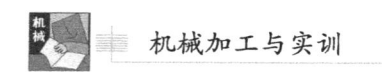

决两面切削容易扎刀的问题，精车时则是为了提高牙型两面的精度和表面粗糙度。

（2）用硬质合金螺纹车刀高速车削螺纹　当车削螺距 $P<3$mm，螺纹大径 $d\leqslant 30$mm，长度 $L\leqslant 100$mm 的螺纹时，主轴转速 $n=480\sim 600$r/min。

需指出的是，高速车削螺纹操作技术应非常熟练，一般用开合螺母手柄控制操作，有条件时可安装安全锁紧装置。

螺纹车刀两切削刃间的夹角应比螺纹的牙型角小于 $0.5°\sim 1°$，前角为 $0°$，主后角为 $10°$，副后角为 $6°$，螺距大于 5mm 或长度超过 200mm 的螺纹不宜高速车削。

高速切削螺纹前，外圆直径应比螺纹外径小于 $0.3\sim 0.5$mm，高速切削时，一般不浇注切削液，分三次完成车削。

4.2.5　孔的车削

孔的加工方法一般包括钻孔、车孔和铰孔 3 种。孔的加工比车削外圆困难得多，主要原因是：孔的加工在工件内部进行，观察切削情况比较困难，当孔小而深时，根本无法观察；车刀刀杆尺寸由于受孔径和孔深的限制，不能做得太粗和太短，所以钢度较差，特别是加工孔径小、长度长的孔时更为突出；车削孔中排屑和冷却比较困难；孔内尺寸的测量比较困难；车孔时形状和位置精度不易保证。

现将加工孔的三种方式介绍如下：

1. 钻孔

用钻头在实体材料上加工孔的方法叫做钻孔。根据形状和用途不同，钻头可分为麻花钻、扁钻、深孔钻等多种，一般情况多用麻花钻钻孔。麻花钻一般用高速钢制成，由于高速切削的发展需要，镶硬质合金钻头和全硬质合金制造的钻头已越来越多出现，并得到广泛的使用。

如图 4-35 所示为麻花钻的各个组成部分。

① 工作部分　这是钻头的主要部分，由切削部分和导向部分组成，起切削和导向作用。

② 颈部　主要用于标注钻头直径和材料牌号，有的还标注生产厂家及日期。

③ 柄部　钻削时起传递转距和钻头的夹持定心作用，分直柄和莫氏锥柄两种，直柄钻头的直径一般较少，直径为 $0.3\sim 16$mm，用钻夹头装夹，莫氏锥柄的钻头直径较大，常用锥套配合装夹在尾座上，以对工件进行加工。

2. 车孔

车孔是常用的孔加工方法之一，既可以作为粗加工，也可作为精加工，加工范围很广，车孔精度一般可达 IT7～IT8，表面粗糙度 $Ra3.2\sim 1.6$μm。

（1）内孔车刀　根据不同的加工情况，内孔车刀可分为通孔和盲孔车刀两种，如图 4-31 所示。

① 通孔车刀　通孔车刀的几何形状基本上与外圆车刀相似，为减小径向的切削力和振动，主偏角一般应取在 $60°\sim 75°$ 之间，副偏角 K_r' 为 $15°\sim 30°$。为防止车刀后刀面与孔壁摩擦又不使后角磨得太大，一般磨成两个后角。

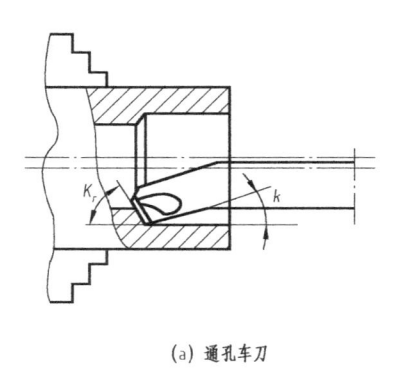

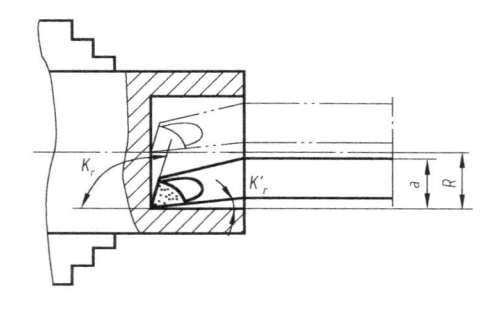

(a) 通孔车刀   (b) 盲孔车刀

图 4-31　内孔车刀

② 盲孔车刀　盲孔车刀是用来车盲孔或台阶孔的，切削部分的几何形状基本上与外圆偏刀相似，其主偏角一般为 90°～93°，刀尖在刀杆的最前端，而且与刀杆背面的距离应小于内孔半径。如车内台阶时，只要不碰刀杆背面即可。

（2）车孔的关键技术　车孔的关键技术是解决内孔车刀的刚度和排屑问题，精加工时则要注意内孔的表面粗糙度应达到图样要求。

提高内孔车刀刚度主要采取以下两项措施。

① 尽量增加刀杆的截面积　让内孔车刀的刀尖位于刀杆的中心线上，使刀杆的截面积达到最大程度。

② 尽可能缩短刀杆伸出长度　刀杆伸出长度只要略大于孔深即可，一般使用可伸缩的内孔车刀来进行调节刀杆的伸出长度。

解决排屑问题的关键是刀磨出合理的几何角度，以控制切屑的流出方向，精车时应使车刀的刃倾角为 5°～8°。

为保证内孔的表面质量，一般采用慢速小进给量并浇注切削液的加工办法，虽效率不高，但用宽刃内孔车刀微量进给的加工方式效果很好。

如图 4-32 所示为典型的前排屑通孔车刀。

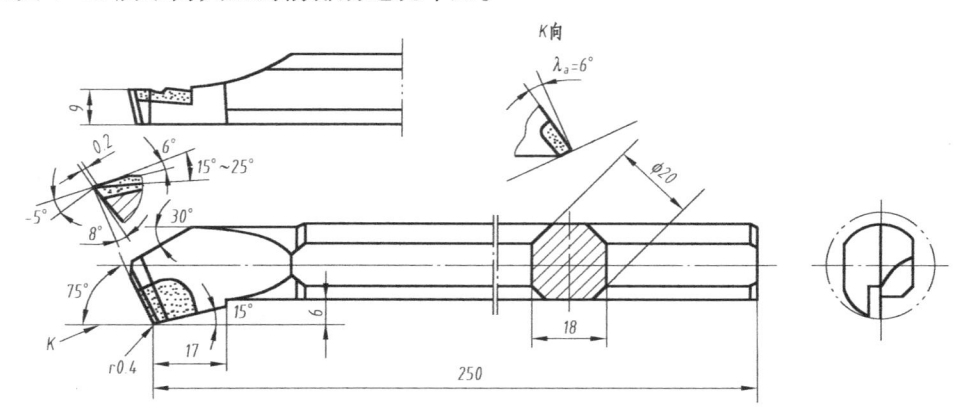

图 4-32　前排屑通孔车刀

3. 铰孔

铰孔是精加工孔的主要方法，已广泛应用于孔加工中，它解决了车孔效率低、形状精度不易保证等诸多问题。由于铰刀是一种尺寸精确的多刃刀具，切下的切屑很薄，所以铰出的孔精度高，表面粗糙度值小，加工小深孔时效果更好。铰孔的精度可达到 IT7～IT9 级，表面粗糙度一般可达 $Ra1.6\mu m$。

（1）铰刀的几何形状　铰刀由工作部份、颈部及柄部组成，如图 4-33 所示。

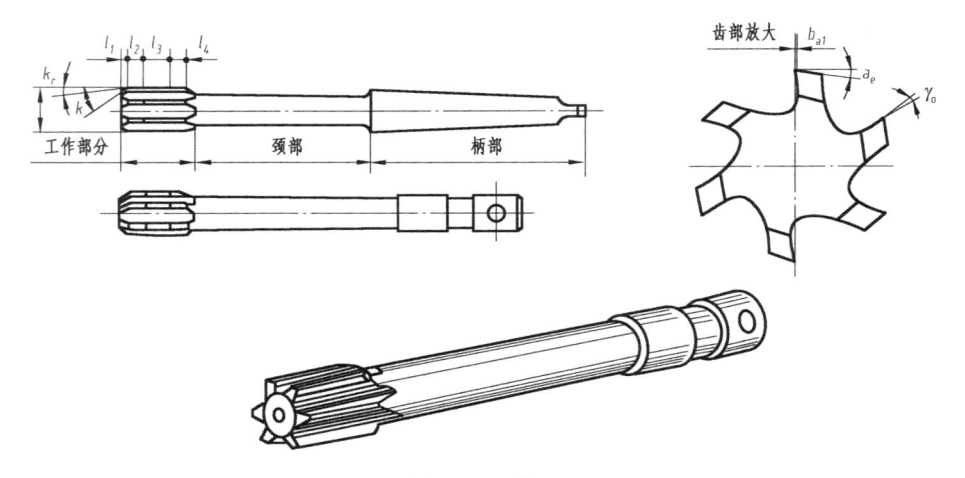

图 4-33　铰刀

柄部用于装夹，并可传递转矩，有圆柱形、圆锥形和方榫形 3 种，在车床上铰孔一般用莫氏锥度铰刀放在尾座锥孔内进行加工。

工作部分由引导部分 l_1、切削部分 l_2、修光部分 l_3 和倒锥 l_4 组成。

铰刀的齿数一般为 4～8 齿，为了测量直径方便，多数采用偶数齿。

铰刀的铰孔余量一般为 0.1～0.2mm，切削速度较低，最好小于 5m/min，进给量为 0.2～0.8min/r，铰孔时要合理选用冷却液。

（2）铰刀的种类　铰刀按用途分为机用铰刀（图 4-33）和手用铰刀；按制造材料可分为高速钢铰刀和硬质合金铰刀两种；按结构分为固定式和可调式铰刀。

4.2.6　成型面的车削

有些机器零件表面的素线是某种曲线，例如球面、椭圆手柄等，这些带有曲线形成的表面叫作成型面（又称特形面）。对这类工件，应根据其工艺特点、精度要求及批量大小，分别采用双手控制法、成型法、仿形法、用专用工具车成形面等方法加工。

1. 双手控制法

数量较少或单件成型面工件，可采用双手控制法车削，就是用右手握小滑板手柄，左手握中滑板手柄，通过双手合成运动，车出所要求的成形面。或用大拖板和中拖板合成运动来进行车削。

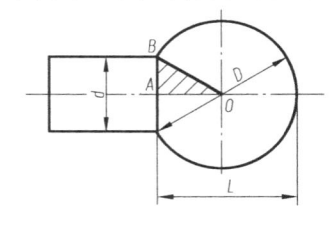

图 4-34　单球手柄的车削

用带有圆弧的车槽刀及双手控制法车出单球手柄（图 4-34），由于双手控制法车圆球的操作要求熟练程度非常高，要完全车好并不容易，在此基础上，用成形法加以完善是提高质量的好方法。

2. 成形法

成形法是根据零件的形状刃磨与之吻合的刀具来加工曲面的方法。成形刀一般用工具磨床进行刃磨，在用双手控制法加工曲面时留 0.2~0.4mm 的余量，最后用成形刀切削，既能保证质量，又能提高效率。

3. 用专用工具车成形面

用专用工具车成形面的方法很多，当零件数量不多时，可采用蜗杆蜗轮车内、外圆弧工具进行车削。

4.3 车工实训

4.3.1 车床操作练习

1. 实习教学要求

（1）了解车床型号、规格、主要部件的名称。
（2）初步了解车床的传动系统。
（3）熟练掌握床鞍、中滑板、小滑板的操作。
（4）熟悉车床各手柄的作用，并能根据需要按车床铭牌对各手柄位置进行调整。
（5）懂得车床的维护与保养以及文明生产和安全操作的知识。

2. 工具设备

（1）使用工具：卡盘扳手、刀架扳手、机油、油枪、棉纱等。
（2）使用设备：普通车床（CA6140）。

3. 操作训练

（1）车床开始训练前的准备工作和安全教育。先由老师示范一次，后由每个学生操作一次。
① 接通电源和机床的电气开关。
② 检查车床各手柄位置是否正常。
③ 调整变速手柄到最低挡位置（主轴正转），启动车床并观察油路是否正常。
④ 对加油点加油。
⑤ 空运转 5min 无异常后即可开始训练。
（2）变速手柄调整的训练
① 调整变速手柄到空挡位置，用手转运卡盘，体会空挡的感觉。
② 示范调整 3 种不同的速度，讲解调整的方式，并让学生进行操作练习。
（3）正反方向进给手柄的调整的训练
（4）进给箱手柄调整的训练

① 进给量调整的训练，根据铭牌指示调整手柄位置。

② 光杠和丝杠调整手柄的训练。

③ 不同螺距调整训练。

④ 提出两种纵向进给量（$f_1=0.1$mm/r，$f_2=0.5$mm/r），两种横向进给量（$f_3=0.08$mm/r，$f_4=0.18$mm/r），螺距（$P_1=2$mm，$P_2=12$mm），试调整手柄位置。

（5）溜板箱手柄调整的训练

① 脱落蜗杆手柄的调整，用不同的进给量空转观察。

② 开合螺母手柄的调整，用不同的螺距空转观察，速度为30r/min。

（6）床鞍及中、小滑板移动的练习

① 床鞍及中、小滑板移动练习。

② 床鞍及中、小滑板合成运动训练。试车削$R=40$mm的圆弧，进行双手运动合成训练。

③ 掌握用床鞍及中、小滑板刻度盘计算进给量的方法。

（7）车床的日常维护及安全使用

为了保持车床正常运转和延长使用寿命，应注意日常的维护与保养

① 床身导轨面和滑板导轨面等外露的滑动表面，在每天工作结束时必须浇油润滑，防止生锈。

② 主轴箱的储油量通常以油面达到油窗高度为宜，保证主轴箱内各部件正常润滑。如废油窗无油输出，说明主轴箱内油泵输油系统有故障，应立即停车，检查故障原因，修复后才可开动车床。

③ 主轴箱、进给箱和溜板箱内的润滑油一般三个月更换一次，换油时应用煤油清洗箱体后再加油。

④ 进给箱上部储油池通过油绳导油润滑，应注意进给箱窗内的油面高度，用齿轮将润滑油飞溅到各处进行润滑，油面不低于油标中线。

⑤ 溜板箱内储油量通常加到油标孔中线为止，油从盖板中注入，其他机构用其上部储油池里的油绳导油润滑。

⑥ 床鞍、中滑板、小拖板、尾座和光杠等轴承的润滑是从相应的油孔注油润滑，根据标注每班加油一次。

⑦ 柱轮架中间齿轮轴承和溜板箱内换向齿轮的润滑每周加黄油一次。

⑧ 每班工作后应擦净车床导轨面，要求无油污，无冷却液、无铁屑，并浇油润滑防锈，保持车床外面清洁，场地整齐、干净，每周彻底清扫一次，保证导轨面及转运部位清洁，润滑油眼畅通，油标、油窗清晰，保持外表清洁，无油污。

⑨ 车床运转500h后必须进行一级保养。

⑩ 严格遵守操作规程，坚持文明生产，杜绝一切事故发生。

（8）结束训练后对车床的维护与保养

① 用棉纱擦主轴箱、进给箱外表面，达到去污、保持原色的目的。

② 板动刀架后清除铁屑，用棉纱擦净刀架和溜板箱，上油，退回始点后再擦一次。

③ 转动中拖板到进给终点，擦净中拖板。

④ 转动床鞍靠近主轴箱，擦右侧导轨、丝杠，上油，把床鞍转到尾座处，擦左侧导轨、丝杠，上油。

⑤ 清除铁屑，打扫地面卫生。

4.3.2 常用量及使用方法

1. 实习教学要求

（1）掌握各种常用量具的使用方法。
（2）了解各种常用量具的维护与保养。
（3）准确测量零件的尺寸。

2. 工具设备

（1）使用工具：钢直尺、卡钳、游标卡尺、千分尺、万能角度尺、塞规和卡规等。
（2）使用设备：普通车床（CA6140）。

3. 常用量的使用方法

介绍钢直尺、卡钳、游标卡尺、千分尺、万能角度尺、塞规和卡规的使用方法。

4. 实物测量训练及量具的维护与保养

（1）钢直尺的测量训练

钢直尺是简单量具，主要测量一般的毛坯件和精度要求不高的工件长度，测量精度为±0.2mm。试用钢直尺测量毛坯棒的长度和直径。

（2）卡钳的测量训练

卡钳是一种对比性测量量具，分内、外卡钳两种，内卡钳用于测量内径，外卡钳用于测量外径，一般与钢直尺、千分尺配合使用，测量误差根据所配合量具的精度和感觉程度变化。

卡钳的规格常用的有4in、6in、8in和10in。

用卡钳测量时应有正确的姿势，卡钳两脚连线应垂直于工件的轴线，测量时按与工件接触的松紧度确定尺寸。

在用卡钳测量过程中，不准敲卡钳口。卡钳两爪移动的松紧要适宜。

用卡钳测量内、外孔径，先由老师示范一次，再让学生进行测量训练，强调测量方法。

（3）游标卡尺的测量训练

用游标卡尺测量前要了解游标卡尺的精度，一般有0.1mm、0.05mm和0.02mm三种，并在游标卡尺上标出，其规格有150mm、200mm和300mm等。按用途可将游标卡尺分为深度游标卡尺、高度游标卡尺和一般游标卡尺等。

游标卡尺的读数原理是利用尺身和游标刻线间距离之差来确定的。

用游标卡尺测量工件时的读数方法是：首先读出游标零线左面尺身上的整毫米数，其次看游标上哪一条刻线与尺身对齐，得出小数部分，把整数和小数相加则得所测量工件的尺寸。

用游标尺测量外径和内径，先由老师示范一次，再让学生进行测量练习，要求每位学生掌握测量方法。

（4）万能角度尺的测量训练

万能角度尺是测量零件角度的量具,其读尺方法和游标卡相同,但其数字是角度而不是长度,而角度尺的精度一般为2′,测量时将整数部分加上"分"数即可。

用万能角度尺测量圆锥体零件,先由老师示范一次,再让学生操作练习,并掌握读数方法。

(5) 千分尺的测量训练

千分尺读数原理是:将测微螺杆的螺距0.5mm分为50格,从而把旋转运动变为直线运动,每格为0.01mm,千分尺的精度也是0.01mm。其读数方法是:先读出固定套管上露出的整毫米数和半毫米数;看准微分筒上哪一格与固定套基准对准,读出小数部;将整数部分与小数部分相加即为测量值。

用25~50mm的千分尺测量ϕ30mm的零件,先由老师示范一次,讲清读数方法和测量结果,再让学生进行测量练习,要求能准确读出测量结果。

(6) 塞规与卡规的测量训练

塞规与卡规是专用量具,只能测出零件是否合格,不能确定尺寸,一般分为通端和止端。通端通,止端不通即为合格,两端通过视为不合格,两端不通过视为未加工完产品。

用塞规和卡规示范测量零件,介绍测量方法。

(7) 量具的维护保养

使用完量具后都要擦干净,涂油后放回量具盒。

4.3.3 车刀的刃磨

1. 实习教学要求

(1) 懂得车刀刃磨的重要意义。
(2) 了解砂轮的种类和使用砂轮的安全知识。
(3) 初步掌握车刀的刃磨姿势和方法。
(4) 了解手工刃磨和用工具磨床刃磨的基本知识。

2. 工具设备

(1) 使用工具:外圆车刀,端面车刀。
(2) 使用设备:普通落地砂轮机。

3. 车刀刃磨的相关知识

(1) 车刀的种类

车削不同工序时,采用的车刀也不同,主要有内、外圆车刀、切断刀、成形车刀、螺纹车刀等。

(2) 车刀的材料

车刀的常用材料有高速钢和硬质合金两大类。

(3) 砂轮的选用

常用的砂轮有氧化铝和碳化硅两类。前者适用于高速钢和一般碳素工具钢刀具的刃磨,后者适用于硬质合金刀具的刃磨。

砂轮的粗细用粒度表示,一般粒度号有36#,60#,80#和120#等,粒度号越小则表示砂轮越粗，精磨车刀一般选用细砂轮。

（4）车刀的刃磨

车刀刃磨遵循的原则是：先粗磨，再精磨；粗磨时先磨主、副后刀面，再磨前面。车刀刃磨的步骤如图 4-35 所示：

① 磨主后刀面，同时磨出主偏角及主后角，如图 4-35（a）所示；
② 磨副后刀面，同时磨出副偏角及副后角，如图 4-35（b）所示；
③ 磨前面，同时磨出前角，如图 4-35（c）所示；
④ 修磨各刀面及刀尖，如图 4-35（d）所示。

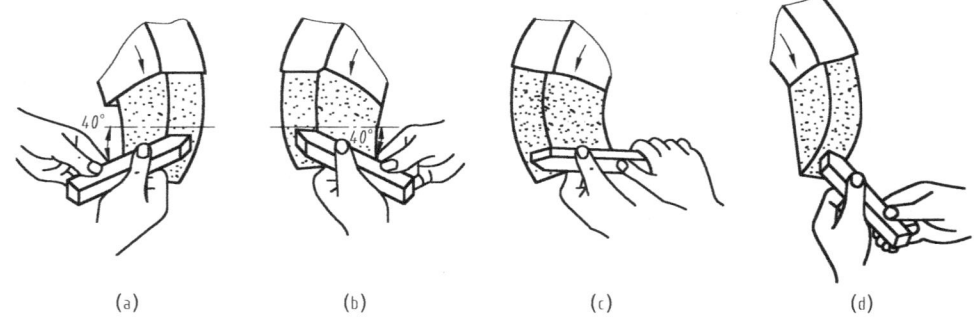

图 4-35 外圆车刀刃磨

（5）刃磨车刀的姿势及方法

刃磨刀具时人应站立在砂轮机的两侧，以防砂轮碎裂时，碎片飞出伤人；两手握刀的距离放开，握紧刀具，以减小磨刀时的抖动；车刀要放在砂轮的水平中心，接触砂轮后要轻压并左右移动。

刃磨高速钢刀具时容易发热，要放入水中冷却，硬质合金刀具刃磨发热不能放入水中冷却。磨卷屑槽时要用砂轮刀修磨砂轮的棱角。刃磨各刀面都要达到表面粗糙度 Ra 值为 $1.6\mu m$ 的要求。

在工具磨床上磨车刀的方法与手工刃磨大致相同，准确磨出各几何角度，只要注意正确装夹刀具即可。

4. 技能强化训练

练习刃磨 90°外圆偏刀、螺纹车刀和切断刀各一把。

4.3.4 车削外圆柱面

1. 实习教学要求

（1）能根据图样要求选择刀具及切削用量。
（2）能用手动进给和自动进给按图样要求车削圆柱面并进行倒角。掌握外圆柱面试切的方法。
（3）熟练用各种量具测量外径和长度。
（4）遵守车削操作规程，养成文明生产、安全操作的良好习惯。

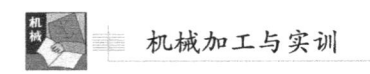

2. 工具设备

(1) 使用工具：①工具：圆棒料、划针。②刀具：外圆车刀、端面车刀。③量具：游标卡尺、千分尺。

(2) 使用设备：普通车床（CA6140）。

3. 相关工艺知识

(1) 外圆柱的车削

粗车时一般选择75°外圆车刀，精车时选择90°外圆车刀。装夹车刀时刀尖须对准工作旋转中心，刀头伸出长度根据加工情况决定，一般不超过刀杆厚度的1.5倍。针对不同的加工材料选择刀具材料也不同。车削铸件时选择K类硬质合金，具体牌号为K01、K10、K20，粗车时选用K10或K20，精车选用K01；车削钢或塑性金属选择P类硬质合金，具体牌号为P01、P10、P30，粗车时选用P10或P30，精车选用P01；如果是高温合金、高锰钢、不锈钢、可锻铸铁、球墨铸铁等难加工材料，则选用YW类硬质合金，具体牌号分为YW_1和YW_2。

(2) 毛坯的装夹与找正

对于轴类工件的毛坯，多采用三爪自定心卡盘装夹，如夹持部位不长而工件较长时，则要校正离卡盘较远一端的外圆表面；如毛坯为不规则工件，则应根据毛坯形状选择四爪单动卡盘或用花盘角铁装夹，用划针盘校正，待检查装夹牢固后才可以加工。在三爪自定心卡盘上装夹$\phi 30 \times 120$mm的轴类工件毛坯，进行校正训练；在四爪单动卡盘上装夹四方体工件毛坯，进行校正训练。

(3) 车削加工

外圆柱面的车削一般分粗车和精车两个阶段

① 粗车　在车床动力条件允许的情况下，通常选择较大的切削深度和进给量，转速不宜过快，以合理的时间尽快把工件余量切削掉，只需留一定的精车余量即可。

② 精车　按图样技术要求的尺寸精度和表面粗糙度面进行加工，通常把车刀刃磨得锋利些，车床转速高一些，进给量选择小一些，有时还需用砂布打磨，使零件达到相应的技术要求。

③ 试切　车外圆时，通常要进行试切削和试测量，其具体操作是：选择切削用量后进刀，纵向移动5mm左右时，停止移动并向后纵向退出车刀，停车测量，如外圆已符合要求就可继续切削，否则需重复以上操作，直到尺寸合格为止。

(4) 尺寸测量

零件长度的测量用钢尺或游标卡。

直径尺寸用外卡钳、游标卡、千分尺，大批量生产时用塞规、卡规测量，要保证测量方式正确，并能准确读出测量数字。

(5) 刻度盘的计算和使用

在车削工件时，为了正确和迅速地掌握尺寸的变化情况，通常对床鞍及中、小滑板上的刻度盘进行操纵，床鞍刻度盘每格移动量为1mm（也有每格0.5mm的），中滑板刻度盘每格移动量为0.05mm，小滑板刻度盘为每格移动量为0.05mm（也有每格0.02mm的）。

使用刻度盘时，由于螺杆和螺母之间配合存在间隙，因此会产生空行程（即刻度盘转运而滑板并未移动），所以应退回半转以上再转动到所需刻度格数。使用过程中应注意中滑板刻度盘进刀时控制的是圆柱的半径。

4. 实习图样及加工步骤

已知毛坯尺寸为 ϕ50mm×80mm，试按照如图 4-36 所示，以车削外圆练习件的要求完成训练任务。

（1）第一次训练　其加工步骤如下：

① 用三爪自定心卡盘夹住 ϕ50mm×80mm 的毛坯，校正后夹紧（校正离卡盘较远一端的外圆表面）。

② 安装 90°外圆偏刀，刀尖对准工件的旋转中心。

③ 粗车，手动进给车至 ϕ49mm，$L=60$mm，进行试切练习。

④ 精车，机动进给车至 ϕ48.5mm，$L=60$mm，进行试切练习。

⑤ 用游标卡尺测量工件，检查是否合格。

（2）第二次训练　操作步骤与第一次训练相同，尺寸及精度值参见图中技术要求表。

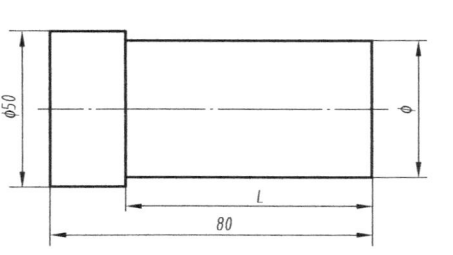

次数	ϕ	L	精度
1	48.5	60	±0.15
2	46.5	65	±0.10

图 4-36　车削外圆练习件

5. 技能强化训练

根据图样要求，独自完成车削外圆柱面练习件。图样及评分表见表 4-3。

表 4-3　车削外圆柱面练习件的图样及评分表

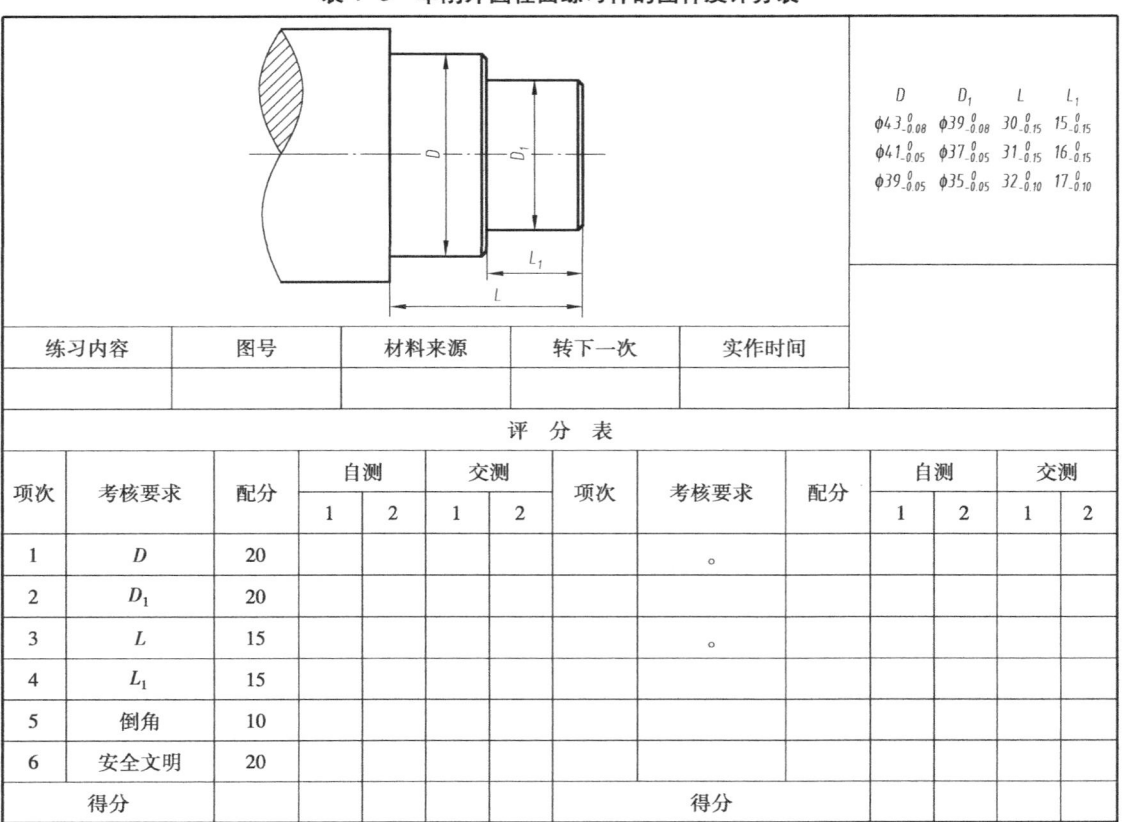

D	D_1	L	L_1
$\phi 43_{-0.08}^{0}$	$\phi 39_{-0.08}^{0}$	$30_{-0.15}^{0}$	$15_{-0.15}^{0}$
$\phi 41_{-0.05}^{0}$	$\phi 37_{-0.05}^{0}$	$31_{-0.15}^{0}$	$16_{-0.15}^{0}$
$\phi 39_{-0.05}^{0}$	$\phi 35_{-0.05}^{0}$	$32_{-0.10}^{0}$	$17_{-0.10}^{0}$

练习内容	图号	材料来源	转下一次	实作时间

评　分　表												
项次	考核要求	配分	自测		交测		项次	考核要求	配分	自测		交测	
			1	2	1	2				1	2	1	2
1	D	20											
2	D_1	20											
3	L	15											
4	L_1	15											
5	倒角	10											
6	安全文明	20											
	得分							得分					

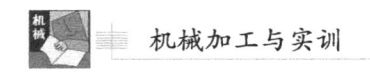

4.3.5 车削圆柱阶梯轴

1. 实习教学要求

(1) 掌握车削台阶轴工件的方法。
(2) 掌握台阶轴各项尺寸的测量方法。
(3) 保证台阶轴工件达到技术要求的措施。

2. 工具设备

(1) 使用工具：①刀具：外圆车刀、端面车刀。②量具：游标卡尺、千分尺。
(2) 使用设备：普通车床（CA6140）。

3. 相关工艺知识

在同一工件中，有几个直径大小不同的圆柱体连接在一起像台阶一样，称之为台阶轴。台阶工件的车削，实际上就是外圆和平面车削的组合，一般有明确的技术要求，如各圆柱面上的同轴度、外圆与台阶平面的垂直度、圆柱面的圆度、轴线的直线度等，在加工过程中要保证达到图纸上的技术要求。

(1) 车刀的选择和装夹

车削台阶轴工件时，通常使用 90°外圆车刀，车刀的装夹可根据粗、精车余量和切削用量确定，粗车时主偏角以小于 90°为宜，一般为 85°～90°；精车时主偏角应大于 90°，一般在 93°左右。装刀时应使用车刀刀尖对准工件中心，刀头伸出长度应根据加工情况确定。

(2) 车削台阶面的方法和长度的测量

车削台阶面时一般分粗、精车进行，粗车台阶长度要比图纸要求尺寸短一些，精车时车至图样尺寸。测量台阶长度时一般采用钢直尺、内卡钳、深度游标卡尺和卡规等。

4. 实习图样及加工步骤

已知毛坯毛坯尺寸为 $\phi 50mm \times 82mm$，试按如图 4-37 所示的车削台阶轴练习件的要求完成训练任务。

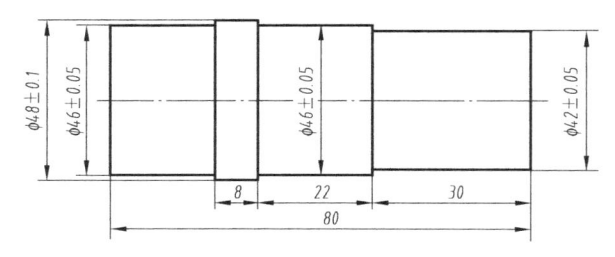

图 4-37 车削台阶轴练习件

加工步骤：

(1) 用三爪自定心卡盘夹住 $\phi 50mm \times 18mm$ 的毛坯，校正后夹紧。
(2) 安装 90°外圆车刀，刀尖对准工件的旋转中心。
(3) 调整外圆车刀，使其主偏角达到 100°，车外端面（从中心向外缘车）。
(4) 调整外圆车刀，使其主偏角达到 88°，粗车台阶面，根据刻度盘调整背吃刀量，控制进给量 $f = 0.35mm/r$，主轴转速 n 选 300r/min，车至 $\phi 48.5mm \times 65mm$，$\phi 46.5mm \times 51mm$ 和

$\phi 42.5\text{mm} \times 29.5\text{mm}$。

（5）调整外圆车刀，使其主偏角达到93°，精车台阶面，试切削，待测量达到要求后则可进行精加工，$a_p < 0.5\text{mm}$，$f = 0.1\text{mm/r}$，$n = 800\text{r/min}$。

（6）调整外圆车刀，使其主偏角达到45°，倒角。

（7）调头垫铜皮夹$\phi 46\text{mm}$的外圆，用划针盘校正另一段$\phi 46\text{mm}$圆柱的左右端面和外圆，将公差控制在0.03mm内夹紧。

（8）按步骤（3）车端面到80mm长。

（9）按步骤（4）粗车$\phi 46.5\text{mm} \times 20\text{mm}$。

（10）按步骤（5）精车$\phi(46 \pm 0.05)\text{mm} \times (20 \pm 0.20)\text{mm}$。

（11）按步骤（6）倒角。

5. 技能强化训练

根据图样要求，独自完成车削圆柱台阶轴练习件。图样及评分表见表4-4。

表4-4　车削圆柱台阶轴练习件的图样及评分表

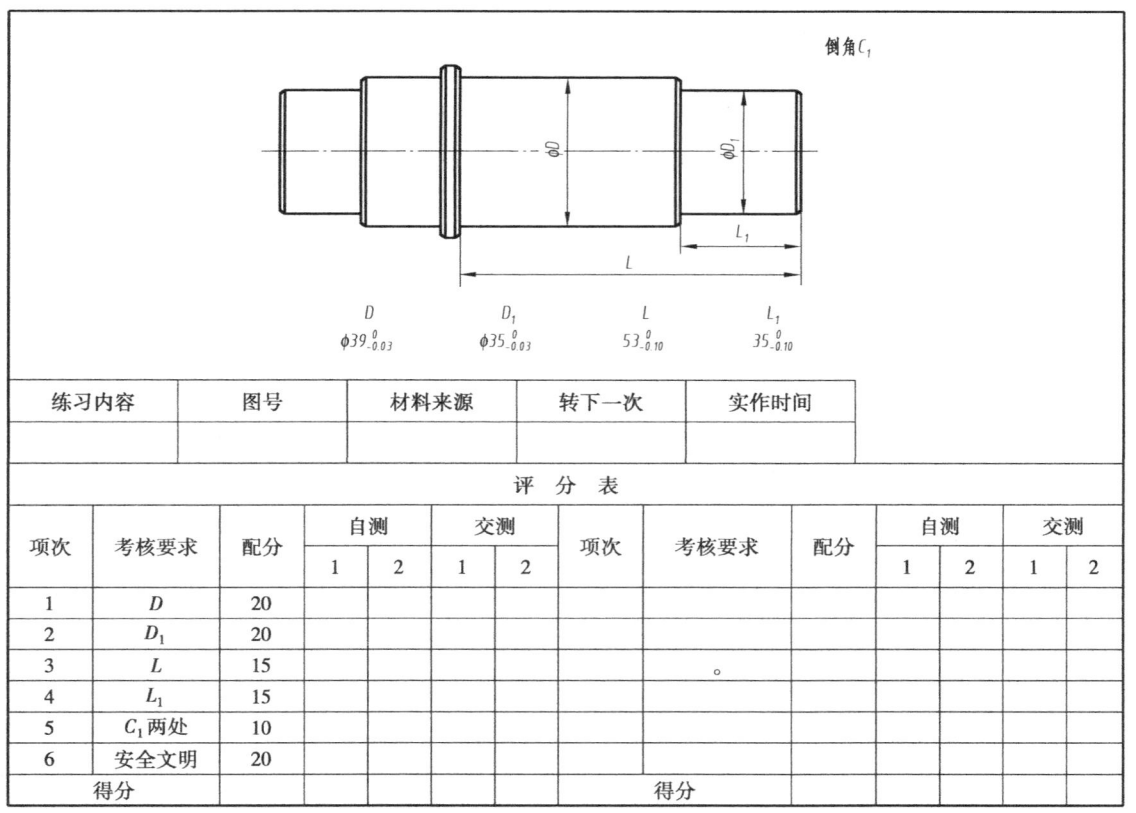

D $\phi 39_{-0.03}^{0}$　D_1 $\phi 35_{-0.03}^{0}$　L $53_{-0.10}^{0}$　L_1 $35_{-0.10}^{0}$

练习内容	图号	材料来源	转下一次	实作时间

评　分　表

项次	考核要求	配分	自测 1	自测 2	交测 1	交测 2	项次	考核要求	配分	自测 1	自测 2	交测 1	交测 2
1	D	20											
2	D_1	20											
3	L	15											
4	L_1	15											
5	C_1两处	10											
6	安全文明	20											
得分							得分						

4.3.6　车削端面、切槽

1. 实习教学要求

（1）掌握车削端面和切槽的刀具的特点和加工方法。

（2）掌握平面度误差和槽尺寸的测量方法。

(3) 看懂切槽车刀的工作图。

2. 工具设备

(1) 使用工具：①90°外圆车刀、端面车刀、切槽刀。②量具：游标卡尺、千分尺。
(2) 使用设备：普通车床（CA6140）。

3. 相关工艺知识

(1) 端面车刀 常用于车端面车刀有45°和90°两种，加工过程采用横向进给，端面车刀在加工中要注意两个问题：

① 刀尖要对准工件轴线的中心。

② 加工中要防止端面出现凸凹问题。其主要原因是中、小滑板配合间隙过大或刀具磨损，对于较大面积的端面用90°端面车刀效果更好一些。如果端面出现凸凹问题，应停车检查原因，如果是刀具磨损过大，则要重磨刀具；如果是中、小滑板松动，则应予调整，到间隙适合时为止。

(2) 切槽刀和切断刀 两者在切削过程中有着共同的特点：

① 刀头强度低，排屑困难，容易折断。

② 径向切削力大，易产生振动。

(3) 车槽 车槽时，由于背吃刀量不大，排屑问题不突出，只要刀头宽度合适，将断屑槽磨宽大一些，前角为15°~20°，负倒棱宽度为0.2~0.3mm，用手动进给切削。

车槽分在圆柱面上切槽和平面上切槽两种。在平面上切槽时，除保持切槽刀的特点外，还要考虑车刀后面与工件相碰的问题，应将刀后面刃磨得短一些，后角刃磨得大一些，以保证切削过程中刀具和工件不相碰。

(4) 切断 切断工件对车刀的要求较高，特别是切断直径大的实心零件时更是如此，为克服切断零件时易出现的扎刀现象，一般从以下几个方面给予考虑。

① 采用大前角、大卷屑槽（$\gamma_0 = 20° \sim 30°$），负倒棱宽度为0.2mm，负倒棱前角$\gamma_{01} = -10°$，选择合理几何角度$\kappa_r = 1°30'$，$\alpha_0 = 6° \sim 8°$，$\alpha_0' = 1°30' \sim 2°30'$，刀头宽度$b = 3 \sim 4$mm，也可刃磨成三段主切削刃，以分解径向切削力。

② 改善刀具结构 使用弹性切断刀（图4-38）或将刀头下面做成凸圆弧形，增大刀头支承强度，如图4-39所示为硬质合金切断刀。

③ 正确装夹切断刀 切断刀的主切削刃必须严格对准工件旋转中心，刀头中心线与工件的轴线垂直，刀杆不能伸出过长，以防止产生振动。

④ 使用正确的操作方法 即用左右借刀法切断工件或用反切法切断工作。

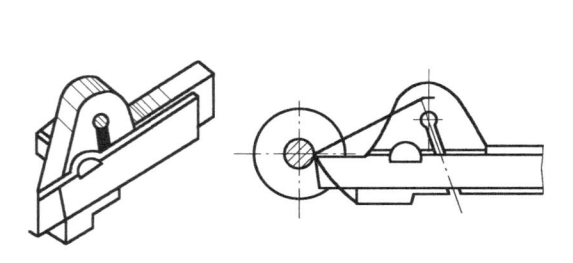

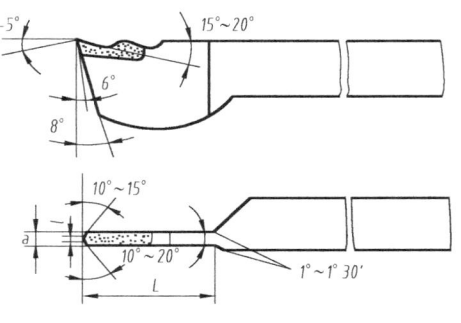

图4-38 弹性切断刀　　　　图4-39 硬质合金切断刀

4. 实习图样及加工步骤

已知毛坯毛坯尺寸为 $\phi 50\text{mm} \times 70\text{mm}$，试按如图 4-40 所示的车削端面、切槽练习件的要求完成训练任务。

加工步骤：

（1）用三爪自定心卡盘夹住 $\phi 50\text{mm} \times 70\text{mm}$ 的毛坯，校正后夹紧。

（2）安装 90°外圆车刀，刀尖对准工件的旋转中心。

（3）车端面。

（4）粗、精车外圆至 $\phi 35_{-0.02}^{0}\text{mm} \times 45\text{mm}$，$\phi 29_{-0.02}^{0}\text{mm} \times 5\text{mm}$。

（5）粗、精切槽至 $\phi 29_{-0.02}^{0}\text{mm} \times 8\text{mm}$。

（6）倒角。

（注意：在精加工时，为了保证槽表面粗糙度，可按图的进给次序，先将槽两端面用横向进给加工到槽的底部，然后用纵向自动进给方法加工槽底部的外圆。）

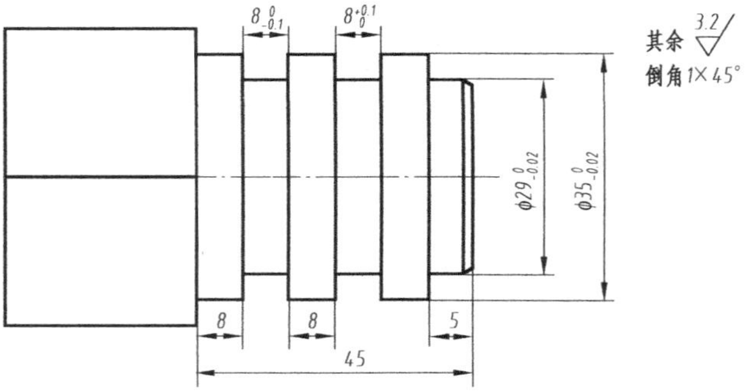

图 4-40 车削端面、切槽练习件

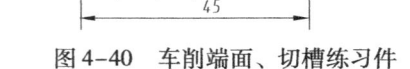

5. 技能强化训练

根据图样要求，独自完成车削端面、切槽练习件。图样及评分表见表 4-5。

表 4-5 车削端面、切槽练习件的图样及评分表

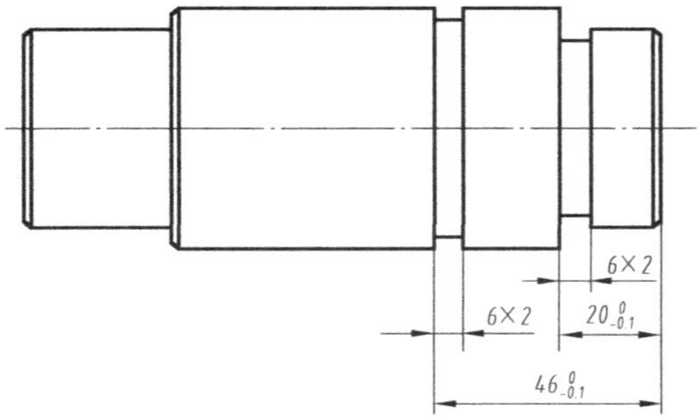

练习内容	图号	材料来源	转下一次	实作时间

评 分 表										
项次	考核要求	配分	自测	交测	项次	考核要求	配分	自测	交测
1	$2 - 6 \times 2$	40							
2	$46_{-0.1}^{0}$	20							
3	$20_{-0.1}^{0}$	20							
4	安全文明	20							
	得分					得分			

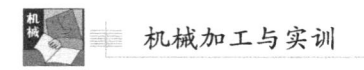

4.3.7 车削圆锥面

1. 实习教学要求

（1）掌握转动小滑板车削圆锥的方法。
（2）掌握偏移尾座车削圆锥的方法。
（3）掌握锥度的检查方法
① 用万能角度尺测量锥度。
② 使用套规检查锥体，用涂色检查时接触面积在60%以上。
③ 了解正弦规检测锥度的方法。

2. 工具设备

（1）使用工具：①45°、90°外圆车刀、切断刀。②量具：游标卡尺、万能角度尺。
（2）使用设备：普通车床（CA6140）。

3. 内、外圆锥体的车削

（1）根据工作的锥度，掌握小滑板旋转角度$\frac{\alpha}{2}$的近似计算法：

$$\frac{\alpha}{2} \approx 28.7° \times \frac{D-d}{L} = 28.7° \times C$$

（2）将小滑板转动圆锥半角的方法

将小滑板下转盘的螺母松开，把转盘基准零线对准刻盘上$\frac{\alpha}{2}$的刻度线，从新锁紧后开始车削。

1）用涂色法检查锥角，如有误差应进行调整后再车削，重复以上的操作，直到圆锥半角$\frac{\alpha}{2}$达到要求为止。

2）用万能角度尺测量$\frac{\alpha}{2}$，如有误差应进行调整后再车削，直到圆锥半角$\frac{\alpha}{2}$达到图样要求为止。

3）车削圆锥时尺寸的控制方法

车削圆锥时常存在背吃刀量和切削长度的控制问题，根据以下公式计算：

$$a_p = A\tan\frac{\alpha}{2} \text{ 或 } a_p = \frac{1}{2}AC$$

式中：a_p——背吃刀量，mm；
$\quad\quad$ A——切削长度，mm；
$\quad\quad$ α——圆锥角，（°）；
$\quad\quad$ C——锥度。

4）容易产生的问题和注意事项
① 车刀必须对准工件旋转中心，以避免出现双曲线误差。
② 车圆锥前圆柱面应留 0.6~1.0mm 的加工余量。

③ 车刀应始终保证锋利，两手握小滑板均匀进给。

④ 用万能角度尺检查锥度时，测量边应对准工件中心。

⑤ 熟悉 $a_p = A\tan\dfrac{\alpha}{2}$ 或 $a_p = \dfrac{1}{2}AC$ 的关系，并以此控制尺寸。

⑥ 小滑板松紧要适宜，保证车削表面符合图样要求。

（3）偏移尾座车圆锥

锥形部份较长的圆锥可用偏移尾座法车削。

1）偏移尾座法车圆锥的特点

① 适用于车削锥度较小、精度不高、锥体较长的工件。

② 对于批量生产能明显提高生产率和表面质量。

③ 不能车圆锥孔和整锥体。

2）尾座偏移量的计算，其计算公式如下：

$$S = \dfrac{D-d}{2L}L_0 = \dfrac{C}{2}L_0$$

式中：S——尾座偏移量，mm；

D——圆锥大端锥径，mm；

d——圆锥小端锥径，mm；

L——工件圆锥部分长度，mm；

L_0——工件总长度，mm；

C——锥度。

3）偏移尾座的方法　先把前后两顶尖对齐（尾座上下层零线对齐），然后根据尾座偏移量 S 的大小用以下几种方法来偏移尾座。

① 利用尾座刻度偏移尾座　松开尾座的紧固螺母，用六角扳手转动尾座上两侧的螺钉，使尾座刻度值移动距离 S，然后拧紧尾座的紧固螺母。

② 利用中滑板刻度偏移尾座　在刀架上夹持一根铜棒，转动中滑板，使铜棒碰到尾座套筒。然后纵向退回中滑，使铜棒距套筒的距离为 S，按方法①调整尾座套筒，使其碰到铜棒，此时尾座移动的距离为 S，其方法如图 4-41 所示。

③ 利用百分表偏移尾座　当工件的锥度要求较高时，可用百分表的读数控制尾座偏移量，其方法如图 4-42 所示。

a. 偏移尾座之前，先把标准圆柱试棒用两顶尖装夹在车床上，调整车床锥度为零；或在两顶尖间试车工件并调整锥度为零。再用百分表量杆垂直对着尾座套筒的中心高处的素线，然后调整尾座，用百分控制偏移量。

b. 将标准锥度量棒用两顶尖装夹在车床上，在刀架上水平安装一百分表，使百分表量杆垂直对准标准锥度量棒的中心高处的素线，调整尾座偏移量，使百分表在锥度量棒两端的读数相等为止。

④ 利用锥度量棒偏移尾座　把锥度量棒顶在两顶尖间，在刀架上装上百分表，调整尾座，将百分表调到零位即可，其方法如图 4-42 所示。

4）工作装夹

尾座套筒伸出量应小于套筒总长的 $\dfrac{1}{2}$，工件在两顶尖间的松紧程度以手不用力能拨动工件为宜，两中心孔要加黄油润滑。

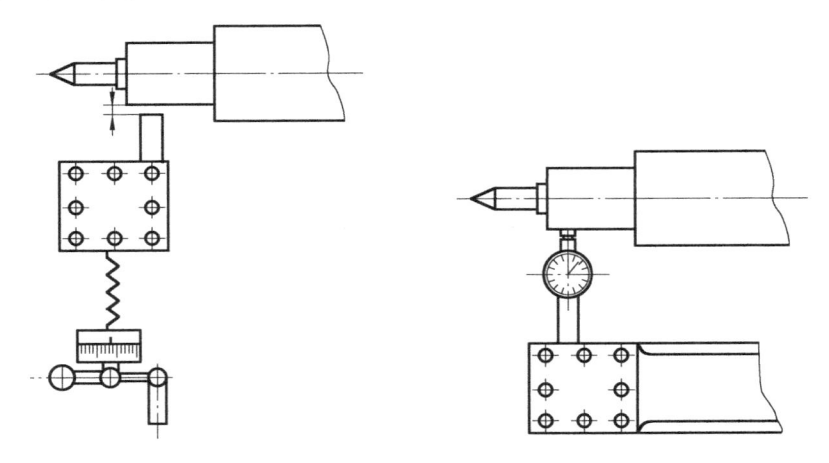

图 4-41　利用中滑板刻度偏移尾座

图 4-42　利用百分表偏移尾座

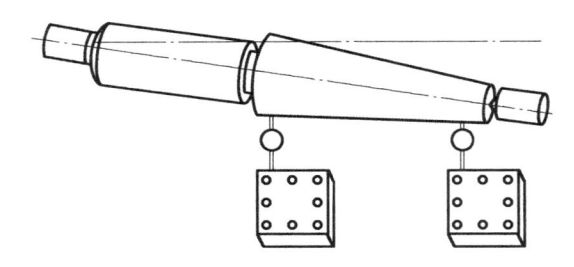

图 4-43　利用锥度量棒偏移尾座

4. 实习图样及加工步骤

（1）已知毛坯尺寸为 $\phi 50mm \times 122mm$，材料为 45#钢，试按如图 4-44 所示的车削圆锥练习件的要求采用转动小滑板法完成训练任务。

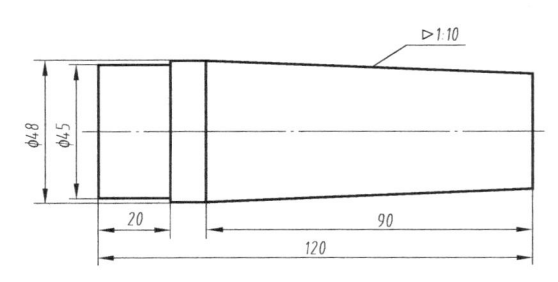

图 4-44　车削圆锥练习件（一）

加工步骤：

① 在三爪自定心卡盘上夹紧 $\phi 50mm \times 50mm$ 的毛坯外圆，校正。

② 车端面，使总长 $L \geq 120.5mm$。

③ 粗车圆柱面 $\phi 49mm \times 60mm$。

④ 将工件调头夹 $\phi 49mm \times 50mm$，车端面，取总长 120mm。粗车圆柱面 $\phi 49mm$ 至接刀处，粗、精车 $\phi 45mm \times 20mm$ 至尺寸。

⑤ 调头夹住 φ45mm×18mm 的外圆，垫铜皮校正。

⑥ 精车圆柱面 φ48mm×100mm 尺寸，并用刀尖在离右端面 90mm 的外圆处轻轻划一条线。

⑦ 计算圆锥半角 $\frac{\alpha}{2}$，逆时针转动小滑板，转角为 $\frac{\alpha}{2}$。在离端面约 30mm 处试车，用万能角度尺测量圆锥半角并修正小滑板转动的角度。

⑧ 重复几次粗车，将锥面长度车至 87mm，最后精车至 90mm。

（2）已知毛坯尺寸为 φ35mm×202mm，材料为 45#钢，试按如图 4-45 所示的车削圆锥练习件（二）的要求采用偏移尾座法完成训练任务。

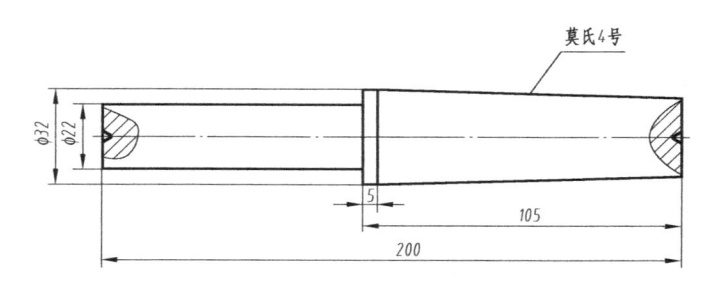

图 4-45 车削圆锥练习件（二）

加工步骤：

① 夹住毛坯 φ35mm×100mm 的外圆，车端面，钻中心孔，粗车圆柱 φ23.5mm×95mm。

② 调头夹住 φ23.5mm×95mm 的外圆，取总长 200mm，钻中心孔，粗车圆柱 φ33.5mm×105mm。

③ 用两顶尖装夹，精车 φ22mm×95mm 的外圆，并检查工件的圆柱度，去毛刺。

④ 将工件调头用两顶尖安装，精车 φ32mm×105mm 的外圆。

⑤ 计算尾座移动量，并用偏移尾座法车圆锥至符合要求。

5. 技能强化训练

根据图样要求，独自完成车削圆锥的练习件。图样及评分表见表 4-6。

表 4-6 车削圆锥的练习件的图样及评分表

练习内容	图号	材料来源	转下一次	实作时间

续表

项次	考核要求	配分	自测 1	自测 2	交测 1	交测 2	项次	考核要求	配分	自测 1	自测 2	交测 1	交测 2
			评 分 表										
1	30	10											
2	25	10											
3	$\phi 40$	20											
4	∠1:5	30											
5	C_1两处	10											
6	安全文明	20											
得分							得分						

4.3.8 车削螺纹面

1. 实习教学要求

（1）掌握普通螺纹和梯形螺纹的车削方法。
（2）能熟练用三针测量法检查螺纹中的中径。
（3）了解左、右旋螺纹和多线螺纹的车削过程。
（4）能根据所车削螺纹的种类和螺距调铭牌所示的手柄位置，并选择螺纹车刀。

2. 工具设备

（1）使用工具：①外圆车刀、三角螺纹车刀。②量具：螺纹角度样板、钢尺、螺距规。
（2）使用设备：普通车床（CA6140）。

3. 相关工艺知识

（1）根据车削螺纹的种类、螺距的大小和工艺要求选择螺纹车刀及其几何角度。
（2）用螺纹样板检查螺纹车刀的刀尖角，并能正确刃磨及修正车刀。
（3）安装螺纹车刀，使刀尖对准工件轴线中心，刀尖角的对称中心线必须与工件轴线垂直，刀头伸出长度不要过长。
（4）检查中、小滑板的间隙，如间隙太大或太小则要调整中、小滑板的镶条，至合适为止。
（5）根据螺距大小调整车床上有关手柄的位置。
（6）选择慢速（38r/min）开动车床，将主轴正、反转数以检查切削速度和正反转情况是否正常。
（7）空刀试车螺纹，检查开合螺母是否正常，分合动作是否顺利，若有跳动和自动跳闸现象必须消除，空刀试车 5 次，动作熟练后才能正式试车螺纹。
（8）开车用刀尖径向进给，使车刀轻微接触圆柱面，车出一条螺旋槽，并记下中滑板刻度，用螺距样板检查螺距是否正确。
（9）计算螺纹牙高及中径，并记下车至螺纹牙底中拖板的刻度。
（10）用左右切削法车削螺纹，车刀左右偏移量每次为 0.05mm，偏移次数最多三次。粗车时主轴转速取 150～230r/min。

(11) 径向进给到牙底刻度时，左右车削以保证牙侧面达到技术要求，用三针测量法检查（用螺纹套规检查也可），达到要求则算螺纹的精车。

(12) 车削螺纹有时遇到中途退刀的情况，应注意将车刀对准原来的牙型，以避免发生乱牙现象。

以上切削方法适用于所有类型的螺纹或模数螺纹车削。

4. 实习图样及加工步骤

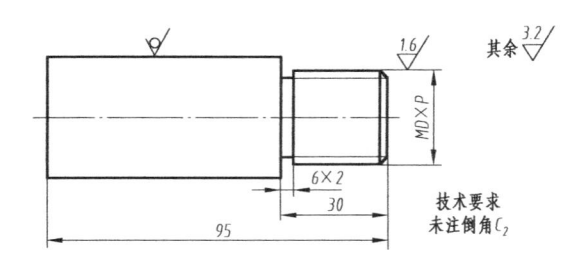

图 4-46 车削普通螺纹练习件（一）

练习次序对应螺纹尺寸

次数	$MD \times P$
1	$M43 \times 1.5m$
2	$M40 \times 2$
3	$M36 \times 3$
4	$M30 \times 2$

(1) 已知毛坯尺寸为 $\phi 45mm \times 100mm$，材料为 45#钢，试按如图 4-46 所示车削普通螺纹练习件的要求完成训练任务。

加工步骤：

① 夹住工件约 60mm 处，并校正、夹紧。

② 车端面，粗车 M43 的螺纹大径至 $\phi 44mm$，长度为 (28 ± 0.1) mm。

③ 车退刀槽 6mm×2mm 至图样尺寸。

④ 精车螺纹大径（按经验公式得）：$43 - 0.1 \times 1.5 = 42.85mm$，倒角 $24 \times 5°$。

⑤ 粗车 $M43 \times 1.5$ 外三角螺纹。小径粗车至 $d_1 = d - 1.05P$（留余量）。

⑥ 精车螺纹至小径 $d_1 = d - 1.0825P$，用螺纹环规检查。

(2) 试按如图 4-47 所示的要求车削梯形螺纹练习件完成训练任务。

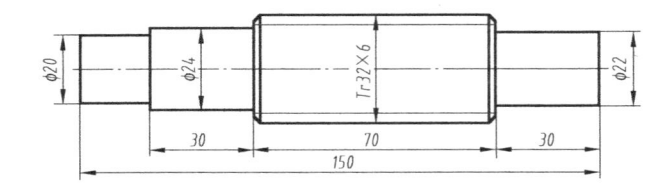

图 4-47 车削梯形螺纹练习

加工步骤：

① 工件取总长 150mm，两端钻中心孔。

② 将工件调头用一顶一夹装夹，将图样上 φ24mm、φ20mm 的外圆粗车至 φ25mm×49.5mm、φ21mm×20mm。

③ 用一顶一夹装夹粗车右边梯形螺纹外圆至 φ33mm×101mm，图样上 φ22mm 的外圆粗车至 φ23mm×30mm。

④ 梯形螺纹两端倒角至 2mm×30°。

⑤ 安装梯形螺纹粗车刀，调整车床间隙，按螺距调整手柄。

⑥ 试切梯形螺纹，并用螺纹样板检查螺距是否正确。粗车梯牙螺纹 Tr32×6，留精车余量。

⑦ 精车梯形螺纹外圆与 φ22mm 外圆至尺寸。

⑧ 精车梯形螺纹并采用三针测量，以控制中径至尺寸，去毛刺。

⑨ 将工件调头用一顶一夹装夹，精车 φ24mm 和 φ20mm 的外圆至尺寸，并控制长度尺寸，去毛刺。

三针测量法计算公式：

量针直径 $d = 0.518P$

千分尺读数为 $M = d_2 + 4.864d - 1.866P$

式中 M 为千分尺读数，d_2 为中径读数，P 为螺距。

⑩ 用两顶尖装夹加工其余尺寸。

5. 技能强化训练

根据图样要求，独自完成车削普通螺纹练习件。图样及评分表见表 4-7。

表 4-7 车削普通螺纹练习件的图样及评分表

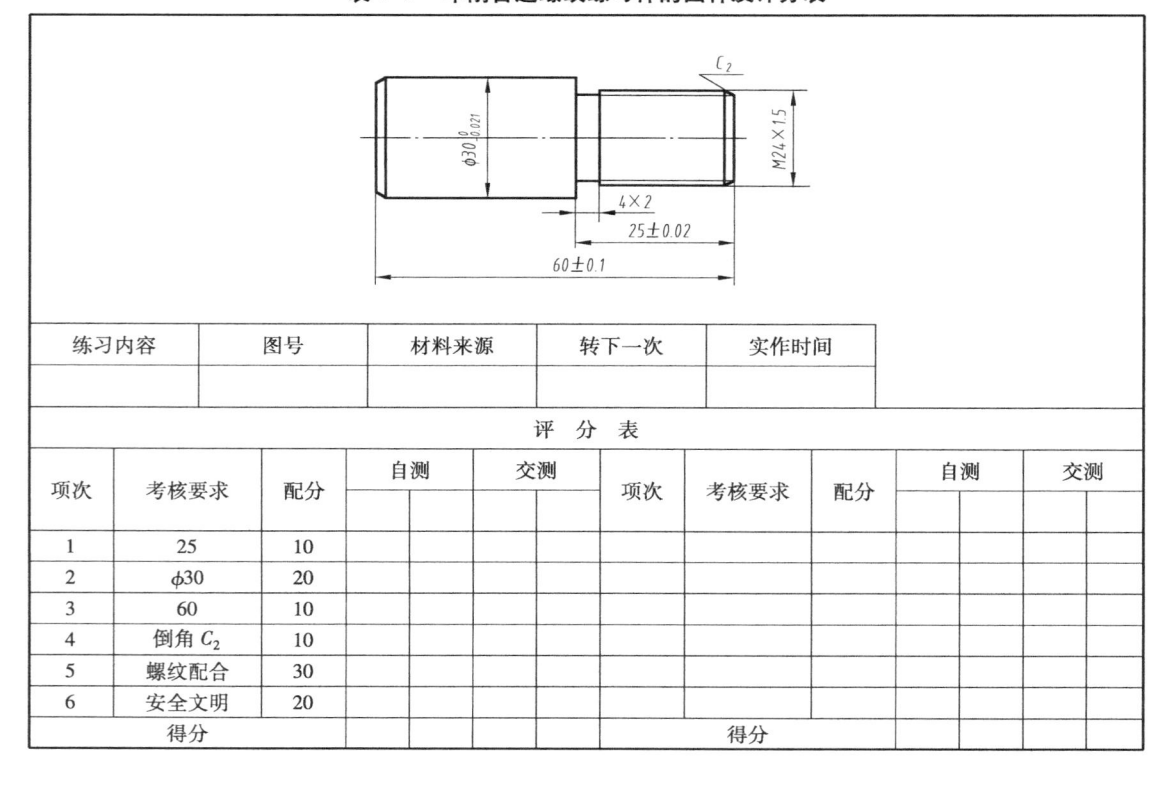

练习内容	图号	材料来源	转下一次	实作时间

评 分 表										
项次	考核要求	配分	自测	交测	项次	考核要求	配分	自测	交测
1	25	10							
2	φ30	20							
3	60	10							
4	倒角 C_2	10							
5	螺纹配合	30							
6	安全文明	20							
得分					得分				

4.3.9 孔的车削

1. 实习教学要求

（1）掌握钻孔、车孔、铰孔的加工方法。
（2）掌握钻头的刃磨方法。
（3）车内孔时切削用量的选择。
（4）掌握孔的测量方法（用游标卡、百分表和塞规进行测量的方法）。

2. 工具设备

（1）使用工具：①外圆车刀、内孔车刀。②量具：游标卡尺、百分表、塞规。
（2）使用设备：普通车床（CA6140）。

3. 相关工艺知识

（1）钻孔的操作
① 刃磨钻头，使两主切削对称且相等，顶角为118°。
② 在尾座上安装钻头前要校正尾座，钻头中心对准工件旋转中心，用莫氏锥套安装。
③ 钻孔前要把工件端面车平。
④ 钻孔时要做好定心工作，防止钻孔时钻头跳动。
⑤ 钻削时要不断浇注切削液，定时退出钻头，以便排屑并保证切削顺畅。
（2）车孔的操作
① 根据工件内孔尺寸和形位公差要求选择合适的内孔刀（可伸缩的内孔车刀）。
② 安装内孔车刀时，应防止刀杆和孔壁相碰，刀杆伸出长度应尽量可能短些，一般比孔深大5~10mm即可，防止产生振动。
③ 车削内孔时，也采用粗车和精车的加工方法，通孔和不通孔车刀的几何角度也有所不同。

粗车：$\gamma_0 = 12° \sim 15°$，$K_r = 65° \sim 90°$（盲孔），$K_r' = 10° \sim 15°$，$\gamma_s = 3°$，$\alpha_0 = 8°$和45°（双重后角）；$n = 230 \sim 300 \text{r/min}$，$a_p = 1.5 \sim 2\text{mm}$，$f = 0.3 \sim 0.4\text{mm}$。

精车：$\gamma_0 = 15° \sim 18°$，$K_r = 75° \sim 90°$（盲孔），$K_r' = 8°$，$\gamma_s = 6°$，$\alpha_0 = 6°$和45°（双重后角）；$n = 150 \text{r/min}$，$a_p = 0.2 \sim 0.5\text{mm}$，$f = 0.1 \sim 0.15\text{mm}$。

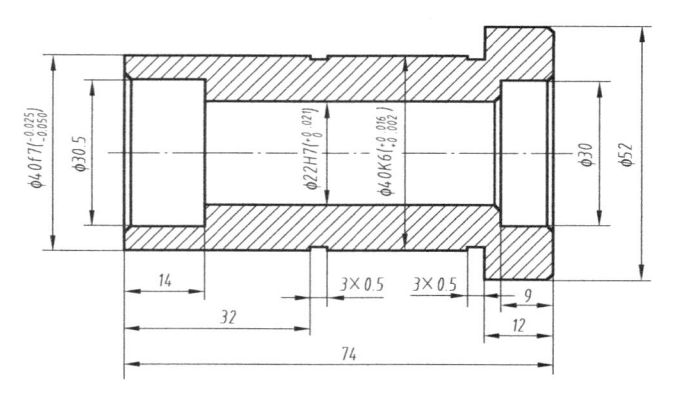

图 4-48 孔加工的练习件（一）

④ 孔的测量方法及适用范围　测量内孔时一般用游标卡尺、百分表和塞规。
a. 游标卡尺：精度不高，在0.05mm以下。
b. 百分表：精度高，要与千分尺配合，精度为0.01mm。
c. 塞规：只能判断零件是否合格，对于大批量的工件可自行车制塞规。

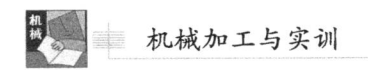

4. 实习图样及加工步骤

已知毛坯尺寸为 φ55mm×75mm，材料为灰铸铁 HT200，试按如图 4-54 所示车削孔的练习件的要求完成训练任务。

车削步骤：

（1）用三爪自定心卡盘夹住 φ55mm 的毛坯外圆，并校正。

（2）粗车端平面，车平即可。

（3）将图样上 φ40f7×62mm 的台阶面粗车至 φ41mm×61mm。

（4）钻 φ20 的通孔并将图样上 φ30.5mm×14mm 的内孔粗车至 φ29mm×14mm。

（5）将工件调头装夹，车至 φ42mm×50mm，粗校正，使圆跳动误差 <0.1mm。

（6）车端面至总长 74.2mm。

（7）车 φ52mm 的外圆及 φ30mm×9mm 的孔，倒角，内、外圆共 3 处。

（8）调头夹住 φ52mm×10mm，校正。

（9）精车端面，保证长度为 74mm。

（10）车孔至 φ21.90mm。

（11）铰内孔至 $\phi 22^{+0.02}_{0}$ mm（用内孔百分表测量）。

（12）精车 φ40f7×62mm 和 φ40k6 至尺寸，保证同轴度的要求，用千分尺（25～50mm）测量。

（13）精车 φ30.5mm×14mm 至尺寸，倒角 C_1 mm。

（14）车两条 3mm×0.5mm 的槽，用游标卡测量。

5. 技能强化训练

根据图样要求，独自完成车削孔的练习件。图样及评分表见表 4-8。

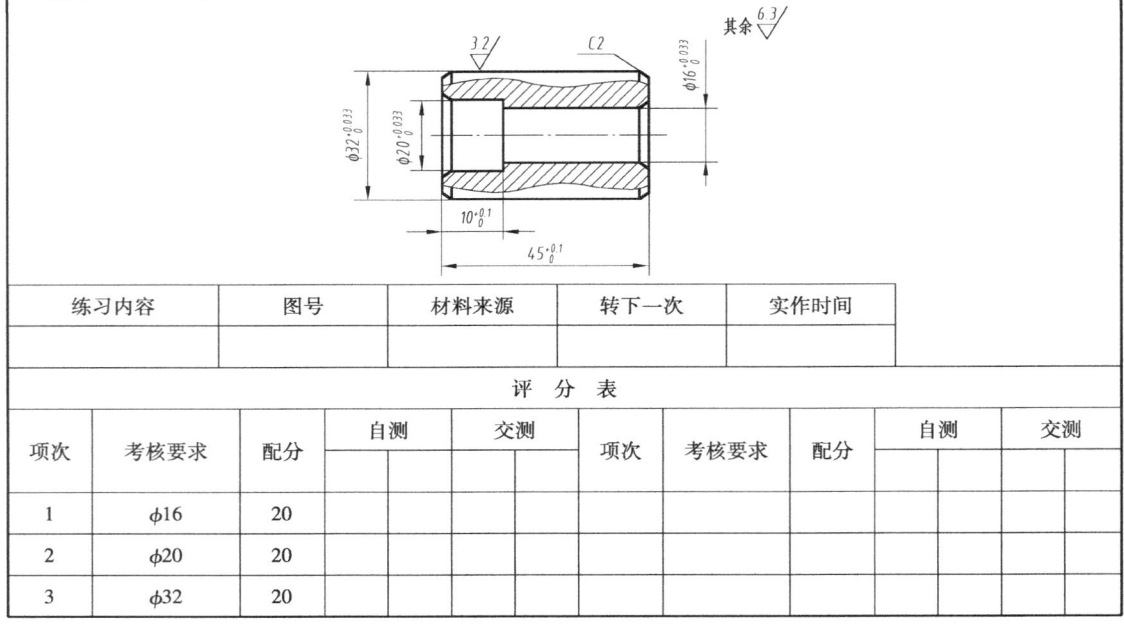

表 4-8 孔加工练习件的图样及评分表

练习内容		图号		材料来源		转下一次		实作时间	

评 分 表									
项次	考核要求	配分	自测	交测	项次	考核要求	配分	自测	交测
1	φ16	20							
2	φ20	20							
3	φ32	20							

续表

项次	考核要求	配分	自测	交测	项次	考核要求	配分	自测	交测
4	10	10							
5	45	10							
6	表面粗糙度 $Ra3.2$	5							
7	倒角 C_2	5							
8	安全文明	10							
	得分					得分			

4.3.10 综合件练习

1. 实习教学要求

（1）熟练运用已学过的内、外圆锥度及普通螺纹的加工方法，车削综合件，提高车削水平。

（2）掌握综合件加工的工艺知识，能按图样的技术要求加工出合格的产品。

（3）能用常用的量具检测产品。

（4）熟练掌握机床维护、保养及安全生产的操作规程。

2. 工具设备

（1）使用工具：①外圆车刀、内孔车刀、螺纹车刀、切槽刀。②量具：游标卡尺、千分尺、螺纹角度样板、钢尺、螺距规。

（2）使用设备：普通车床（CA6140）。

3. 综合件车削步骤

已知毛坯尺寸为 $\phi50mm \times 107mm$，试按如图 4-49 所示的综合练习件的要求完成训练任务。

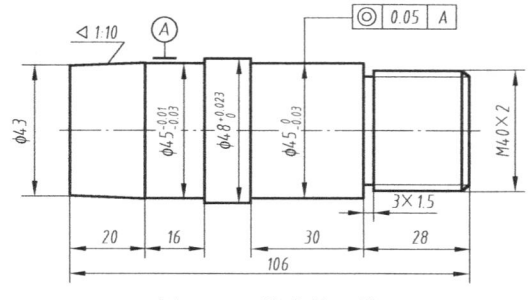

图 4-49 综合练习件

车削步骤：

（1）按生产要求做好加工准备工作。

（2）在三爪自定心卡盘上夹住毛坯 $\phi 50\mathrm{mm} \times 50\mathrm{mm}$ 的外圆，校正并夹紧。

（3）装好车刀，刀尖对中心，刀头伸出长度为 $25\mathrm{mm}$。

（4）粗车端面，车平，钻中心孔。

（5）粗车外圆 $\phi 49\mathrm{mm} \times 50\mathrm{mm}$，$\phi 46\mathrm{mm} \times 35.5\mathrm{mm}$。

（6）调头夹住 $\phi 46\mathrm{mm} \times 35.5\mathrm{mm}$ 的外圆，校正，车端面至长度尺寸 $106\mathrm{mm}$，钻中心孔。

（7）用一夹一顶（夹 $\phi 46\mathrm{mm}$ 的外圆 $8\mathrm{mm}$，避免夹持过长产生重复定位）的方法装夹，粗车右边 $\phi 46\mathrm{mm} \times 58\mathrm{mm}$ 和 $\phi 41\mathrm{mm} \times 28\mathrm{mm}$ 的台阶。

（8）精车螺纹外圆至 $\phi 40_{-0.1}^{0}\mathrm{mm} \times \phi 28\mathrm{mm}$。

（9）车槽至 $3\mathrm{mm} \times 1.5\mathrm{mm}$，倒角 $C_2\mathrm{mm}$。

（10）安装螺纹车刀，粗、精车螺纹 $M40 \times 2$ 至尺寸，去毛刺。

（11）取下工件，自制前顶尖，用两顶尖装夹工件。

（12）精车 $\phi 48_{0}^{+0.023}\mathrm{mm}$、$\phi 45_{-0.03}^{0}\mathrm{mm} \times 30\mathrm{mm}$ 的外圆至尺寸（用千分尺测直径，游标卡尺测长度）。

（13）调头用两顶尖装夹（用鸡心夹头夹住螺纹外圆部分，但需垫开边套筒或厚铜皮，避免夹伤螺纹）精车 $\phi 45_{-0.03}^{-0.01}\mathrm{mm} \times 36\mathrm{mm}$ 的外圆至尺寸（用千分尺测量直径，游标卡尺测长度）。

（14）转动小滑板车锥体，小滑板转动的角度 $\dfrac{\alpha}{2} = 28.7 \times \dfrac{c}{2} = 28.7 \times \dfrac{1}{20} = 1.435° = 1°26'6''$，试车锥体（用万能角度尺测量角度），最后精车至尺寸，去毛刺。

（15）检查合格后将工件卸下，对机床进行保养。

4. 技能强化训练

根据图样要求，独自完成车削综合练习件。图样及评分表见表4-9。

表4-9 车削综合练习件的图样及评分表

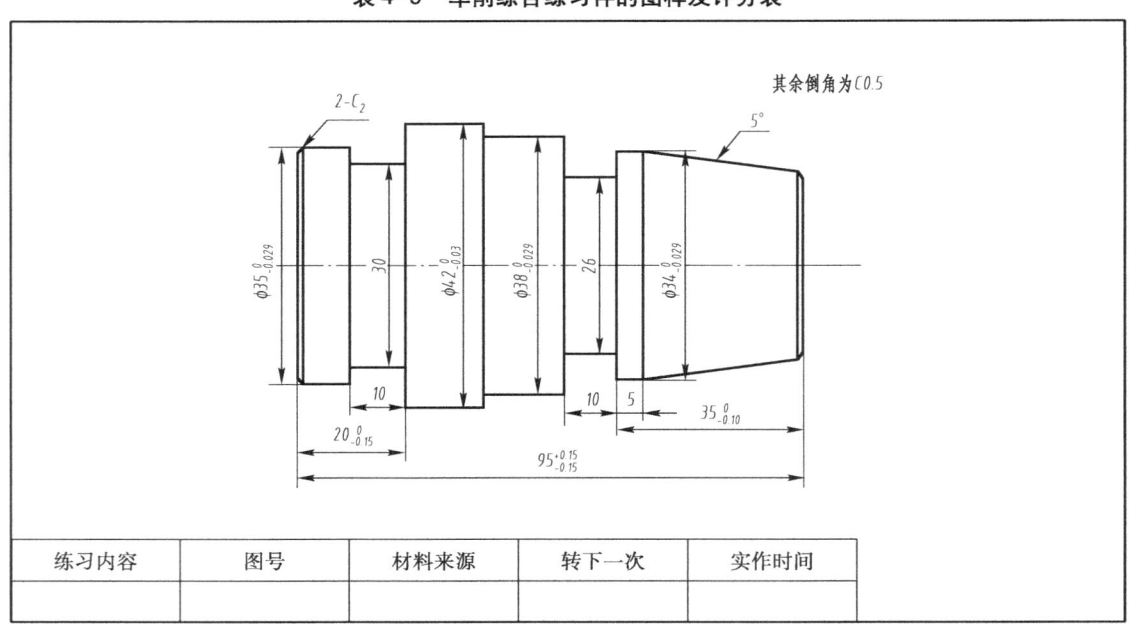

练习内容	图号	材料来源	转下一次	实作时间

续表

项次	考核要求	配分	自测 1	自测 2	交测 1	交测 2	项次	考核要求	配分	自测 1	自测 2	交测 1	交测 2
\multicolumn{14}{c}{评 分 表}
1	$\phi 42_{-0.03}^{0}$	7					8	5°	7				
2	$\phi 38_{-0.029}^{0}$	7					9	$2-C_2$	6				
3	$\phi 35_{-0.029}^{0}$	7					10	5	7				
4	$\phi 34_{-0.029}^{0}$	7					11	2×10	7				
5	95 ± 0.15	7					12	$\phi 30$	7				
6	$20_{-0.15}^{0}$	7					13	$\phi 26$	7				
7	$35_{-0.1}^{0}$	7					14	安全文明	10				
	得分							得分					

本章小结

本章主要介绍了车床的种类、加工特点、车削加工方法以及实训所应具备的操作知识等,重点在于 C6140 型车床的操作方法和加工工艺,掌握车床的操作方法和加工工艺,能够在实际应用中选择合适的切削参数等。

复习思考题

1. 卧式车床的系代号有那些?其含义各是什么?
2. CS6140 型车床和 C5250 型车床的含义分别是什么?
3. 与 C6140 型车床相比,CA6140 型车床有哪些优点?
4. 简述 CA6140 型车床的主运动和进给运动,并根据 CA6140 型车床主轴箱传动系统图计算主轴正转的最低转速。
5. 立式车床在结构布局上有什么特点?一般适用加工哪种类型的工件?组代号 0,5,6,8 各表示什么车床?
6. 回轮车床和卧式车床在结构上最主要的区别是什么?
7. 进给箱内有哪几条传动路线?
8. 车床的主运动是怎样传递的?
9. 指出 CA6140 型车床主轴前端的锥度是多少?尾座的锥度是多少?
10. 简述车床维护与保养的要求。
11. 车削工件时常用的装夹方法有哪几种?
12. 什么情况下用四爪单动卡盘装夹工件?什么情况下用花盘角铁装夹工件?
13. 用顶尖装夹工件有什么缺点?
14. 安装车刀时,刀尖为什么要对准工件轴线?
15. 车外圆和台阶时一般包括哪几个加工过程?

16. 为什么孔的车削要比车削外圆困难得多？
17. 车削内孔时的主要技术要求是什么？
18. M40×2 表示什么类型的螺纹？试求其中径 d_2、牙型高度 h_1、螺纹小径 d_1。
19. 已知圆锥大端直径为 50mm，小端直径为 40mm，圆锥长度为 20mm，试求锥度 C。
20. 车削成形面有哪几种方法？成形法车特形面有哪些注意事项？

第 5 章 铣削加工工艺

【本章学习目标】
1. 认识典型铣床的结构、传动原理、操作方法、一般的保养和安全操作规程；
2. 学会合理选用刀具和安装方法，懂得选用切削用量；
3. 掌握各类夹具装夹工件的正确方法，以及分度头的使用方法；
4. 通过练习典型零件铣削加工，深刻了解铣削加工工艺。

【教学目标】
1. 知识目标：了解铣削加工工艺原理，理解铣削加工在机械制造零件加工中的作用。
2. 能力目标：通过理论知识学习和实训，培养综合运用铣削加工能力。

【教学重点】
铣削加工工艺与实训。

【教学难点】
铣削加工工艺原理和典型零件加工操作。

【教学方法】
讲解指导法、示范法、练习法。

5.1 铣床概述

5.1.1 铣削加工及特点

图 5-1 所示的切削加工方法称为铣削加工。铣削是以铣刀的旋转运动为主运动，以铣刀或工件作进给运动的一种切削加工方法。它的特点是：

（1）采用多刃刀具加工，刀齿轮替切削，刀具冷却效果好，耐用度高。

（2）铣削加工生产效率高、加工范围广，在普通铣床上使用各种不同的铣刀也可以完成加工平面（平行面、垂直面、斜面）、台阶、沟槽（直角沟槽、V 形槽、T 形槽、燕尾槽等特形槽）、特形面等加工任务。加上分度头等铣床附件的配合运用，还可以完成花键轴、螺旋槽、齿式离合器等工件的铣削，如图 5-2 所示。

（3）铣削加工具有较高的加工精度，其经济加工精度一般为 IT9～IT7，表面粗糙度 Ra 值一般为 12.5～1.6μm。精细铣削精度可达 IT5，表面粗糙度 Ra 值可达到 0.20μm。

由于铣削加工具有以上特点，它特别适合模具等形状复杂的组合体零件的加工，在模具制造等行业中占有非常重要的地位。

图 5-1　铣削加工

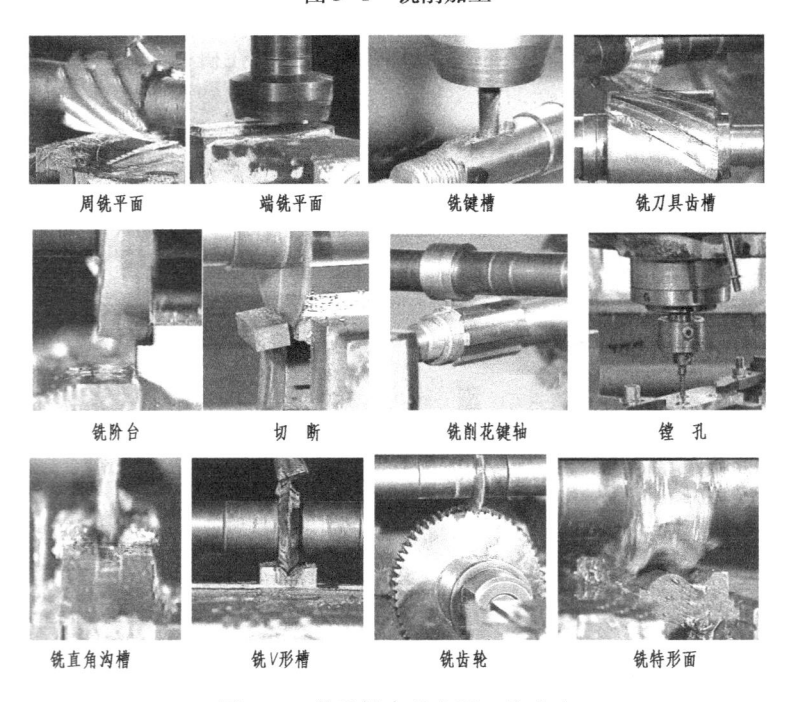

周铣平面　　端铣平面　　铣键槽　　铣刀具齿槽

铣阶台　　切断　　铣削花键轴　　镗孔

铣直角沟槽　　铣V形槽　　铣齿轮　　铣特形面

图 5-2　普通铣床的主要工作内容

由于铣削加工具有以上特点，它特别适合模具等形状复杂的组合体零件的加工，在模具制造等行业中占有非常重要的地位。

5.1.2　铣床的组成

工厂中最常用的铣床有卧式升降台铣床和立式升降台铣床两种。目前我国企业中应用较为普遍的机型分别是 X6132 型卧式万能升降台铣床和 X5032 型立式升降台铣床。这两种铣床在结构、性能、功用等诸多方面均非常有代表性，具有功率大，转速高，变速范围广，操作方便、灵活，通用性强等特点。其结构如图 5-3 所示。下面就以 X6132 型卧式万能升降台铣床为例，认识铣床的组成和结构特点。其主要部件的功用见表 5-1。

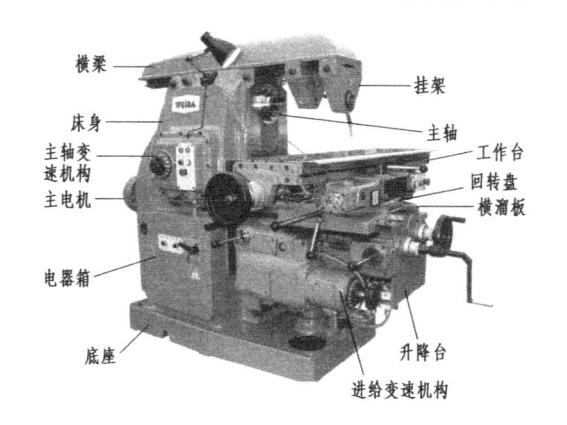

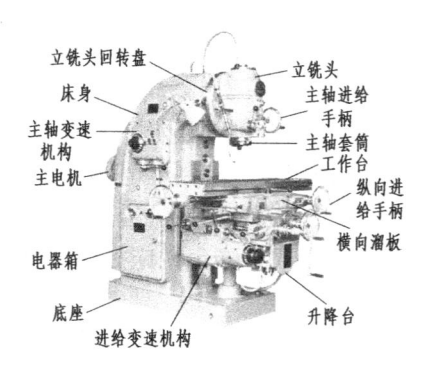

图 5-3 X6132 卧式万能升降台铣床和 X5032 立式升降台铣床

表 5-1 X6132 铣床主要部件的功用

部件名称	功用及结构特点	主要技术参数
底座	底座用来支持床身，承受铣床全部重量，盛储切削液	工作台面尺寸（长×宽）320mm×1250mm 工作台最大行程： 纵向（手动/机动）700mm/680mm 横向（手动/机动）255mm/240mm 垂向（手动/机动）320mm/300mm 工作台进给速度（18 级） 纵向、横向 23.5~1180mm/min 垂向 8~394mm/min 工作台快速移动速度 纵向、横向 2300mm/min 垂向 770mm/min 工作台最大回转角度 ±45° 主轴锥孔锥度 7∶24 主轴转速（18 级）30~1500r/min 主电机功率 7.5kW 机床工作精度： 平面度 0.02mm 平行度 0.03mm 垂直度 0.02mm/100mm 表面粗糙度 Ra 值 1.6μm
床身	床身是机床的主体，用来安装和连接机床其他部件。床身正面有垂直导轨，可引导升降台上、下移动。床身顶部有燕尾形水平导轨，用以安装横梁并按需要引导横梁水平移动。床身内部装有主轴和主轴变速机构	
横梁与挂架	横梁可沿床身顶部燕尾形导轨移动，并可按需要调节其伸出床身的长度。横梁上可安装挂架，用以支承刀杆的外端，增强刀杆的刚性	
主轴	主轴为前端带锥孔的空心轴，锥孔的锥度为 7∶24，用来安装铣刀刀杆和铣刀。主电动机输出的回转运动，经主轴变速机构驱动主轴连同铣刀一起回转，实现主运动	
主轴变速机构	机构安于床身内，其操作机构位于床身临左侧。其功用是将主电机的额定转速（1450r/min）通过齿轮变速，转换成从 30~1500r/min 的 18 种不同主轴转速，以适应不同铣削速度的需要	
进给变速机构	进给变速机构用来调整和变换工作台的进给速度，以适应铣削的需要	
工作台	工作台用以安装需用的铣床夹具和工件，铣削时带动工件实现纵向进给运动	
横向溜板	横向溜板铣削时用来带动工作台实现横向进给运动。在横向溜板与工作台之间设有回转盘，可以使工作台在水平面内作 ±45° 范围内的扳转	
升降台	升降台用来支承横向溜板和工作台，带动工作台上、下移动。升降台内部装有进给电动机和进给变速机构	

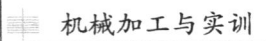

X6132型卧式万能升降台铣床在结构上还具有下列特点：

机床工作台的机动进给操纵手柄，操纵时所指示的方向，就是工作台进给运动的方向，操作时不易产生错误。

① 机床的前面和左侧，各有一组按钮和手柄的复式操作装置，便于操作者在不同位置上进行操作。

② 机床采用速度预选机构来改变主轴转速和工作台的进给速度，使操作简便明确。

③ 机床工作台的纵向传动丝杠上，有双螺母间隙调整机构，所以机床既可进行逆铣又能进行顺铣。

④ 机床工作台可以在水平面内作 ±45°范围内偏转，因而可进行各种螺旋槽的铣削。

⑤ 机床采用转速控制继电器（或电磁离合器）进行制动，能使主轴迅速停止回转。

⑥ 机床工作台有快速进给运动装置，用按钮操纵，方便省时。

X5032型立式升降台铣床规格、操纵机构、传动变速等与X6132型铣床基本相同。主要不同点是：

① X5032型铣床的主轴位置与工作台面垂直，安装在可以偏转的铣头壳体内，主轴可在正垂面内作 ±45°范围内偏转，以调整铣床主轴轴线与工作台面间的相对位置。

② X5032型铣床的工作台与横向溜板连接处没有回转盘，所以，工作台在水平面内不能扳转角度。

③ X5032型铣床的主轴带有套筒伸缩装置，主轴可沿自身轴线在0～70mm范围作手动进给。

④ X5032型铣床的正面增设了一个纵向手动操作手柄，使铣床的操作更加方便。

5.1.3 铣床的传动系统及铣床的运动

1. 铣床的传动系统

X6132型卧式万能铣床的传动系统主要包括主轴传动系统和进给传动系统两大部分，两个传动系统分别由主电机（$P=7.5\text{kW}$、$n=14500\text{r/min}$）和进给电机（$P=1.5\text{kW}$、$n=1450\text{r/min}$）控制。

纵向、横向和垂向三个方向的进给运动，是通过分别接通Mt，Mc和Mv离合器来实现的。当手柄接通其中的一个离合器时，也就同时接通了进给电动机的电气开关（正转或反转），得到正、反方向的进给运动。这三个方向的运动是互锁的，不能同时接通。

当工作台的任一进给方向需要快速运动时，可将手柄推向将方向，并按下"快速"按钮，则控制离合器的电磁铁得电，带动轴XI上的离合器M2向右脱开并使摩擦离合器M3接通该轴。这样，运动就直接从进给电机轴上的齿轮（$z=26$）经过中间齿轮（$z=44$和$z=57$）传到轴XI右端$z=43$的齿轮上，再由摩擦离合器M3带动轴XI转动，这时轴XI最右端的齿轮（$z=28$）便快速转动，再通过后续传动到各方向，从而实现工作台的快速移动。

2. 铣床的运动

从以上传动系统的传动过程可知，X6132铣床的运动分主运动和进给运动。主运动为主轴的旋转运动；进给运动为工作台在纵向、横向、升降三个方向的移动。有些铣床也可通过铣头、主轴箱的移动或转动带动铣刀作进给运动，或通过工件转动作进给运动。这类进给方式在数控铣床上尤为多见。铣床常见的运动方式如图5-5所示。

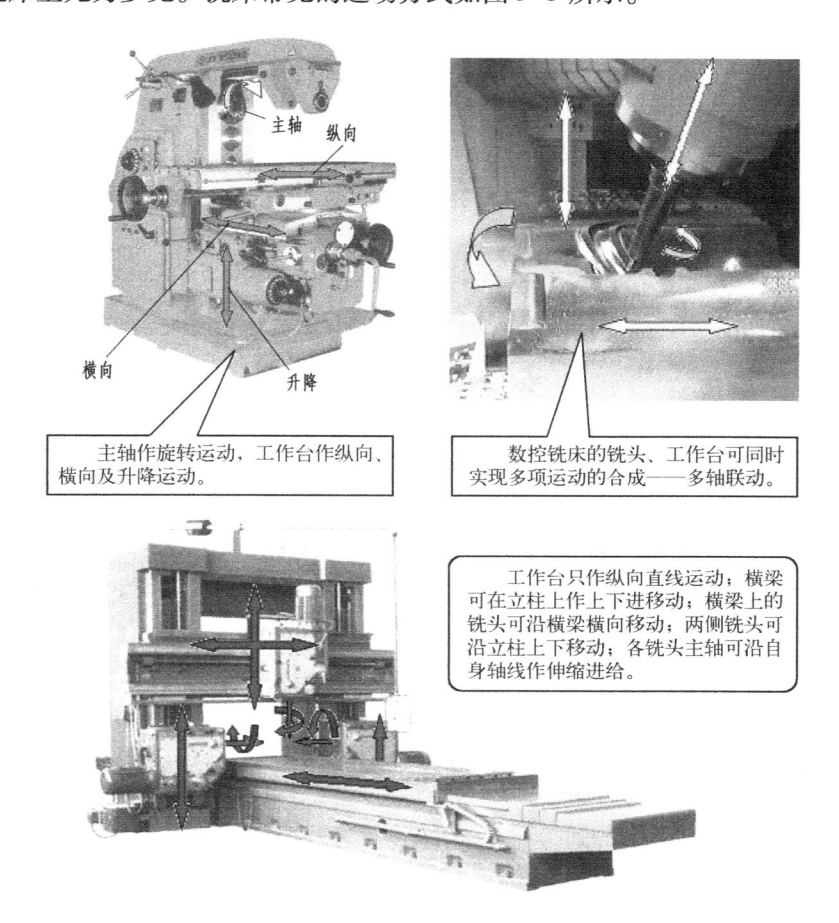

图 5-5 不同铣床的运动方式示意图

5.1.4 常见铣床的种类与型号的含义

铣床的种类与型号很多，通过机床标牌上型号的识读认识和区分铣床是最直接的方法。图5-6所示是铣床的标牌，它标明了机床的型号。机床的型号是机床产品的代号，用以简

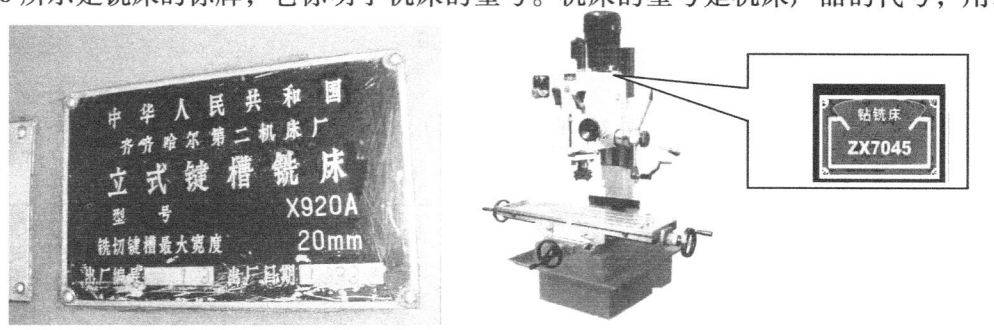

图 5-6 铣床的标牌

明地表示机床的类别、结构特性等。根据 GB/T15375—1994《金属切削机床型号编制方法》的规定，我国现将机床按工作原理划分为 11 类。

我国机床代号的编制方法如下：

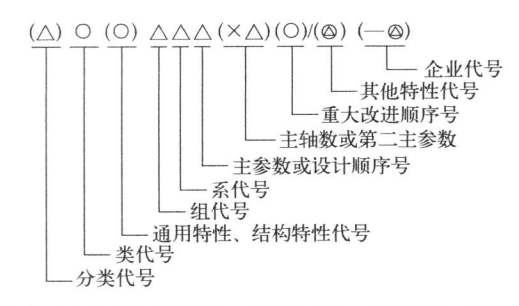

```
(△) ○ (○) △△△ (×△) (○)/(◎) (—◎)
                              └─ 企业代号
                           └─ 其他特性代号
                        └─ 重大改进顺序号
                     └─ 主轴数或第二主参数
                  └─ 主参数或设计顺序号
               └─ 系代号
            └─ 组代号
         └─ 通用特性、结构特性代号
      └─ 类代号
   └─ 分类代号
```

注：①有"（ ）"的代号或数字，当无内容时，则不表示；若有内容则不带括号。
　　②有"○"符号者，为大写的汉语拼音字母。
　　③有"△"符号者，为阿拉伯数字。
　　④有"◎"符号者，为大写的汉语拼音字母，或阿拉伯数字，或两者兼有之。

1. 机床的类代号

机床的类代号，用大写的汉语拼音字母表示。铣床的类代号是"X"，读作"铣"。所以当我们看到在机床的标牌上第一位字母（或第二位）标有"X"时，即可知道该机床为铣床。

2. 机床的通用特性代号

机床标牌的第二位字母（或第三位）反映机床的通用性及结构上的特点。特性代号有着统一固定的含义，见表 5-2。

表 5-2　机床的通用特性代号

通用特性	精度	精密	自动	半自动	数控	加工中心（自动换刀）	仿型	轻型	加重型	简式或经济型	柔性加工单元	数显	高速
代号	G	M	Z	B	K	H	F	Q	C	J	R	X	S
读音	高	密	自	半	控	换	仿	轻	重	简	柔	显	速

3. 铣床的组系代号

铣床分为 10 个组，每组又分为 10 个系（系列），见表 5-3。

表 5-3　铣床的 10 个分组

组别名称	仪表铣床	悬臂及滑枕铣床	龙门铣床	平面铣床	仿形铣床	立式升降台铣床	卧式升降台铣床	床身铣床	工具铣床	其他铣床
组别	0	1	2	3	4	5	6	7	8	9

4. 机床的铣床类型（表5-4）

表5-4 常用的铣床类型

组名称	系 名 称	典型铣床及特点
龙门铣床	龙门铣床 龙门镗铣床 龙门磨铣床 定梁龙门铣床 定梁龙门镗铣床 龙门移动铣床 定梁龙门移动铣床 落地龙门镗铣床	X2010 床身呈水平布置，其两侧的立柱和连接梁构成门架的铣床。铣头装在横梁和立柱上，可沿其导轨移动。通常横梁可沿立柱导轨垂向移动，工作台可沿床身导轨纵向移动。用于大件加工
立式升降台铣床	立式升降台铣床 立式升降台镗铣床 摇臂铣床 万能摇臂铣床 摇臂镗铣床 转塔升降台铣床 立式滑枕升降台铣床 万能滑枕升降台铣床 圆弧铣床	X5040（X53K） 主轴位置与工作台面垂直，具有可沿床身导轨垂直移动的升降台的铣床，通常安装在升降台上的工作台和横向溜板可分别作纵向、横向移动
卧式升降台铣床	卧式升降台铣床 万能升降台铣床 万能回转头铣床 万能摇臂铣床 卧式回转头铣床 广用万能铣床 卧式滑枕升降台铣床	X6132 主轴位置与工作台面平行，具有可沿床身导轨垂直移动的升降台的铣床，通常安装在升降台上的工作台和横向溜板可分别作纵向、横向移动
工具铣床	万能工具铣床 钻铣床 立铣刀槽铣床	X8126C 用于铣削工具模具的铣床，配有立铣头、万能角度工作台和插头等多种附件，还可进行钻削、镗削和插削等加工，加工精度高，加工形状复杂

5.2 铣削方法

5.2.1 铣刀的种类与选用

铣刀按用途可分为铣削平面用铣刀、铣削直角沟槽用铣刀、铣削特形沟槽用铣刀和铣削特形面用铣刀等，见表5-5。

表5-5 常用铣刀及分类

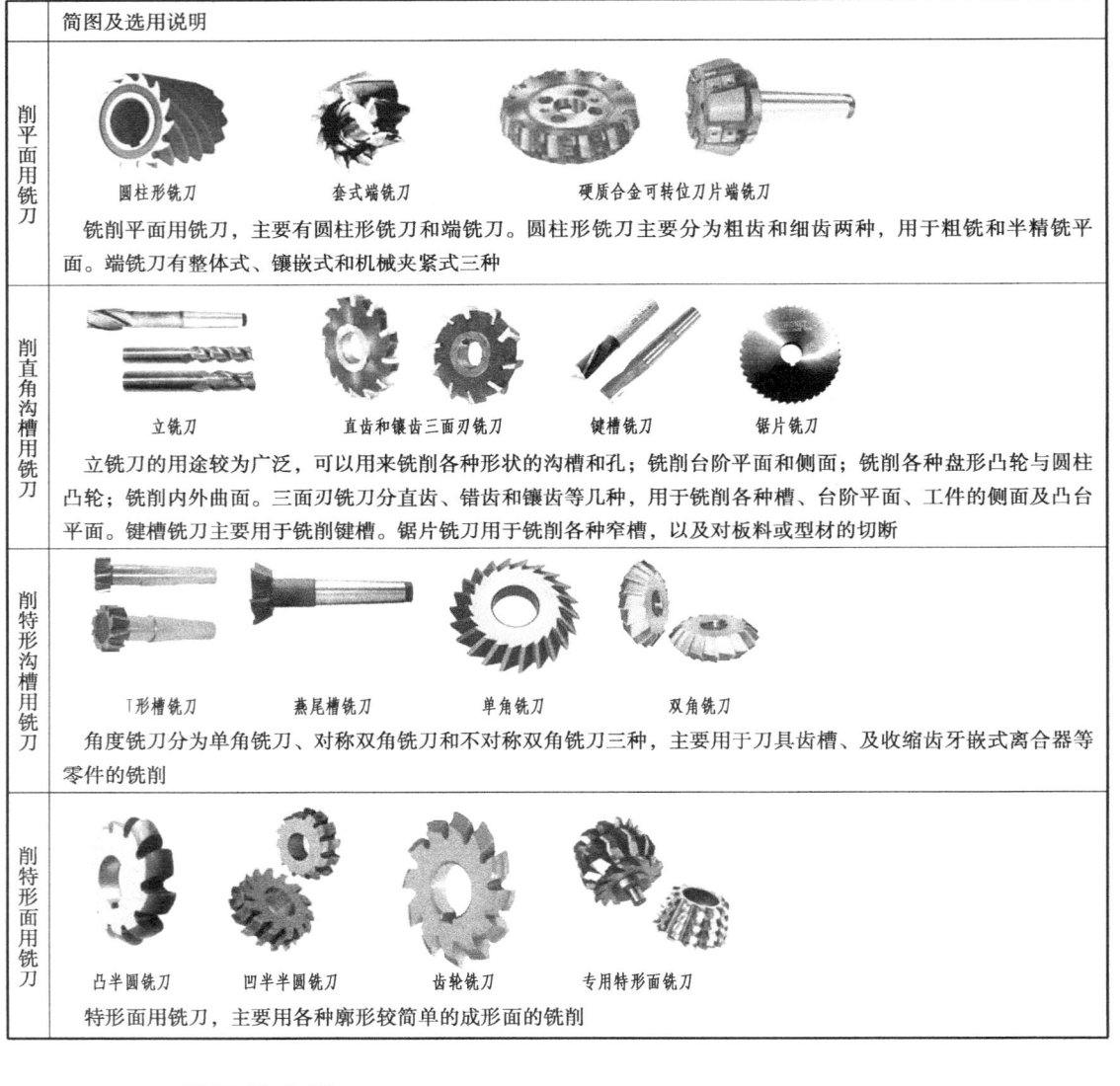

	简图及选用说明
削平面用铣刀	圆柱形铣刀　　套式端铣刀　　硬质合金可转位刀片端铣刀 铣削平面用铣刀，主要有圆柱形铣刀和端铣刀。圆柱形铣刀主要分为粗齿和细齿两种，用于粗铣和半精铣平面。端铣刀有整体式、镶嵌式和机械夹紧式三种
削直角沟槽用铣刀	立铣刀　　直齿和镶齿三面刃铣刀　　键槽铣刀　　锯片铣刀 立铣刀的用途较为广泛，可以用来铣削各种形状的沟槽和孔；铣削台阶平面和侧面；铣削各种盘形凸轮与圆柱凸轮；铣削内外曲面。三面刃铣刀分直齿、错齿和镶齿等几种，用于铣削各种槽、台阶平面、工件的侧面及凸台平面。键槽铣刀主要用于铣削键槽。锯片铣刀用于铣削各种窄槽，以及对板料或型材的切断
削特形沟槽用铣刀	T形槽铣刀　　燕尾槽铣刀　　单角铣刀　　双角铣刀 角度铣刀分为单角铣刀、对称双角铣刀和不对称双角铣刀三种，主要用于刀具齿槽、及收缩齿牙嵌式离合器等零件的铣削
削特形面用铣刀	凸半圆铣刀　　凹半圆铣刀　　齿轮铣刀　　专用特形面铣刀 特形面用铣刀，主要用各种廓形较简单的成形面的铣削

5.2.2 铣刀的安装

各种不同种类和不同规格的铣刀，大多是通过铣刀杆安装在铣床主轴上的。铣刀杆是用来将铣刀安装在铣床主轴上的铣床附件，所以要安装铣刀，首先要根据铣床主轴孔的结构、铣刀的不同类型和规格选用相应形式和规格的刀杆来进行安装。

X6132 型铣床上的铣刀杆的左端是 7:24 的圆锥，用来与铣床主轴锥孔配合。若刀杆为莫氏 4 号圆锥，则需用通过中间过渡锥套与主轴锥孔配合。锥体尾端有内螺纹孔，通过拉紧螺杆将铣刀杆拉紧在主轴锥孔内。锥体前端有一带两缺口的凸缘，与主轴轴端的凸键配合。

刀杆上装夹铣刀部分由于铣刀种类不同、铣刀的装夹方法不同，其结构种类也很多，常见的有安装带孔铣刀的普通光轴刀杆、安装套式端铣刀的专用刀杆、安装直柄铣刀用的套筒夹簧刀杆等（图 5-7）。

普通铣刀杆中部是长度为 l 的光轴，用来安装铣刀和垫圈，光轴上有键槽，可以安装定位键，将转矩传给铣刀。较长的铣刀杆的右端除螺纹外还有支承轴颈。螺纹用来安装紧刀螺母，紧固铣刀。支承轴颈用来与挂架轴承孔配合，支承铣刀杆右端。铣刀杆光轴的直径与带孔铣刀的孔径相对应有多种规格，常用的有 22mm、27mm 和 32mm 三种，应根据所选铣刀的孔径选用。铣刀杆的光轴长度 L 也有多种规格，可按工作需要选用。

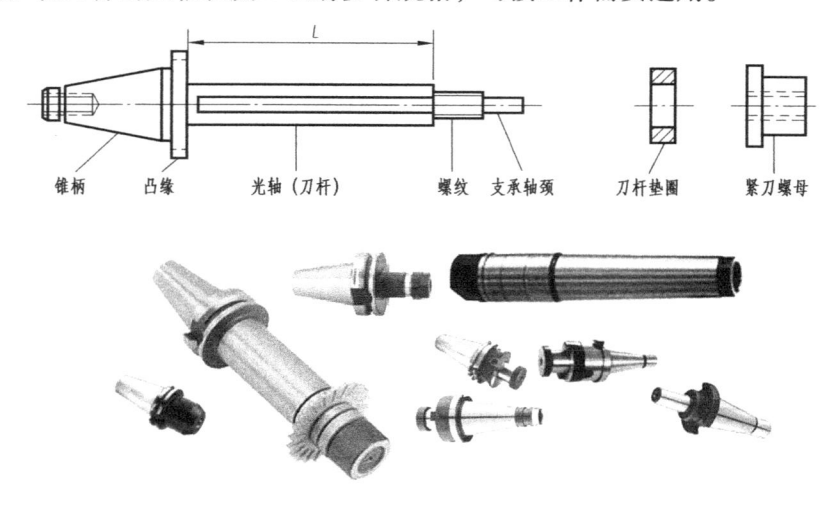

图 5-7　各式铣刀杆

刀杆的安装按表 5-6 中的步骤进行：

表 5-6　铣刀杆的安装步骤

步骤1：	步骤2：
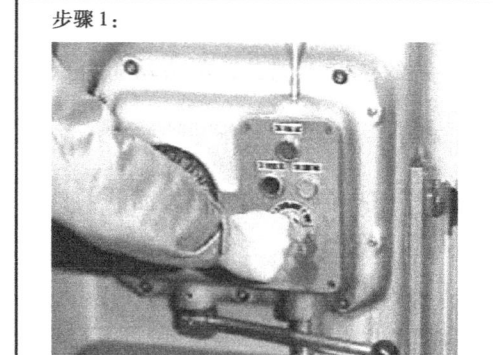 将主轴转数调整到最低，或将主轴锁紧。再根据铣刀孔径选择相应直径的铣刀杆，并在满足使用前提下，尽量选择短一些的，以增强铣刀的刚度	 擦净铣床主轴锥孔和铣刀杆的锥柄，以免脏物影响铣刀杆的安装精度

续表

步骤3：	步骤4：
松开铣床横梁的紧固调螺母，适当调整横梁的伸出长度，使其与铣刀杆长度相适应。然后将横梁紧固	安装铣刀杆。右手将铣刀杆的锥柄装入主轴锥孔。此时铣刀杆凸缘上的缺口（槽）应对准主轴端部的凸键
步骤5：	步骤6：
左手转动主轴孔中的拉紧螺杆，使其前端的螺纹部分旋入铣刀杆的螺纹孔 6~7r	最后，用扳手旋紧拉紧螺杆上的背紧螺母，将铣刀杆拉紧在主轴锥孔内即可

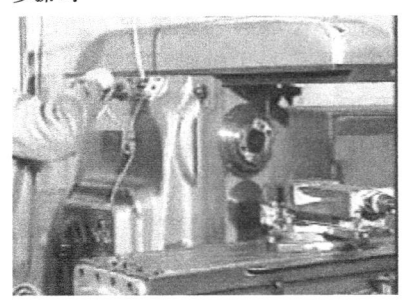

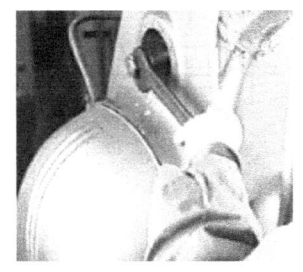

其他刀杆的安装方法与其基本相同。

5.2.3 铣削的方式方法

1. 铣削方法

在铣床上铣削工件时，由于铣刀的结构不同，工件上所加工的部位不同，所以具体的切削方式、方法也不一样，根据铣刀在切削时刀刃与工件接触的位置不同，铣削方法可分为周铣、端铣以及周铣与端铣同时进行的混合铣削。

（1）圆周铣

圆周铣（简称周铣）是用分布在铣刀圆周面上的刀刃来铣削并形成已加工表面的一种铣削方法。周铣时，铣刀的旋转轴线与工件被加工表面相平行。图 5-8 所示分别为在卧铣和立铣上进行的周铣。

（2）端面铣

端面铣（简称端铣）是用分布在铣刀端面上的齿刃铣削并形成已加工表面的铣削方法，也称为端铣。端铣时，铣刀的旋转轴线与工件被加工表面相垂直。图 5-9 所示分别为在卧铣和立铣上进行的端铣。

（3）混合铣削

混合铣削（简称混合铣）是指在铣削时铣刀的圆周刃与端面刃同时参与切削的铣削方法。混合铣时，工件上会同时形成两个或两个以上的已加工表面。图 5-10 所示分别为在卧铣和立铣上进行的混合铣。

图 5-8　周铣

图 5-9　端铣　　　　　　　　　　　图 5-10　混合铣削

以上三种不同的铣削方法具有以下特点：

端铣时铣刀所受铣削力主要为轴向力，加之端铣刀刀杆较短，所以刚性好，同时参与切削的齿数多，因此振动小，铣削平稳，效率高。

端铣刀的直径可以做得很大，能一次铣出较大的表面而不用接刀。圆周铣时工件加工表面的宽度受周刃宽度的限制不能太宽。

端铣刀的刀片装夹方便、刚性好，适宜进行曲高速铣削和强力铣削，可大大提高生产效率和减小表面粗糙度值。

端铣刀每个刀齿所切下的切屑厚度变化较小，因此端铣时铣削力变化小。

周铣时，能一次切除较大的铣削层浓深度（铣削宽度 ae）。

混合铣削时，由于铣削速度受到周铣的限制，所以混合铣时周铣加工出的表面比用端铣加工出的表面粗糙度值小。

由于端铣具有较多的优点，所以，在单一平面的铣削中大多采用端面铣削。

2. 铣削方式

（1）周铣时的顺与逆铣

根据铣刀切削部位产生的切削力与进给方向间的关系，铣削方式可分为顺铣和逆铣，如图 5-11 所示。

顺铣——铣削时，铣刀对工件的作用力在进给方向上的分力与工件进给方向相同的铣削方式。

逆铣——铣削时，铣刀对工件的作用力在进给方向上的分力与工件进给方向相反的铣削方式。

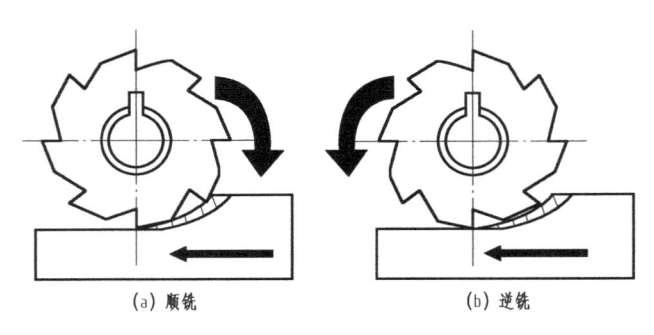

图 5-11　周铣时的顺铣与逆铣

在铣削过程中，由于铣床工作台是通过丝杠螺母副来实现传动的，要使丝杠在螺母中能轻快地旋转，在它们之间一定要有适当的间隙。此时在工作台丝杠螺母副的一侧，两条螺旋面紧密贴合在一起；在其另一测，丝杠与螺母上的两条螺旋面存在着间隙。也就是说，工作台的进给运动是工作台丝杠与丝杠螺母在其接合面实现着运动传递的，进给的作用力发自工作台丝杠上。同时丝杠螺母也受到了铣刀在水平方向的铣削分力 F_f 的作用（图 5-12）。根据对传动结构的分析可知：当铣削力的方向与工作台移动的方向相反时，工作台不会被推动，而当铣削力的方向与工作台移动的方向一致时，则工作台就会被拉动（或推动）。

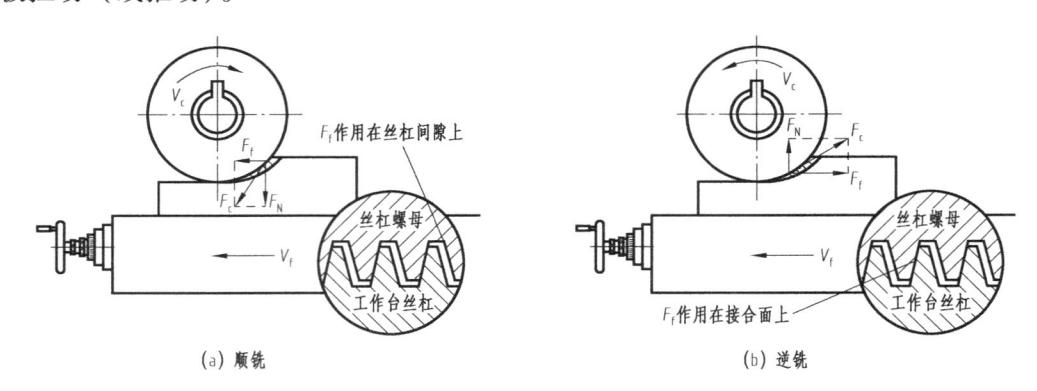

图 5-12　周铣时的切削力对工作台的影响

顺铣时，工作台进给方向 V_f 与其水平方向的铣削分力 F_f 方向相同，F_f 作用在丝杠和螺母的间隙上。当 F_f 大于工作台滑动的摩擦力时，F_f 将工作台推动一段距离，使工作台发生间歇性窜动。此时便会啃伤工件，损坏刀具，甚至损坏机床。逆铣时的工作台进给方向 V_f 与其水平方向上的铣削分力 F_f 方向相反，两种作用力同时作用在丝杠与螺母的接合面上，工作台在进给运动中，绝不会发生工作台的窜动现象，即水平方向上的铣削分力 F_f 不会拉动工作台。所以在一般情况下都采用逆铣。

周铣时的顺铣与逆铣具有的一些特点见表 5-7。

表 5-7　周铣时的顺铣与逆铣的特点

	优　点	缺　点
顺铣	1. 铣刀对工件的作用力 F_c 在垂直方向的分力 F_N 始终向下，对工件起压紧的作用。因此铣削平稳，对不易夹紧的工件及细长的薄板形工件的铣削尤为合适 2. 铣刀切入工件时的切屑厚度最大，并逐渐减小到为零。刀刃切入容易，故工件的被加工表面质量较高 3. 顺铣在进给运动方面消耗的功率较小	1. 铣刀对工件的作用力 F_c 在水平方向上的分力 F_f 作用在工作台丝杠及其螺母的间隙上，会拉动工作台，使工作台发生间歇性窜动，导致铣刀刀齿折断、铣刀杆弯曲、工件与夹具产生位移，甚至严重的事故 2. 铣刀刀刃从工件外表面切入工件，当工件表面有硬皮或杂质时，容易磨损或折断铣刀
逆铣	1. 在铣刀中心进入工件端面后，铣刀刃沿已加工表面切入工件，工件表面有硬皮或杂质时，对铣刀刃损坏的影响小 2. 铣刀对工件的作用力 F_c 在水平方向上的分力 F_f 作用在工作台丝杠及其螺母的接合面上，不会拉动工作台。因而得到广泛的应用	1. 铣刀对工件的作用力 F_c 在垂直方向的分力 F_N 始终向上，将工件向上铲起。工件需要使用较大的夹紧力 2. 刀刃切入工件时的切削层厚度为零，并逐渐增到最大。使铣刀与工件的摩擦、挤压严重，加速刀具磨损，降低工件表面质量 3. 在进给运动方面消耗的功率较大

（2）端铣时的顺铣与逆铣

进行端铣时，我们会发现铣刀的切入边与切出边的切削力方向是相反的。这样根据铣刀与工件之间相对位置的不同，端铣可分为以下两种情况：

1）对称铣削　铣削宽度 a_e 对称于铣刀轴线的端铣方式，称为对称铣削。铣削时，以轴线为对称中心，切入边与切出边所占的铣削宽度相等，切入边为逆铣；切出边为顺铣，如图 5-13 所示。

2）非对称铣削　铣削宽度 a_e 不对称于轴线的端铣方式，称为非对称铣削。按切入边和切出边所占铣削宽度的比例的不同，非对称铣削又分为非对称顺铣和非对称逆铣两种，如图 5-14 所示。

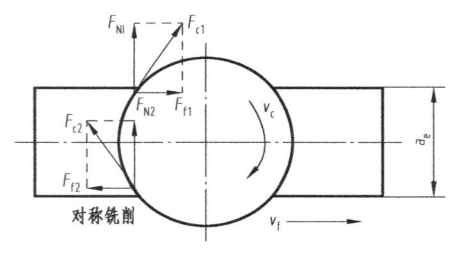

图 5-13　对称铣削

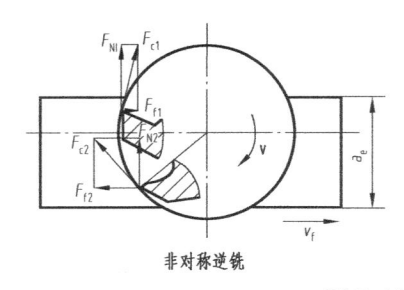

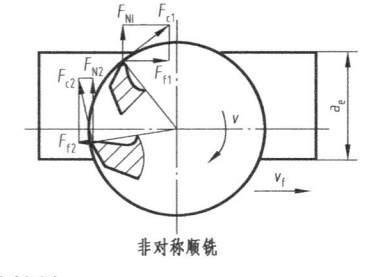

图 5-14　非对称铣削

① 非对称顺铣　顺铣部分（切出边的宽度）所占的比例较大的端铣形式。

与圆周铣的顺铣一样，非对称顺铣也容易拉动工作台。因此很少采用非对称顺铣。只是在铣削塑性和韧性好、加工硬化严重的材料（如不锈钢、耐热合金等）时，采用非对称顺铣，以减少切屑粘附和提高刀具寿命。此时，必须调整好铣床工作台的丝杠螺母副的传动间隙。

② 非对称逆铣　逆铣部分（切入边的宽度）所占的比例较大的端铣形式。

铣刀对工件的作用力在进给方向上的两个分力的合力 F_f 作用在工作台丝杠及其螺母的接合面上，不会拉动工作台。此时铣刀刃切出工件时，切屑由薄到厚，因而冲击小，振动较小，切削平稳，因而得到普遍应用。

5.2.4 铣削用量的选择

1. 铣削用量

铣削用量的要素包括：铣削速度 v_c、进给量 f、铣削深度 a_p 和铣削宽度 a_e。铣削时合理地选择铣削用量，对保证零件的加工精度与加工表面质量、提高生产效率、提高铣刀的使用寿命、降低生产成本，都有着密切的关系。

（1）铣削速度 v_c

铣削时铣刀切削刃上选定点相对于工件的主运动的瞬时速度称铣削速度。铣削速度可以简单地理解为切削刃上选定点在主运动中的线速度，即切削刃上离铣刀轴线距离最大的点在 1min 内所经过的路程。铣削速度的单位是 m/min，铣削速度与铣刀直径、铣刀转速有关，计算公式为：

$$v_c = \frac{\pi d n}{1000} \tag{5-1}$$

式中　v_c——铣削速度，m/min；
　　　d——铣刀直径，mm；
　　　n——铣刀或铣床主轴转速，r/min。

铣削时，根据工件的材料、铣刀切削部分材料、加工阶段的性质等因素，确定铣削速度，然后根据所用铣刀的规格（直径），按式（5-2）计算并确定铣床主轴的转速。

$$n = \frac{1000 v_c}{\pi d} \tag{5-2}$$

在实际选取时，若计算所得数值处在铭牌上两个数值的中间时，则应按较小的铭牌值选取。

（2）进给量 f

刀具（铣刀）在进给运动方向上相对工件的单位位移量，称为进给量。铣削中的进给量根据具体情况的需要，有三种表述和度量的方法：

① 每转进给量 f　铣刀每回转一周，在进给运动方向上相对工件的位移量，单位为 mm/r。

② 每齿进给量 f_z　铣刀每转中每一刀齿在进给运动方向上相对工件的位移量，单位为 mm/z。

③ 进给速度（又称每分钟进给量）v_f　切削刃上选定点相对工件的进给运动的瞬时速度，称为进给速度。也就是铣刀每回转 1min，在进给运动方向上相对工件的位移量。单位为 mm/min，三种进给量的关系为：

$$v_f = f n = f_z z n \tag{5-3}$$

式中　v_f——进给速度，mm/min；
　　　f——每转进给量，mm/r；
　　　n——铣刀或铣床主轴转速，r/min；
　　　f_z——每齿进给量，mm/z；
　　　z——铣刀齿数。

铣削时，根据加工性质先确定每齿进给量 f_z，然后根据所选用铣刀的齿数 z 和铣刀的转速 n

计算出进给速度 v_f，并以此对铣床进给量进行调整（铣床铭牌上的进给量以进给速度 v_f 表示）。

（3）铣削深度 a_p 和铣削宽度 a_e

铣削深度 a_p，是指在平行于铣刀轴线方向上测得的切削层尺寸，单位为 mm。

铣削宽度 a_e，是指在垂直于铣刀轴线方向、工件进给方向上测得的切削层尺寸，单位为 mm。

铣削时，由于采用的铣削方法和选用的铣刀不同，铣削深度 a_p，和铣削宽度 a_e 的表示也不同。图 5-15 所示为用圆柱形铣刀进行画周铣与用端铣刀进行端铣时，铣削深度与铣削宽度的表示。不难看出，不论是采用圆周铣或是端铣，铣削宽度 a_p，总是表示沿铣刀轴向测量的切深；而铣削宽度 a_e 都表示沿铣刀径向测量的铣削弧深。因为不论使用哪一种铣刀铣削，其铣削弧深的方向均垂直于铣刀轴线。

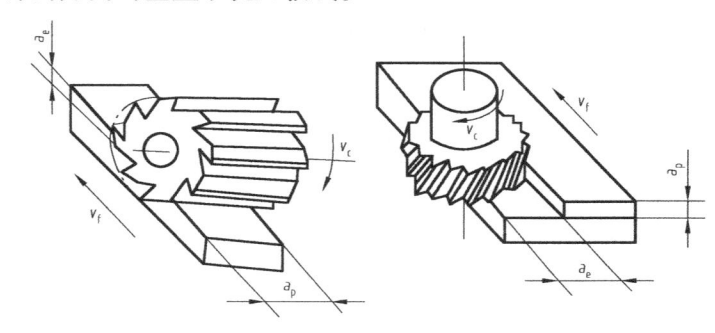

图 5-15 周铣与端铣时的铣削用量

2. 铣削用量的选择原则

所谓合理的铣削用量，是指充分利用铣刀的切削能力和机床性能，在保证加工质量的前提下，获得高的生产效率和低的加工成本的铣削用量。

选择铣削用量的原则是在保证加工质量，降低加工成本和提高生产率的前提下，使铣削宽度（或铣削深度）、进给量、铣削速度的乘积最大。这时工序的切削工时最少。

粗铣时，在机床动力和工艺系统刚性允许并具有合理的铣刀耐用度的条件下，按铣削宽度（或铣削深度）、进给量、铣削速度的次序，选择和确定铣削用量。在铣削用量中，铣削宽度（或铣削深度）对铣刀耐用度影响最小，进给量的影响次之，而以铣削速度对铣刀耐用度的影响为最大。因此，在确定铣削用量时，应尽可能选择较大的铣削宽度（或铣削深度），然后按工艺装备和技术条件的允许选择较大的每齿进给量，最后根据铣刀的耐用度选择允许的铣削速度。

精铣时，为了保证加工精度和表面粗糙度的要求，工件切削层宽度应尽量一次铣出；切削层深度一般在 0.5mm 左右；再根据表面粗糙度要求选择合适的每齿进给量；最后根据铣刀的耐用度确定铣削速度。

（1）切削层深度的选择

端铣时的铣削深度 a_p、圆周铣削时的铣削宽度 a_e，即是被切金属层的深度（切削层深度）。当铣床功率足够、工艺系统的刚度和强度允许，且加工精度要求不高及加工余量不大时，可一次进给铣去全部余量。当加工精度要求较高或加工表面的表面粗糙度 Ra 值要小于 6.3μm 时，应分粗铣和精铣。粗铣时，除留下精铣余量（0.5~2.0mm）外，应尽可能一次进给切除全部粗加工余量。

端铣时，铣削深度 a_p 的推荐数值见表5-8。当工件材料的硬度和强度较高时，取表中较小值。

表5-8　端铣时铣削深度 a_p 的推荐值　　　　　　　　　　　　　　　　　　　　mm

工件材料	高速钢铣刀		硬质合金铣刀	
	粗 铣	精 铣	粗 铣	精 铣
铸铁	5～7	0.5～1	10～18	1～2
软钢	<5	0.5～1	<12	1～2
中硬钢	<4	0.5～1	<7	1～2
硬钢	<3	0.5～1	<4	1～2

圆周铣削时的铣削宽度 a_e，粗铣时可比端铣时的 a_p 铣削深度大，因此，在铣床功率足够和工艺系统的刚度、强度允许的条件下，尽量在一次进给中把粗铣余量全部切除。精铣时，a_e 值可参照端铣时的 a_p 值。

（2）进给量的选择

粗铣时，限制进给量提高的主要因素是铣削力。进给量主要根据铣床进给机构的强度、铣刀杆尺寸、刀齿强度以及工艺系统（如机床、夹具等）的刚度来确定。在上述条件许可的情况下，进给量应尽量取得大些。

精铣时，限制进给量提高的主要因素是加工表面的表面粗糙度，进给量越大，表面粗糙度值也越大。为了减小工艺系统的弹性变形，减小已加工表面残留面积的高度，一般采用较小的进给量。

表5-9所列为各种常用铣刀对不同工件材料铣削时的每齿进给量，粗铣时取较大值，精铣时取较小值。

表5-9　每齿进给量 f_z 推荐值

工件材料	工件材料硬度 HBW	硬质合金		高 速 钢			
		端 铣 刀	三面刃铣刀	圆柱铣刀	立 铣 刀	端 铣 刀	三面刃铣刀
低碳钢	～150	0.20～0.40	0.15～0.30	0.12～0.20	0.04～0.20	0.15～0.30	0.12～0.20
	150～200	0.2～0.35	0.12～0.25	0.12～0.20	0.03～0.18	0.15～0.30	0.10～0.15
中、高碳钢	120～180	0.15～0.50	0.15～0.30	0.12～0.20	0.05～0.15	0.15～0.30	0.12～0.20
	180～220	0.15～0.40	0.12～0.25	0.12～0.20	0.04～0.15	0.12～0.25	0.07～0.15
	220～300	0.12～0.25	0.07～0.20	0.07～0.15	0.03～0.15	0.10～0.20	0.05～0.12
灰铸铁	150～180	0.20～0.50	0.12～0.30	0.20～0.30	0.07～0.18	0.20～0.35	0.15～0.25
	180～200	0.20～0.40	0.15～0.25	0.15～0.25	0.05～0.15	0.15～0.30	0.12～0.20
	200～300	0.15～0.30	0.10～0.20	0.10～0.20	0.03～0.10	0.10～0.20	0.07～0.12
铝镁合金	95～100	0.15～0.38	0.12～0.30	0.15～0.20	0.05～0.15	0.20～0.30	0.07～0.20

（3）铣削速度的选择

在铣削深度 a_p、铣削宽度 a_e、进给量 f 确定后，最后选择确定铣削速度 v_c。铣削速度 v_c 是在保证加工质量和铣刀耐用度的前提下确定的。

铣削时，影响铣削速度的主要因素有：铣刀材料的性质和铣刀耐用度、工件材料的性质、铣削条件及切削液的使用情况等。

粗铣时，由于金属切除量大，产生热量多，切削温度高，为了保证合理的铣刀耐用度，铣削速度要比精铣时低一些。在铣削不锈钢等韧性好、强度高的材料，以及其他一些硬度高、热强度性能高的材料时，铣削速度更应低一些。此外，粗铣时铣削力大，必须考虑铣床功率是否足够，必要时应适当降低铣削速度，以减小功率。

精铣时，由于金属切除量小，所以在一般情形下，可采用比粗铣时高一些的铣削速度。但铣削速度的提高将加快铣刀的磨损速度，从而影响加工精度。因此，精铣时限制铣削速度的主要因素是加工精度和铣刀耐用度。在精铣加工面积大的工件（即一次铣削宽而长的加工面）时，往往采用铣削速度比粗铣时还要低的低速铣削，以使刀刃和刀尖的磨损量减少，从而获得高的加工精度。表 5-10 所列为常用材料的推荐值，实际工作中可按实际情况适当修正。

表 5-10　常用材料 v_c 的推荐值　　　　　　　　　　　mm/min

工件材料	硬度	铣削速度 v_c	
		硬质合金铣刀	高速成钢铣刀
低、中碳钢	<220	80~150	21~40
	225~290	60~115	15~36
	300~425	40~75	9~20
高碳钢	<220	60~130	18~36
	225~325	53~105	14~24
	325~375	36~48	9~12
	375~475	36~45	9~10
灰铸铁	100~140	110~115	24~36
	150~225	60~110	15~21
	230~290	45~90	9~18
	300~320	21~30	5~10
铝镁合金	95~100	360~600	180~300

5.2.5　铣削时常用的装夹方法

对于铣削加工而言，铣削方法的关键是如何在铣床上对工件进行装夹。在铣削批量较大的工件时，通常用专用的铣床夹具安装进行铣削。关于铣床夹具在第 2 章中已做过介绍，在此我们主要介绍一下单件和小批量生产时铣床上加工零件的方法。

在铣床上进行单件和小批量生产时，最常用的方法是用平口钳、压板和分度头来装夹工件。对于较小型的工件，一般采用平口钳装夹；对大、中型的工件则多是在铣床工作台上直接用压板来装夹；而对于轴类、套类或有等分要求及曲线外形的零件则多采用分度头或回转工作台来装夹。

1. 用平口钳装夹工件铣削

平口钳是铣床上常用的机床附件。常用的平口钳主要有非回转式和回转式两种（图 5-16）。回转式平口钳主要由固定钳口、活动钳口、底座等组成。非回转式与回转式的平口钳结构基本相同，只是底座没有转盘，钳体不能回转，但刚性好。回转式平口钳可以扳转任意角度，故适应性很强。

平口钳以钳口宽度为标准规格，常用的有 100mm、125mm、136mm、160mm、200mm、250mm 等六种。

铣削一般长方体工件的平面、斜面、台阶或轴类工件的键槽时，都可以用平口钳来进行装夹，用平口钳装夹工

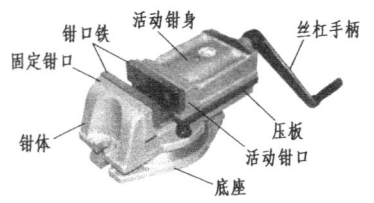

图 5-16　平口钳

件时通常以平口钳固定钳口面或以钳体导轨平面作为定位基准，装夹时将工件的基准面靠向固定钳口或钳体导轨。对于毛坯零件，为了防止夹伤平口钳的钳口，在装夹时应在钳口上垫铜皮，如图5-17（a）所示。为了使工件余量高出钳口，并使基准面紧贴固定钳口，装夹时还应在工件下加垫适当高度的平行垫铁，并在活动钳口与工件间放置一圆棒，如图5-17（b）所示。为了使工件基准面与导轨面平行，工件夹紧后，可用铝棒或紫铜棒轻击工件上平面，并用手试移垫铁。当垫铁不再松动时，表明垫铁与工件，同时垫铁与水平导轨面三者密合较好，如图5-17（c）所示。

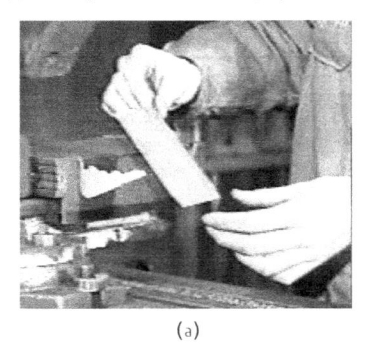

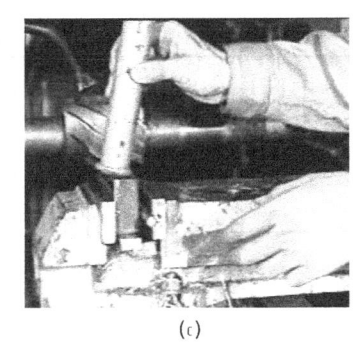

图5-17 用平口钳装夹工件

用平口钳装夹工件时应特别注意以下几点：

① 安装工件时，应将各接合面擦净；
② 工件的装夹高度，以铣削时铣刀不接触钳口上平面为宜；
③ 工件的装夹位置，应尽量使平口钳钳口受力均匀。必要时，可以加垫块进行平衡；
④ 用平行垫铁装夹工件时，所选垫铁的平面度、平行度和垂直度应符合要求，且垫铁表面应具有一定硬度。

2. 用压板装夹工件

外形尺寸较大或不便用平口钳装夹的工件，常用压板将其压紧在铣床工作台台面上进行装夹。使用压板夹紧工件时，应选择两块以上的压板。压板的一端搭在垫铁上，另一端搭在工件上。垫铁的高度应等于或略高于工件被压紧部位的高度。T形螺栓略接近于工件位置。在螺母与压板之间必须加垫垫圈，如图5-18所示。

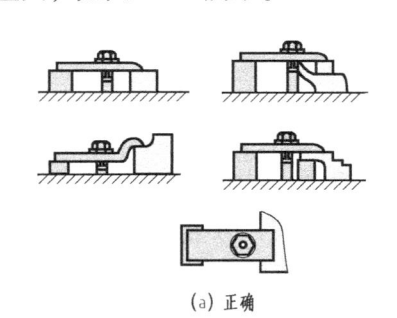

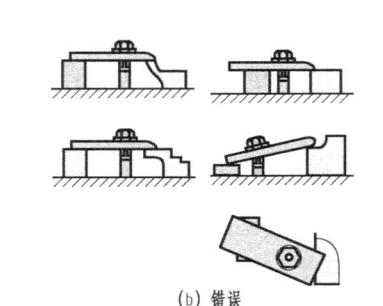

图5-18 用压板装夹工件

用压板装夹工件时应注意：

① 在铣床工作台面上，不允许拖拉表面粗糙的工件。夹紧时，应在毛坯件与工作台面

间衬垫铜皮，以免损伤工作台表面。

② 用压板在工件已加工表面上夹紧时，应在工件与压板间衬垫铜皮，避免损伤工件已加工表面。

③ 正确选择压板在工件上的夹紧位置，使其尽量靠近加工区域，并处于工件刚性最好的位置。若夹紧部位有悬空现象，应将工件垫实。

④ 螺栓要拧紧，尽量不使用活扳手，以防滑脱伤人。

3. 用分度头装夹工件

万能分度头是铣床的精密附件之一，它们用来在铣床及其他机床上装夹工件，以满足不同工件的装夹要求，并可对工件进行圆周等分、角度分度、直线移距分度和通过配换齿轮与工作台纵向丝杠连接加工螺旋线、等速凸轮等，从而扩大了铣床的加工范围，如图 5-19 所示。

(a) 安装挂轮　　(b) 铣削螺旋齿槽　　(c) 铣削凸轮

图 5-19　利用分度头在铣床上挂轮加工螺旋槽和等速凸轮

（1）万能分度头及构造

万能分度头规格通常用夹持工件的最大直径表示，常用的规格有：160mm，200mm，250mm，320mm 等，分度头的中心高度是最大夹持直径的 1/2。中心高度是用分度头划线、校正常用的一个重要依据。

其中 FW250 型分度头是铣床上应用最普遍的一种万能分度头。通常万能分度头还配有三爪卡盘、尾座、顶尖、拨盘、鸡心夹、挂轮轴、挂轮架及配换齿轮等附件，如图 5-20 所示。

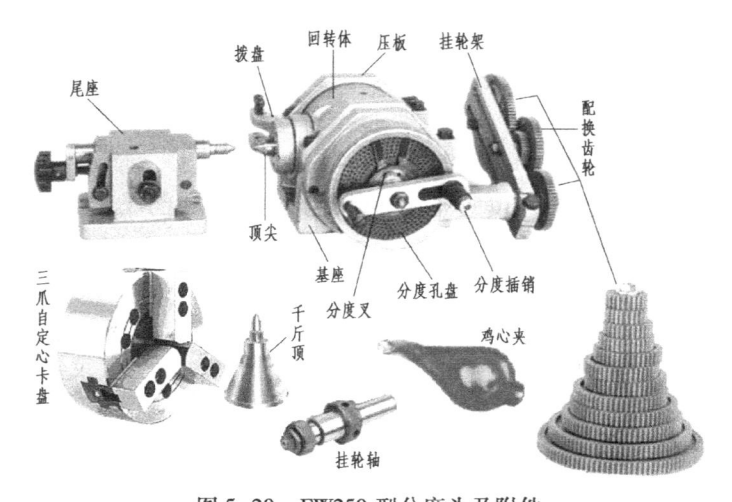

图 5-20　FW250 型分度头及附件

生产中，万能分度头最常用的分度方法就是简单分度法。在万能分度头进行简单分度时，先将分度孔盘固定，转动分度手柄使蜗杆带动蜗轮转动，从而带动主轴和工件转过一定的转（度）数。

通过分度叉的计数作用，很容易使分度手柄相对分度盘转过相应的孔圈数，分度时应将分度叉 1 和 2 之间调整成需要转过的孔距数（比需要转过的孔数多一个孔），以免分度时摇错手柄，见图 5-21。FW250 型分度头的分度盘孔圈数见表 5-11。

表 5-11　FW250 型分度盘孔圈孔数及配换齿轮表

分度头形式	分度盘孔圈孔数及配换齿轮齿数	
带一块分度盘	正面：24、25、28、30、34、37、38、39、41、42、43	
	反面：46、47、49、51、53、54、57、58、59、62、66	
带两块分度盘	第一块	正面：24、25、28、30、34、37　反面：38、39、41、42、43
	第二块	正面：46、47、49、51、53、54　反面：57、58、59、62、66

由图 5-22 所示的万能分度头传动系统可知，分度手柄转过 40r，分度头的主轴转过 1r，即传动比为 40:1，"40" 称为分度头的定数。各种常用分度头（FK 型数控分度头除外）都采用这一定数。由此可知，简单分度时分度手柄的转数 n 与工件等分数 z 之间的关系如下：

$$n = \frac{40}{z} \text{ (r)} \tag{5-4}$$

若改为角度分度，则分度手柄的转数 n 与工件转过角度 θ 间的关系为：

$$n = \frac{\theta°}{9°} \quad \text{或} \quad n = \frac{\theta'}{540'} \tag{5-5}$$

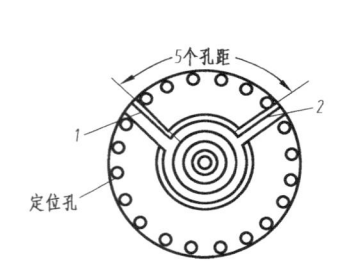

图 5-21　分度盘与分度叉

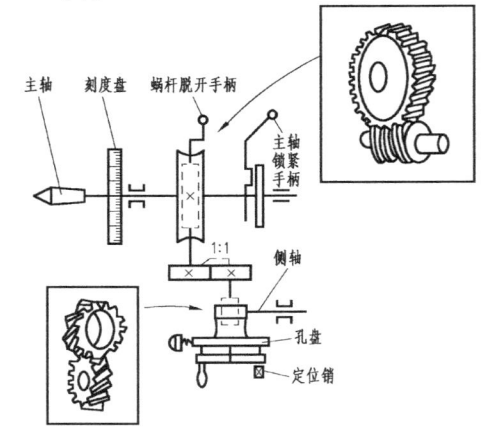

图 5-22　万能分度头传动系统

（2）用分度头装夹工件的方法

根据零件的形状不同，零件在分度头上的装夹方法也不同。其方法包括：用自定心三爪卡盘装夹工件、用两顶尖装夹工件、用一夹一顶装夹工件和用心轴装夹工件等多种方式，如图 5-23 所示。

（3）分度计算实例

例 5-1　用 FW250 型分度头装夹铣削一 16 个等分齿的铣刀，试求每铣完一齿，分度头手柄应转的孔圈数。

解：以 z = 16 代入式（5-4）得：

$$n = \frac{40}{z} = \frac{40}{16} = 2\frac{1}{2} = 2\frac{33}{66} \text{ (r)}$$

(a) 用三爪卡盘及心轴装夹工作

(b) 用心轴两顶尖装夹工作

(c) 用心轴三夹一顶装夹工作

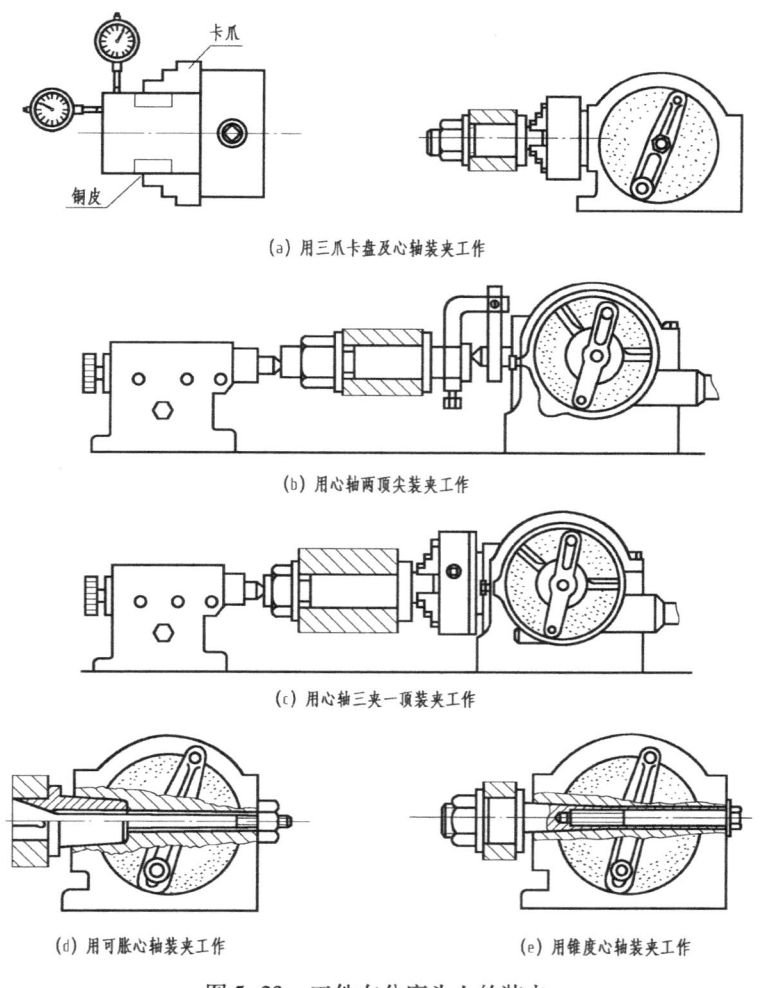

(d) 用可胀心轴装夹工作

(e) 用锥度心轴装夹工作

图 5-23　工件在分度头上的装夹

答：每铣削完一齿后，分度头手柄应在 66 孔圈上转过 2 圈又 33 个孔距。

例 5-2　在一圆柱形工件圆周上要铣削两条直槽，两槽所夹圆心角 $\theta = 32°$，求铣好一槽后再另一槽时，分度头手柄应转过的孔圈数。

解：将 $\theta = 32°$ 代入式（5-5）得：

$$n = \frac{\theta}{9} = \frac{32}{9} = 3\frac{5}{9} = 3\frac{30}{54} \ (\text{r})$$

答：铣削完一条槽后，分度头手柄应在 54 孔圈上转过 3 圈又 30 个孔距。

5.3　铣工实训

5.3.1　实训内容

（1）熟悉机床。
（2）平面的铣削。

(3) 在卧式铣床上铣削窄小平面。
(4) 在立式铣床端铣大平面。
(5) 在立式铣床上铣削直角台阶面。
(6) 在立式铣床上铣削键槽。
(7) 在立式铣床上铣削正六方体。
(8) 在卧式铣床铣削花键轴。
(9) 在立式铣床上加工盲孔。
(10) 综合件铣削。
(11) 考核。

5.3.2 熟悉机床

在开始铣削操作练习前，首先要熟悉《铣床操作规程》的相关内容，养成安全文明生产的良好习惯。

《铣床安全操作规程》

开始生产之前，应对机床进行以下检查工作：
(1) 各手柄的位置是否正常；
(2) 手摇进给手柄，检查进给运动和进给方向是否正常；
(3) 各机动进给的限位挡铁是否在限位范围内，是否紧牢；
(4) 进行机床主轴和进给系统的变速检查，检查主轴和工作台由低速到高速运动是否正常；
(5) 开动机床使主轴回转，检查油窗是否甩油；
(6) 各项检查完毕，若无异常，对机床各部位注油润滑；
(7) 不准戴手套操作机床；
(8) 装卸工件、刀具，变换转数和进给速度，测量工件，配置交换齿轮，必须在停车状态进行；
(9) 铣削时严禁离开岗位，不准做与操作内容无关的事情；
(10) 工作台机动进给时，应脱开手动进给离合器，以防手柄随轴转动伤人；
(11) 不准两个进给方向同时启动机动进给；
(12) 高速铣削或刃磨刀具时，必须戴好防护眼镜；
(13) 切削过程中不准测量工件，不准用手触摸工件；
(14) 操作中出现异常现象应及时停车检查，出现故障、事故应立即切断电源，第一时间上报，请专业人员检修。未经修复，不得使用；
(15) 机床不使用时，各手柄应置于空挡位置；各方向进给的紧固手柄应松开；工作台应处于各方向进给的中间位置；导轨面应适当涂抹润滑油。

1. 熟悉机床各手柄及手动操作

要掌握铣床的操作，先要了解各手柄的名称、工作位置及作用，并熟悉它们的使用方法的操作步骤。图 5-24 所示即 X6132 铣床的各手柄。在工作台纵向、横向和升降的手动操纵练习前，应先关闭机床电源并检查各向紧固手柄是否松开（图 5-25），再分别进行各向进给的手动练习。

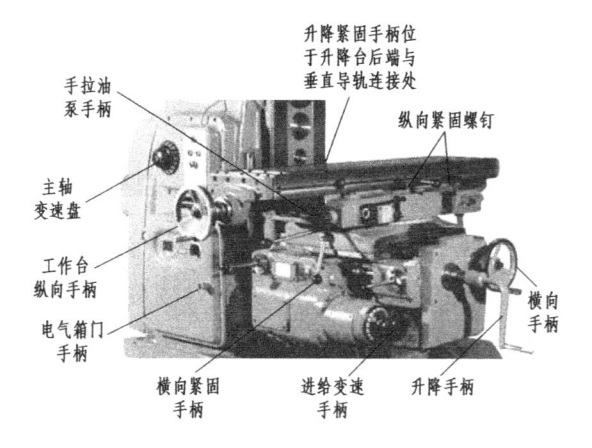

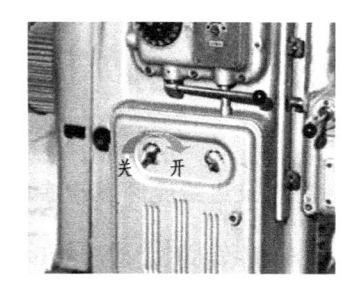

图 5-24　X6132 型铣床手动手柄及电气箱

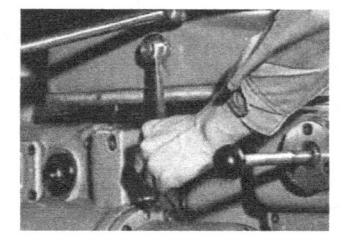

(a) 逆时针松开纵向紧固螺钉　　(b) 向里推，松开横向紧固手柄　　(c) 向外拉，松开升降紧固手柄

图 5-25　松开各向紧固手柄的方法

将某一方向手动操作手柄（图 5-26）插入，接通该方向手动进给离合器。摇动进给手柄，就能带动工作台作相应方向上的手动进给运动。顺时针摇动手柄，可使工作台前进（或上升）；若逆时针摇动手柄，则工作位置和作用台后退（或下降）。

(a) 纵向进给　　(b) 横向进给　　(c) 升降进给

图 5-26　进给操纵

练习时，先进行工作台在各个方向的手动匀速进给练习，再进行定距移动练习。定距移动练习使工作台在纵向、横向和垂直方向移动规定的格数、规定的距离，并能消除因丝杠间隙形成的空行程对工作台移动的影响。

纵向、横向刻度盘的圆周刻线为 120 格，每摇一转，工作台移动 6mm，所以每摇过一格，工作台移动 0.05mm（图 5-27）；垂直方向刻度盘的圆周刻线为 40 格，每摇一转，工作台移动 2mm，因此，每摇过一格，工作台升（降）也是 0.05mm。

在进行移动规定距离的操作时，若手柄摇过了刻度，不能直接摇回。必须将其退回半转以上消除间隙后，再重新摇到要求的刻度位置。另外，不使用手动进给时，必须将各向手柄与离合器脱开，以免机动进给时旋转伤人。

图 5-27 纵向、横向刻度盘及升降刻度盘

2. 主轴及进给变速操作练习

变换主轴转速时，必须先接通电源，停车后再按图 5-28 所示的步骤进行。

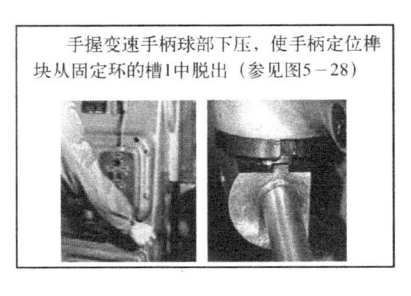

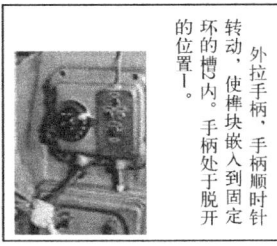

手握变速手柄球部下压，使手柄定位榫块从固定环的槽1中脱出（参见图5-28）

外拉手柄，手柄顺时针转动，使榫块嵌入到固定环的槽I内。手柄处于脱开的位置I

主轴变速操作完毕，按下启动按钮（前面与左侧各有一套控制按钮），主轴即按选定转速回转。检查油窗是否甩油。由于电动机启动电流很大，连续变速不应超过3次，否则易烧毁电动机电路，若必须变速，中间的间隔时间应不少于5min。

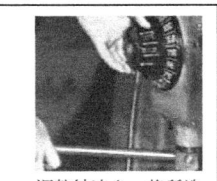

调整转速盘，将所选择的转数对准指针

下压手柄，并快速推至位置II，即可接合手柄。此时，冲动开关瞬时接通，电动机转动，带动变速齿轮转动，使齿轮啮合。随后，手柄继续向右至位置III，并将其榫块送入固定环的槽1内复位。电动机失电。主轴箱内齿轮停止转动。

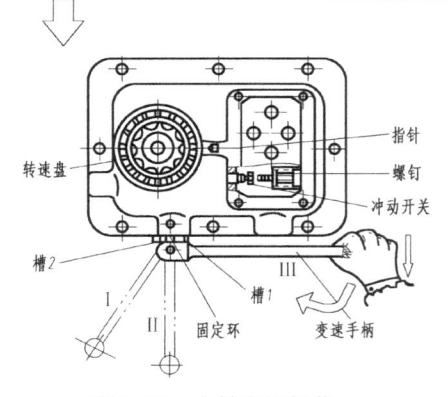

图 5-28 主轴变速操作

铣床上的进给变速操作需在停止自动进给的情况下，操作步骤如下（图5-29）：

（1）向外拉出进给变速手柄。

（2）转动进给变速手柄，带动进给速度盘转动。将进给速度盘上选择好的进给速度值对准指针位置。

将变速手柄推回原位，即完成进给变速操作。

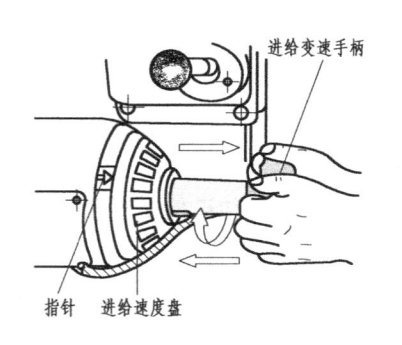

图5-29　进给变速操作

具体练习完成以下操作内容：

将主轴转速分别变换为：30r/min、300r/min和1500r/min。

将进给速度分别变换为23.5mm/min 、300mm/min、1180/min。

3. 工作台纵向、横向和升降的机动进给操纵练习

由图5-30可知，X6132铣床在各个方向的机动进给手柄都有两副，是联动的复式操纵机构，使操作更加便利。进行机动进给练习前，应先检查各手动手柄是否与离合器脱开（特别是升降手柄），以免手柄转动伤人。

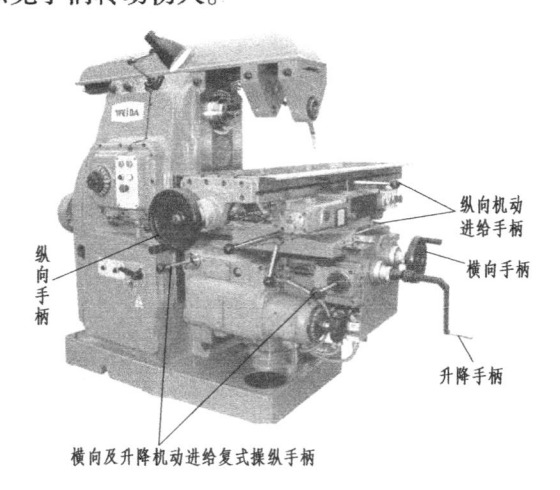

图5-30　X6132型铣床的操纵手柄

打开电源开关将进给速度变换为118mm/min，按下面步骤进行各向自动进给练习：

检查各挡块是否安全牢固。三个进给方向的安全工作范围，各由两块限位挡铁实现安全限位，不得将其随意拆除。

机动进给手柄的设置，使操作非常形象化。当机动进给手柄与进给方向处于垂直状态

图 5-31　检查各挡块位置

时，机动进给是停止的。若机动进给手柄处于倾斜状态时，机动进给被接通。在主轴转动时，手柄向哪个方向倾斜，即向哪个方向进行机动进给；如果同时按下快速移动按钮，工作台即向该进给方向进行快速移动。如图 5-32 所示，纵向机动进给手柄有三个位置，即"向左进给"、"向右进给"和"停止"。

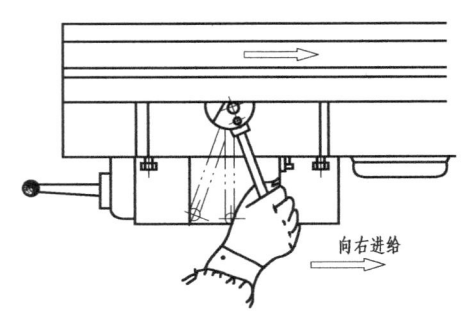

图 5-32　纵向机动进给手柄

如图 5-33 所示，横向和垂直方向机动进给手柄有五个位置，即"向里进给"、"向外进给"、"向上进给"、"向下进给"和"停止"。

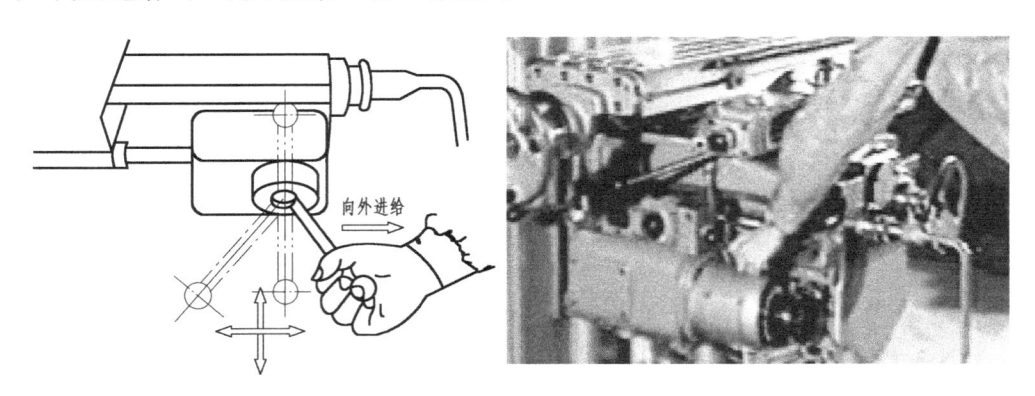

图 5-33　横向和垂直方向机动进给手柄

4. 铣刀装卸练习

（1）装卸带孔的铣刀

圆柱铣刀、三面刃铣刀、锯片铣刀等带孔铣刀是借助于普通铣刀杆安装在铣床的主轴上的。安装带孔铣刀的步骤见表 5-12。

表 5-12 带孔铣刀的安装步骤

步骤 1：	步骤 2：
擦净铣刀杆、垫圈和铣刀。确定铣刀在铣刀杆上的位置	将垫圈和铣刀装入铣刀杆，并用适当分布的垫圈确定铣刀在铣刀杆上的位置。用手旋入紧刀螺母
步骤 3：	步骤 4：
擦净挂架轴承孔和铣刀杆的支承轴颈，将挂架装在横梁导轨上。注入适量的润滑油	适当调整挂架轴承孔与铣刀杆支承轴颈的间隙
步骤 5：	步骤 6：
用扳手将挂架紧固	将铣床主轴锁紧，然后用扳手将铣刀杆紧刀螺母旋紧，使铣刀被夹紧在铣刀杆上

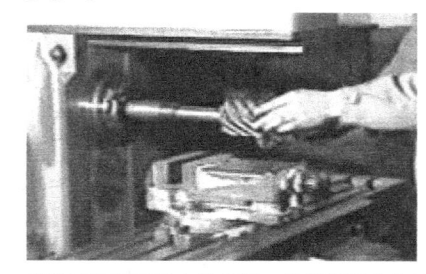

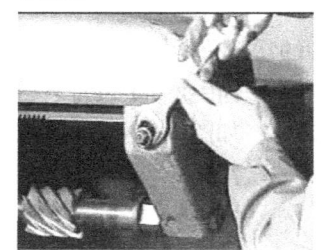

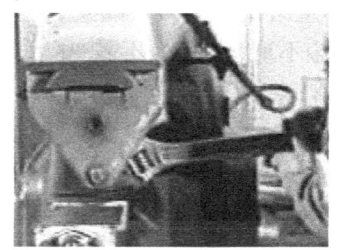

带孔铣刀拆卸的方法与安装时恰好相反：

① 将铣床主轴转数调整到最低，或将主轴锁紧；

② 用扳手反向旋转铣刀杆上的紧刀螺母，松开铣刀；

③ 将挂架轴承间隙调大，然后松开并取下挂架；

④ 旋下紧刀螺母，取下垫圈和铣刀；

⑤ 用扳手松开拉紧螺杆上的背紧螺母，再将其旋出一周。用锤子轻轻敲击拉紧螺杆的端部，使铣刀杆锥柄从主轴锥孔中松脱；

⑥ 右手握铣刀杆，左手旋出拉紧螺杆，取下铣刀杆，将铣刀杆擦净、涂油，然后将长刀杆垂直放置在专用的支架上。

（2）安装套式端铣刀练习

套式端铣刀有内孔带键槽和端面带槽的两种结构形式。安装时分别采用带纵键的铣刀杆和带端键的铣刀杆，铣刀杆的安装方法与前面相同。

安装铣刀时，先擦净铣刀内孔、端面和铣刀杆圆柱面，按下面所示方法进行安装：

内孔带键槽铣刀，将铣刀内孔的键槽对准铣刀杆上的键并装入铣刀，然后旋入紧刀螺钉，用叉形扳手将铣刀紧固，如图5-34所示。

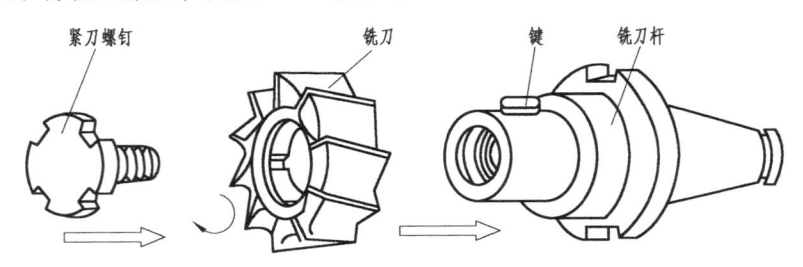

图 5-34　内孔带键槽套式端铣刀的安装

若是端面带槽铣刀，则将铣刀端面上的槽对准铣刀杆上凸缘端面上的凸键，装入铣刀。然后旋入紧刀螺钉，用叉形扳手将铣刀紧固，如图5-35所示。

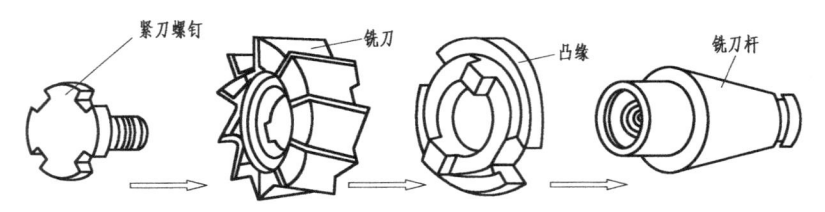

图 5-35　端面带槽套式端铣刀的安装

（3）机夹式不重磨铣刀的刀片的安装练习

机夹式硬质合金不重磨铣刀，不需要操作者刃磨，若铣削中刀片的切削刃用钝了，只要用内六角扳手旋松双头螺钉，就可以松开刀片夹紧块。取出刀片，把用钝的刀片转换一个位置（等多边形刀片的每一个切削刃都用钝后，更换新刀片），然后将刀片紧固即可，如图5-36所示。

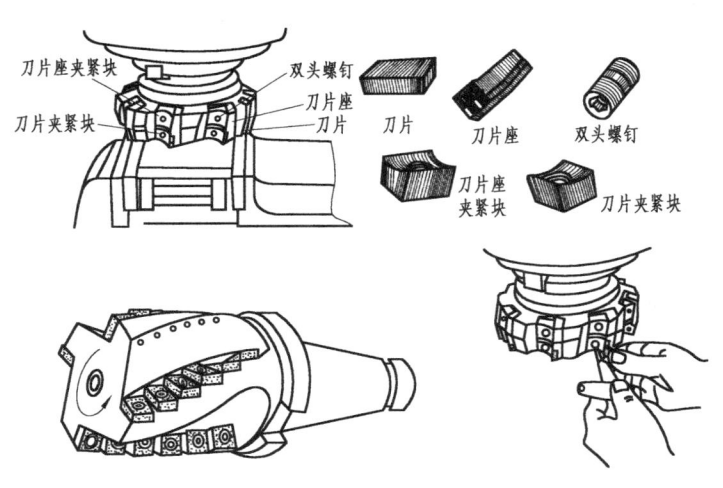

图 5-36　硬质合金不重磨刀片的安装

使用硬质合金不重磨铣刀，要求机床、夹具的刚性好，机床功率大，工件装夹牢固，刀片牌号与加工工件的材料相适应，刀片用钝后要及时更换。

（4）带柄铣刀的安装练习

带柄铣刀有锥柄和直柄两种。直柄铣刀的柄部为圆柱形。锥柄铣刀的柄部一般采用莫氏锥度，有莫氏1号、2号、3号、4号、5号五种。

（5）锥柄铣刀的装卸

① 柄部锥度与主轴孔锥度相同铣刀的装卸

擦净铣刀，将锥柄直接放入主轴锥孔中。然后旋入拉紧螺杆，用专用的拉杆扳手将其旋紧即可，如图5-37所示。

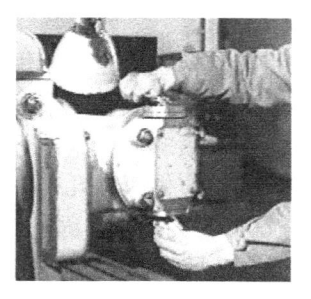

图5-37　锥柄铣刀的安装

在万能铣头上拆卸锥柄铣刀时，先将主轴转数降到最低或将主轴锁紧，然后用拉杆扳手旋松拉紧螺杆，继续旋转拉紧螺杆，在背帽限位的情形下，利用拉杆向下的推力直接退下铣刀，如图5-38所示。

② 柄部锥度与主轴孔锥度不同铣刀的安装

当铣刀柄部的锥度与铣床主轴锥孔的锥度不同时，需要借助中间锥套安装铣刀。中间锥套的外圆锥度与铣床主轴锥孔相同，而内孔锥度与铣刀锥柄锥度一致。安装时，先将铣刀插入中间锥套，然后将中间锥套连同铣刀一起放入主轴锥孔，旋紧拉紧螺杆，紧固铣刀，如图5-39所示。卸刀时应连同中间套一并卸下。若铣刀落入中间套内，可用短螺丝杆旋入几圈后，用锤子敲下铣刀，如图5-40所示。

（6）直柄铣刀的安装

直柄铣刀一般用专用夹头刀杆，通过钻夹头或弹簧夹头安装在主轴锥孔内，如图5-41所示。

用弹簧夹头安装直柄铣刀时，应按铣刀柄直径选择相同尺寸的装夹卡簧的内径。将铣刀柄插入到卡簧内，再一起装入弹簧夹头的孔内，用扳手将夹头锁紧螺帽旋紧，即可将铣刀紧固；用钻夹头装夹时，将直柄铣刀直接插入钻夹头内，用其专用扳手将铣刀旋紧即可。

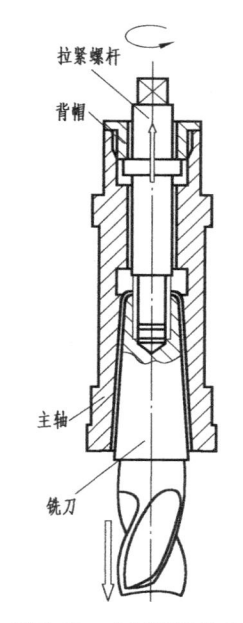

图5-38　在万能铣头上拆卸立铣刀

图5-39　锥柄铣刀的装卸　　　　图5-40　锥柄铣刀的装卸

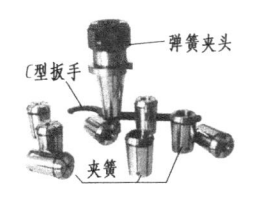

图 5-41　直柄铣刀的安装卸

另外，目前锥柄铣刀也可用快速安装刀杆安装。方法与弹簧夹头的安装基本相同，先将锥柄铣刀装在相应的过渡套内用短螺栓拉紧，然后插入快速安装刀杆的锥孔内，再用 C 型扳手将刀杆端面锁紧螺帽旋紧即可。

铣刀安装后，应做以下几个方面的检查：

① 检查铣刀装夹是否牢固。

② 检查挂架轴承孔与铣刀杆支承轴颈的配合间隙是否合适。间隙过大，铣削时会发生振动；间隙过小，则铣削时挂架轴承会发热。

③ 检查铣刀回转方向是否正确。铣刀应向着刀齿前面的方向回转。

④ 检查铣刀刀齿的径向圆跳动和端面圆跳动，一般不超过 0.06mm。

（7）为铣床润滑

机油是机床的"血液"。没有了机油的冷却、润滑，机床内部的零件就无法正常工作，机床的精度和寿命都有会受到很大的影响，所以为铣床润滑是我们每班必做的一项重要工作，下面我们来学习为铣床润滑的内容和方法。

① 机床开动后，应检查各油窗是否甩油，铣床的主轴变速箱和进给变速箱均采用自动润滑，即可在流油指示器（油窗或油标）显示润滑情况。若油位显示缺油，应立即加油。班前、班后采用手拉油泵对工作台纵向丝杠和螺母、导轨面、横向溜板导轨等注油润滑，如图 5-42 所示。

图 5-42　手拉油泵润滑

② 工作结束后，擦净机床然后对工作台纵向丝杠两端轴承、垂直导轨面、挂架轴承等采用油枪注油润滑，如图 5-43 所示。

图 5-43　油枪注油润滑

5.3.3 平面的铣削

实训任务：在卧式铣床和立式铣床上，分别用圆柱铣刀和端铣刀完成下图中表面 1 和表面 2 的铣削。

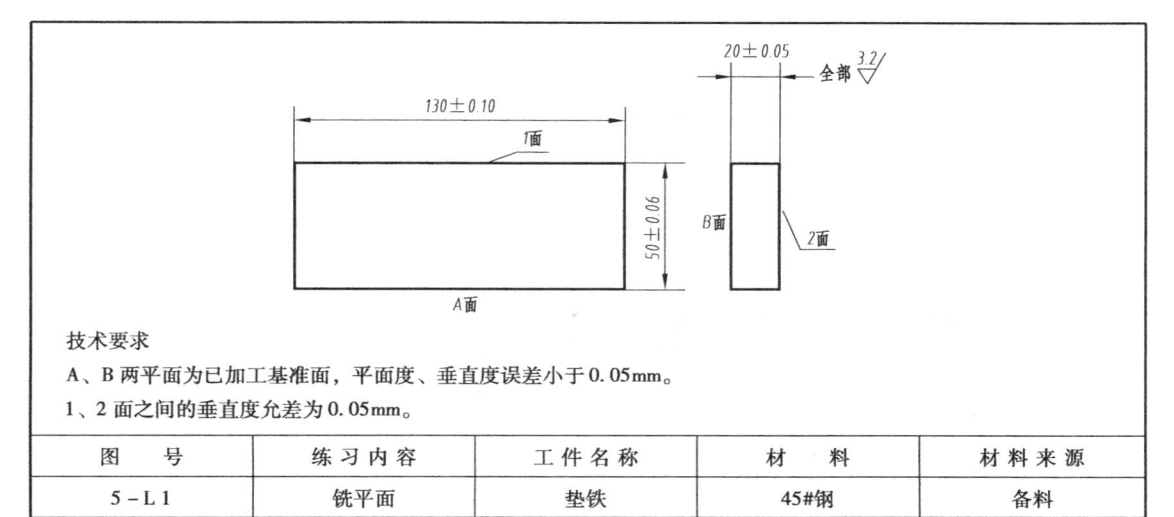

技术要求

A、B 两平面为已加工基准面，平面度、垂直度误差小于 0.05mm。

1、2 面之间的垂直度允差为 0.05mm。

图　号	练习内容	工件名称	材　　料	材料来源
5－L1	铣平面	垫铁	45#钢	备料

铣削垫铁工、量具清单

工　具　单	图　号	零件名称	机　床
	5－L1	垫铁	立式铣床
序　号	工、量具名称	规　格	数　量
1	立铣刀	φ20	1
2	游标卡尺	0～150mm（0.02mm）	1
3	90°角尺	125×80（0级）	1
4	塞尺	0.02～0.50mm	1
5	高度游标卡尺	0～300mm	1

铣削垫铁评分表

序号	考核要求	配分 T/Ra	评分标准 ≤T ≯2Ra	>Ra ≯2T	>T Ra	>T >Ra	>2T 或 >2 Ra	检测方法
1	50±0.06 Ra3.2	20/4	20	4		0		游标卡尺
2	130±0.10 Ra3.2	20/4	20	4		0		游标卡尺
3	20±0.05 Ra3.2	20/4	20	4		0		游标卡尺
4	A、B 平面度	14	14	0		0		游标卡尺
5	⊥ 0.01 A（两外）	14	14	0		0		直角尺、塞尺
6	外观		毛刺、损伤、畸形等到扣 1～5 分					
7	安全文明生产		有不文明行为者，酌情扣 1～5 分，严重者扣 10 分					
	合计	100	得分					

（1）在卧式铣床上铣削窄长平面

铣平面是铣工最常见的工作，既可以在卧式铣床上铣平面，也可以在立式铣床上进行铣削（图5-44）。平面质量的好坏，主要从它的平整程度和表面的粗糙度两个方面来衡量。分别用平面度和表面粗糙度来考核。

平面的铣削方法分为周铣和端铣。采用周铣时，可一次铣削比较深的切削层余量（a_e），但受铣刀长度限制，不能切削太宽的宽度（a_p）切削效率较低；端铣平面时，可以通过选取大直径的端铣刀来满足较宽的切削层宽度（a_e），但切削层深度（a_p）较小，一般取3~5mm。

余量较大或表面粗糙度值要求高时，可分粗铣和精铣两步完成。粗铣主要目的是去除加工余量，若条件允许可一次完成，只保留0.5~1mm的精铣余量；精铣是为了保证工件最后的尺寸精度和表面粗糙度。

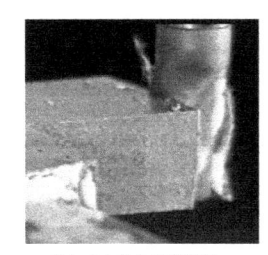

(a) 在卧铣上周铣平面　　(b) 在立铣上周铣平面　　(c) 在立铣上端铣平面

图5-44　平面的铣削

尽管端铣平面与周铣平面相比有着诸多优点，但端铣多采用高速铣削。由于本任务为初始铣削操作练习，为了使大家容易掌握，现拟采用在X6132卧式万能铣床上用周铣加工工件上的窄长平面1。其加方法如下：

选取63×63×27的高速钢圆柱铣刀，安装好铣刀后擦拭干净固定钳口和工件的定位基准面，将工件的基准面紧贴固定钳口，并加垫一宽度小于20mm的平行垫铁，使工件要铣去的部分平行高出钳口。由于该工件窄而长，故采用平口钳装夹时，应保证钳口的方向与工作台纵向进给方向平行，如图5-44（a）所示。

装夹好工件后，即可按图5-45所示步骤对平面1进行对刀铣削：

让铣刀轻轻擦到工件表面后，纵向退出后并根据余量将工作台上升至规定尺寸，先手动使铣刀慢慢切入工件，再采用$n=95$r/min和$v_f=95$mm/min机动进给，以逆铣的方式铣出该平面。

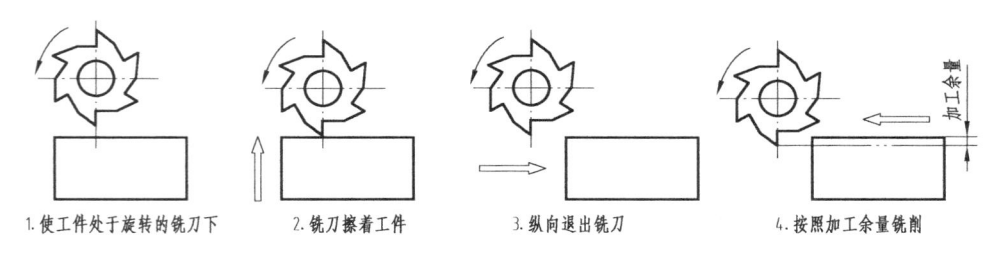

1.使工件处于旋转的铣刀下　　2.铣刀擦着工件　　3.纵向退出铣刀　　4.按照加工余量铣削

图5-45　对刀步骤

加工完毕，先停车再退出工件；检测加工平面的平面度及工件尺寸，合格后卸下工件并锉修毛刺。擦净该表面，准备以该平面为基准面加工与其垂直的相邻表面2。

另外铣削时还应注意：
- 用平口钳装夹工件后，应先取下平口钳扳手方能进行铣削。
- 铣削时应紧固不使用的进给机构，工作完毕再松开。
- 铣削中不准用手触摸工件和铣刀，不准测量工件，不准变换主轴转数。
- 铣削中不准任意停止铣刀旋转和自动进给，以免损坏刀具、啃伤工件。若必须停止时，则应先降落工作台，使铣刀与工件脱离接触方可停止操作。
- 每铣削完一个平面，都要将毛刺锉去，而且不能伤及工件的已加工表面。

（2）在立式铣床上用端铣刀铣削较大平面

平面1铣好后，在X5032铣床上仍以平口钳装夹工件，以平面1为基准贴向固定钳口；由于工件厚度小于平口钳钳口高度，所以装夹时在工件与平口钳钳体导轨面之间垫两块厚度相等的平行垫铁（或只垫一块垫铁，但垫铁的厚度必须小于工件的宽度50mm），以使工件上表面2的加工余量部分略高出钳口，如图5-46所示。

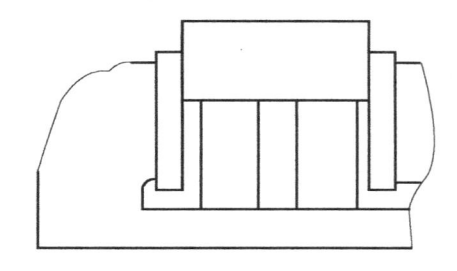

图5-46 端铣平面的装夹

工件装夹好后，选取并安装好一把直径大于60mm的端铣刀，根据实际情况选择适当的主轴转数 n 和进给速度 v_f，开动主轴，按以下步骤进行铣削：

① 将工件调整到铣刀下方，慢慢上升工作台，当端铣刀的端面刃与工件表面2轻轻相切后，退出工件；

② 根据余量情况再将工作台上升一定尺寸铣出表面2；

③ 停车，检测尺寸合格后卸下工件。

完成5-L1工件的铣削后，用刀口尺检测面1和面2的平面度；用90°角尺检验面1与面2的垂直度；用百分表检测面1、面2与对面的平行度，如图5-47所示。

(a) 用刀口尺检测平面度　　(b) 用直角尺检测垂直度　　(c) 用百分表检测平行度

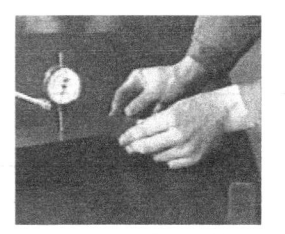

图5-47 平面度的检测

（3）平面铣削的其他典型实例

实际生产中加工的平面，往往都不是孤立存在的，它们与基准面之间存在着垂直、平行、倾斜等不同的位置关系。所以为了保证所加工工件的尺寸精度、位置精度，实际铣削平面时装夹现铣削的方法也是多种多样的。如对于薄而宽大的工件可选择在弯板（角铁）上装夹来进行铣削或直接装夹在工作台面上进行铣削；对于长而大的垂直面可利用定位垫铁定位在卧式铣床上采用端面铣削；另外，还可以利用专用夹具装夹工件进行铣削等，如图5-48所示。

利用弯板装夹，在卧式铣床上周铣窄长平面

在工作台面上装夹，在立式铣床上周铣窄长平面

在卧式铣床上用定位键定位，在工作台面上直接装夹，端铣平行平面

在卧式铣床上用靠铁定位，在工作台面上直接装夹，端铣垂直平面

利用工件上的台阶，在工作台面上直接装夹，铣削平行平面

利用专用夹具装夹，铣削倾斜平面

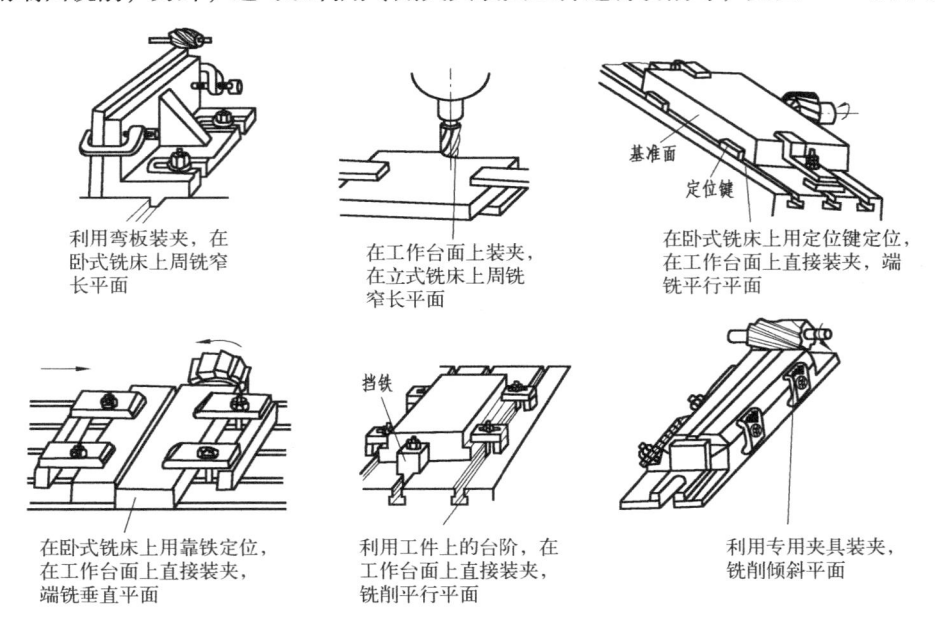

图5-48 铣削平面的其他方法

5.3.4 在立式铣床上铣削直角台阶面

实训任务：在立式铣床上完成下图所示台阶键上两个对称直角台阶面的铣削。

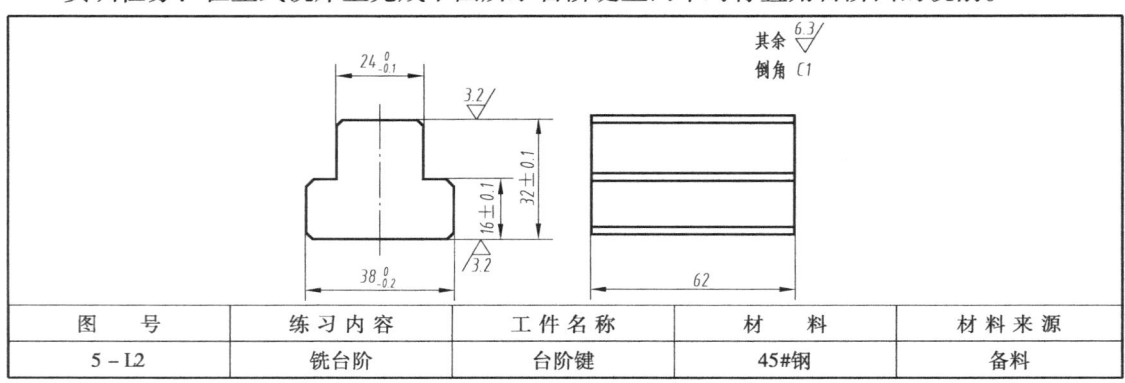

图　　号	练习内容	工件名称	材　　料	材料来源
5－L2	铣台阶	台阶键	45#钢	备料

铣削台阶键工、量具清单

工 具 单	图　　号	零件名称	机　　床
	5－L2	台阶键	立式铣床
序　　号	工、量具名称	规　　格	数　　量
1	立铣刀	φ18	1
2	游标卡尺	0～150mm（0.02mm）	1
3	杠杆百分表	0～0.8	1
4	表架		1
5	高度游标卡尺	0～300mm	1

第5章 铣削加工工艺

铣削台阶键评分表

序号	考核要求	配分 T/Ra	评分标准					检测方法
			≤T ≯2Ra	>Ra ≯2Ra	>T ≯2T	Ra	>T >Ra	>2T或 >2Ra	
1	32±0.1 Ra3.2	10/12	10		12		0	游标卡尺
2	24$_{-0.1}^{0}$ Ra6.3	18/8	18		8		0	游标卡尺
3	38$_{-0.2}^{0}$ Ra6.3	12/6	12		6		0	游标卡尺
4	16±0.1（两处） Ra6.3	30/6	15×2		6		0	游标卡尺
5	外观		毛刺、损伤、畸形等到扣1~5分					
6	安全文明生产		有不文明行为者，酌情扣1~5分，严重者扣10分					
	合计	100	得分					

图中所示台阶键主要由几个相互垂直和平行的平面组成。这些平面除了具有较好的平面度和较小的表面粗糙度值以外，由于台阶键通常要与T形槽相配合，所以必须具有较高的尺寸精度和位置精度。其中构成台阶的两个连接平面必需通过混合铣削的方式来完成加工，因此比单一的平面铣削更为复杂。在卧式铣床上铣台阶，通常采用三面刃铣刀进行铣削；在立式铣床上则可用端铣刀、立铣刀进行铣削，如图5-49所示。

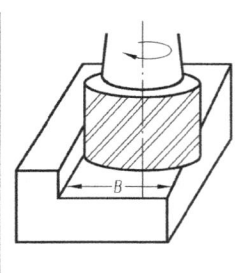

(a) 用三面刃铣刀铣削　　(b) 用立铣刀铣削　　(c) 用端铣刀铣削

图5-49 台阶面的铣削

在将工件安装到机床上之前，通常会在工件上划线，以表示出工件最终尺寸和形状的轮廓。加工前进行划线是因为参考面在加工时通常会被切掉。划线之后，我们可在工件需要切除的部分上标出的斜线表明，这将有助于识别出在有划线的一面进行切削，如图5-50（a）所示。装夹工件时，先将平口钳的固定钳口校正成与工作台纵向进给方向平行；在平口钳导轨上垫一块宽度小于32mm（工件宽度）的平行垫铁，使工件底面垫铁接触后高出钳口17mm左右，以免钳口被铣伤。将工件的侧面（基准面）靠向固定钳口，底面紧贴垫铁以保证与工作台面平行。装夹时在两侧钳口铁上垫铜皮，以防夹伤工件两侧面应使工件的侧面（基准面）靠向固定钳口面，如图5-50（b）所示。

用立铣刀在立式铣床上加工时由于立铣刀的刚性较差，铣削时的铣刀容易向不受力的一侧偏让而产生所谓的"让刀"现象，甚至造成铣刀折断。为此，一般采取分先粗铣再精铣，将台阶的宽度和深度精铣至要求（图5-51）。在条件许可的情形下，应选用直径较大的立铣刀铣台阶，以提高铣削效率。

由于该台阶键的两面台阶相互对称，铣好一侧检测尺寸合格后，可直接将工件调转180°重新装夹，再铣出其另一侧的台阶面即可。

(a) 划线　　　　　　　　　(b) 装夹

图 5-50　铣削台阶面时工件的划线与装夹

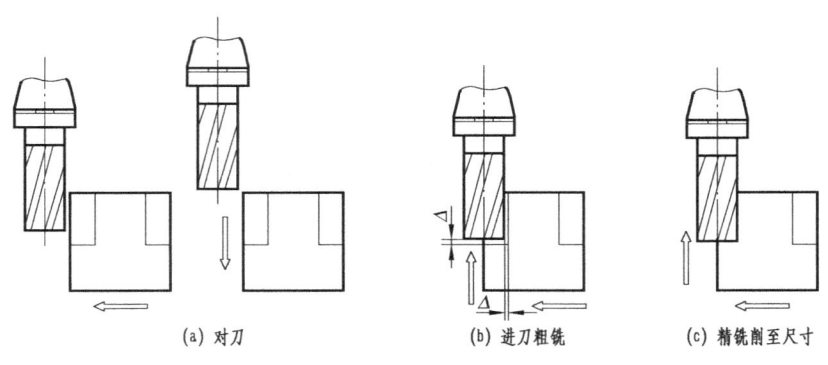

(a) 对刀　　　(b) 进刀粗铣　　　(c) 精铣削至尺寸

图 5-51　铣削台阶面的过程

5.3.5　在立式铣床上铣键槽

实训任务：铣削下图中台阶轴两端轴颈上的键槽。

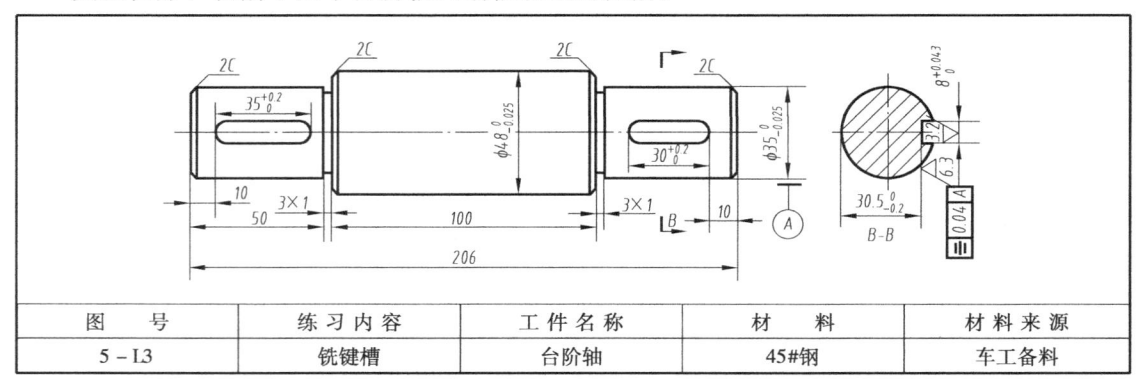

图　号	练习内容	工件名称	材　料	材料来源
5-L3	铣键槽	台阶轴	45#钢	车工备料

铣削键槽工、量具清单

工具单	图　号	零件名称	机　床
	5-L3	台阶轴	立式铣床
序　号	工、量具名称	规　格	数　量
1	键槽铣刀	$\phi 8$	1
2	游标卡尺	0~150mm（0.02mm）	1
3	杠杆百分表	0~0.8	1
4	表架		1
5	高度游标卡尺	0~300mm	1

铣削键槽评分表

序号	考核要求	配分 T/Ra	评分标准 ≤T	>Ra ≯2Ra	>T ≯2T	Ra	>T >Ra	>2T 或 >2Ra	检测方法
1	$8^{+0.043}_{\ 0}$（两处） $Ra3.2$（两处）	40/10	40			10		0	游标卡尺
2	$35^{+0.2}_{\ 0}$	10	10		0			0	游标卡尺
3	$30^{+0.2}_{\ 0}$	10	10		0			0	游标卡尺
4	对称度（两处）	30	30		0			0	杠杆百分表
5	外观		毛刺、损伤、畸形等到扣 1~5 分						
6	安全文明生产		有不文明行为者，酌情扣 1~5 分，严重者扣 10 分						
	合计	100	得分						

轴上用来安装平键的直角沟槽称为键槽，其两侧面的表面粗糙度值较小，都有极高的宽度尺寸精度要求和对称度要求。键槽有通槽、半通槽和封闭槽，如图 5-52 所示。通键槽大都用盘形铣刀铣削，封闭键槽多采用键槽铣刀铣削。而图中所示轴的两端轴颈上分别带有一个封闭键槽，根据图示情况可在立式铣床上采用键槽铣刀在一次安装中完成铣削。

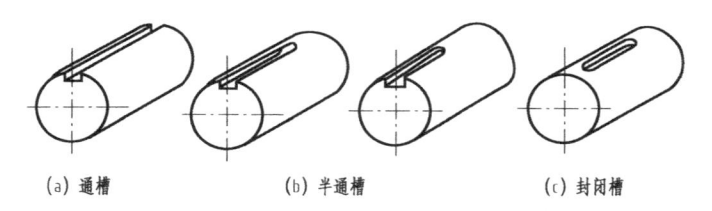

(a) 通槽　　(b) 半通槽　　(c) 封闭槽

图 5-52　轴上键槽的种类

轴类零件在铣床上不但要保证工件在加工中稳定可靠，还要保证工件的轴线位置不变，保证键槽的中心平面通过其轴线。工件常用的装夹方法有用平口钳、用 V 形垫铁、用分度头定中心装夹等（图 5-53）。

图 5-53　轴类零件的装夹方法

根据零件的结构特点，本课题零件在平口钳上安装较为方便。其方法是先安装平口钳，并将固定钳口校正成与工作台纵向进给方向一致。然后在平口钳的导轨上放置一宽度小于 40mm 适当高度的平行垫铁，校正并装夹工件。装夹时应注意用铜锤或木榔头将工件与垫铁敲实（图 5-54）。为防止夹伤工件，夹紧时可在两钳口与工件间垫铜皮。

工件安装好后，先在轴颈上贴一张厚度为 δ 的薄纸。将直径为 8mm 键槽铣刀逐渐靠向工件，当回转的铣刀刀刃擦掉薄纸后，垂直降下工作台，将工作台横向移动一个铣刀与轴颈半径之和再加上薄纸厚度的距离 $\left(A = \dfrac{D+d}{2} + \delta\right)$，将铣刀轴线对准工件的中心，如图 5-55 所示。

图 5-54　在平口钳上装夹工件

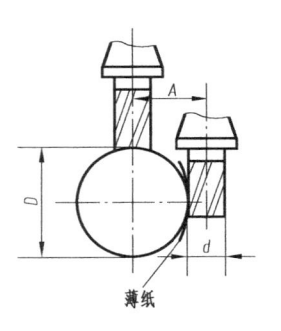

图 5-55　铣刀对中心

对好中心后，紧固横向工作台。采用分层铣削法进行铣削。即每次进刀时，铣削深度 a_p 约取 $0.5 \sim 1.0$mm，手动进给由轴槽的一端铣向另一端。然后再吃深，重复铣削。铣削时应注意轴槽两端要各留长度方向的余量 $0.2 \sim 0.5$mm。在逐次铣削达到轴槽深度后，最后铣去两端的余量，使其符合长度要求，如图 5-56 所示。

铣好一端轴颈的键槽后，降下工作台纵向移动将铣刀调整到另一端轴颈的铣削位置。用同样方法铣出另一键槽。检测合格后，卸下工件。

另外，对于较宽的键槽，为了提高加工精度也可采用扩刀法铣削。即先用直径比槽宽尺寸略小的铣刀先粗铣一刀，槽深留余量 $0.1 \sim 0.3$mm；槽长两端各留 $0.2 \sim 0.5$mm。再用符合轴槽宽度尺寸的键槽铣刀进行精铣。

键槽的宽度可用卡尺测量或用塞规、塞块来检验。键槽深度的检测可用千分尺直接测量。当槽宽较窄，千分尺无法直接测量时，可用量块配合游标卡尺或卡千分尺间接测量槽深，如图 5-57 所示。

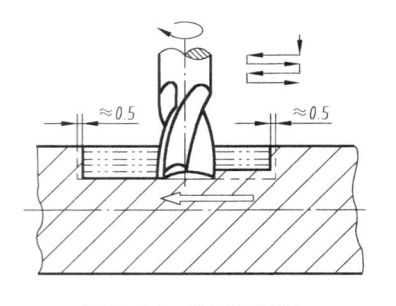

图 5-56　分层铣削法

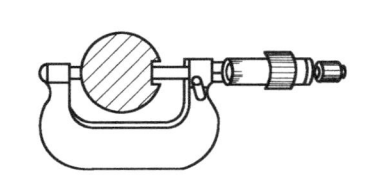

图 5-57　键槽深度的测量

5.3.6　在立式铣床上铣削正六方体

实训任务：在立式铣床上利用立铣刀的端面刃铣削下图中六方头螺钉端部的六方体。

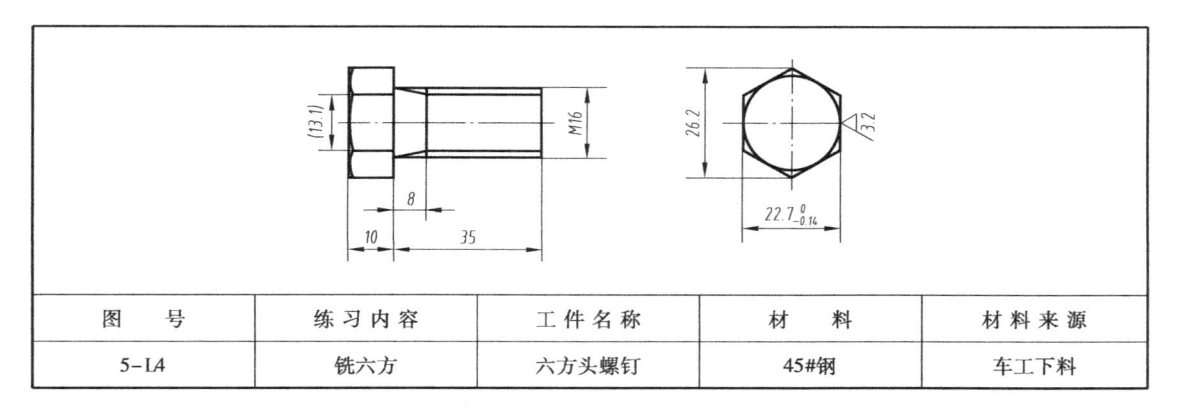

图 号	练习内容	工件名称	材 料	材料来源
5-I4	铣六方	六方头螺钉	45#钢	车工下料

铣削六方工、量具清单

工 具 单	图 号	零件名称	机 床
	5-I4	六方头螺钉	立式铣床
序 号	工、量具名称	规 格	数 量
1	立铣刀	φ20	1
2	游标卡尺	0~150mm（0.02mm）	1
3	万能量角器		1
4	高度游标卡尺	0~300mm	1

铣削六方头螺钉评分表

序号	考核要求	配 分 T/Ra	评分标准 ≤T	>Ra ≯2Ra	>T ≯2T	Ra	>T >Ra	>2T 或 >2Ra	检测方法
1	22.7 $_{-0.14}^{0}$（3处） Ra3.2（6处）	33/10	33	10		0			游标卡尺
2	120°（6处）	36	36	0		0		0	游标卡尺
3	对称度0.08（3处）	21	21	0		0		0	游标卡尺
4	外观		毛刺、损伤、畸形等到扣1~5分						
5	安全文明生产		有不文明行为者，酌情扣1~5分，严重者扣10分						
	合计	100	得分						

由于正多边形工件的各边都是沿其内（外）切圆的圆周均布的，所以其每边的铣削，实际上只是在一个圆柱体表面铣削一个平面，但这些平面的铣削沿圆周等分均布，具有重复性。所以一般将工件在万能分度头上安装、校正后，通过简单分度进行铣削。

在铣削图中所示的六方头这类短小的多边形工件时，一般在立铣床上采用分度头上的三爪自定心卡盘水平装夹，用三面刃铣刀或立铣刀铣削，如图5-58所示。对工件的螺纹部分，要采用衬套或垫铜皮，以防夹伤螺纹。露出卡盘部分应尽量短些，防止铣削中工件松动。本课题现采用图5-58（b）所示的方法进行铣削。选择立铣刀长度应考虑卡盘能在立铣头下通过而不妨碍铣削，铣刀直径应大于螺钉头的厚度。

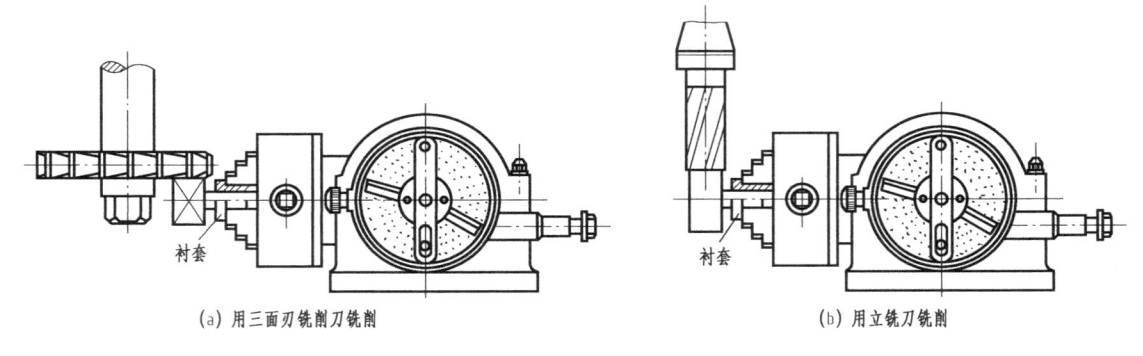

(a) 用三面刃铣刀铣削　　　　　　　　　　　(b) 用立铣刀铣削

图 5-58　铣削较短的多边形工件

另外在铣削较长的工件时，可用分度头配以尾座装夹，用立铣刀或端铣刀铣削，如图 5-59 所示。

图 5-59　铣削较长的多面体工件

铣削时，一般用擦刀法对刀，将铣刀端面与工件外圆上的素线轻轻相擦后，将工件横向退出，然后工作台上升一个距离 $e = \dfrac{D-d}{2} = \dfrac{26.2-22.7}{2} = 1.75$ mm。试铣一刀，检测合格后，依次分度铣削其他各边。

由简单分度公式得：$n = \dfrac{40}{z} = \dfrac{40}{6} = 6\dfrac{2}{3} = 6\dfrac{44}{66}$，即每铣削完一边，将分度头手柄在 66 孔圈上转过 6 圈又 44 孔距（两分度叉间为 45 孔），再铣削下一侧面。分度和铣削时应分别注意松开和锁紧分度头的主轴。

六面全部铣好后，停车、退出工作台再卸下工件，最后修锉去尖边、毛刺。

5.3.7　在卧式铣床上铣削花键轴

实训任务：用三面刃铣刀和锯片铣刀铣削下图中的花键轴。

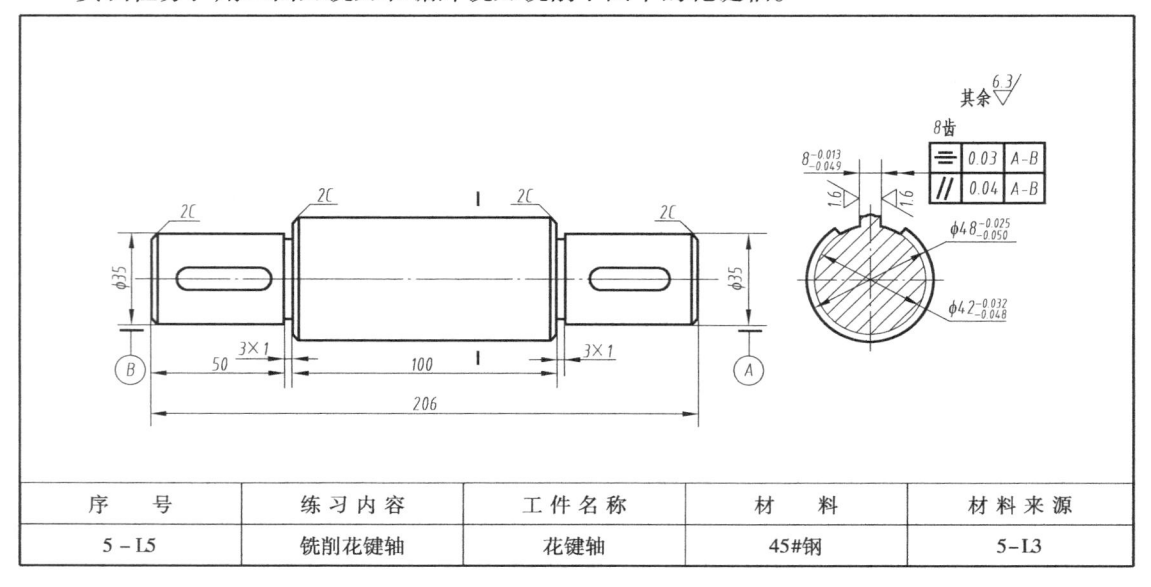

序　号	练习内容	工件名称	材　料	材料来源
5-L5	铣削花键轴	花键轴	45#钢	5-L3

铣削花键轴工、量具清单

工 具 单	图　　号	零件名称	机　　床
	5－L5	花键轴	卧式铣床
序　　号	工、量具名称	规　　格	数　　量
1	三面刃铣刀	$\phi 90 \times 12$	1
2	锯片铣刀	$\phi 80 \times 2.5$	1
3	千分尺	0～25mm（0.01mm）	1
4	杠杆百分表	0～0.8	1
5	表架		1
6	高度游标卡尺	0～300mm	1

铣削花键轴评分表

序号	考核要求	配分	评分标准					检测方法
		T/Ra	$\leq T$ $\geqslant Ra$	$>Ra$ $\not> 2Ra$	$>T$ $\not> 2T$	Ra	$>T$ $>Ra$	$>2T$ 或 $>2Ra$	
1	$8_{-0.049}^{-0.013}$（8处） $Ra1.6$（16处）	40/16	40		16		0		千分尺
2	$42_{-0.048}^{-0.032}$（4处）	12	12		0		0		千分尺
3	▱ 0.03 $A-B$ ∥ 0.04 $A-B$（8处）	32	32		0		0		游标卡尺
4	未列尺寸及 Ra		每超差一处，扣1分						游标卡尺
5	外观		毛刺、损伤、畸形等扣1～5分						
6	安全文明生产		有不文明行为者，酌情扣1～5分，严重者扣10分						
	合计	100	得分						

图中所示为一齿数为8的矩形齿花键轴。单件生产花键轴，通常在卧式铣床上采用三面刃铣刀和锯片铣刀进行加工。

铣削矩形齿花键轴的具体要求是：

① 花键的键宽 B、大径 D、小径 d 的尺寸精度符合要求；
② 花键轴的各键齿应等分于工件圆周；各键齿的键侧应平行且对称于工件轴线；
③ 各加工表面的表面粗糙度符合要求。

1. 铣花键时工件的装夹与校正

为了保证以上要求，铣削花键前对工件进行的装夹找正过程非常重要。其方法是先校正好分度头及其尾座，然后采用"一夹一顶"方式装夹工件。先校正工件两端处的径向圆跳动，然后校正工件上素线与工作台台面平行，并校正工件侧素线与工作台纵向进给方向平行，如图5-60所示。

2. 铣削花键轴

铣削时主要分为键侧的铣削和小径圆弧的铣削两步进行。单件加工时，铣削键侧通常采用一把三面刃铣刀铣削。铣削方法如下：

(a) 校正工件上素线　　　　　　　　(b) 校正工件侧素线

图 5-60　工件的校正

(1) 选择铣刀　采用一把三面刃铣刀铣键侧时，若是齿数少于 6 齿的花键，一般无需考虑铣刀的宽度。当齿数多于 6 齿时，刀齿宽度太大会铣伤邻齿。因此，选择三面刃铣刀的宽度应小于小径上两齿间的弦长，如图 5-61 所示。铣刀宽度尺寸的选择可按下式进行计算：

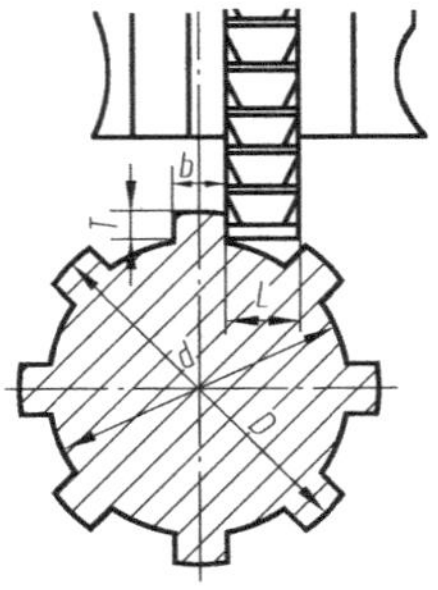

$$L \leqslant d\sin\left[\frac{180°}{z} - \arcsin\left(\frac{b}{d}\right)\right]$$

式中：L——三面刃铣刀的宽度；
　　　z——花键键齿数；
　　　b——花键键宽，mm；
　　　d——花键小径，mm。

图 5-61　铣刀宽度的选择

根据 5-L5 的尺寸代入上式：

$$L \leqslant d\sin\left[\frac{180°}{z} - \arcsin\left(\frac{b}{d}\right)\right] = 42\sin\left(\frac{180°}{8} - \arcsin\frac{8}{42}\right) = 8.39\text{mm}$$

即应选用一把 80mm × 8mm × 27mm 的三面刃铣刀。

(2) 在工件表面划线　单刀铣键侧时，一般采用划线法对刀。即先在工件表面涂色后，将游标高度尺调至比工件中心高半个键宽，在工件圆周和端面上各划一条线；通过分度头将工件转过 180°，将游标高度尺移到工件的另一侧再各划一条线，检查两次所划线之间的宽度是否等于键宽，若划线宽度有误，应调整高度尺重划，直至宽度正确为止，如图 5-62 所示。然后通过分度头将工件转过 90°，使划线部分外圆朝上，用游标高度尺在端面划出花键的深度线：

即：　　　　$T = (D - d)/2 + 0.5 = (48 - 42)/2 + 0.5 = 3.5\text{mm}$

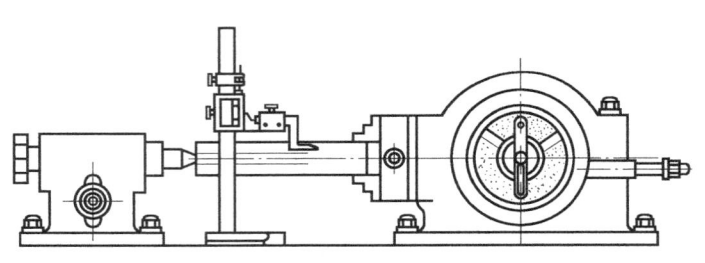

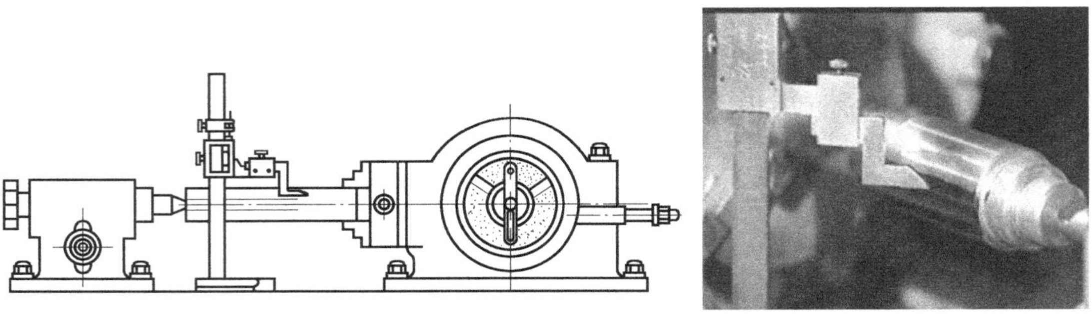

图 5-62　在工件表面划线

(3) 调整铣削位置　先将工件划线部分向上转过 90°后，使三面刃铣刀的侧刃距键宽线一侧约 0.3~0.5mm 处粗略对刀。开动机床并上升工作台，使铣刀轻轻划着工件后，纵向退出工件，上升工作台调整铣削宽度 T 进行试铣。再采用测量法来进一步精确调整铣削位置：用 90°角尺尺座紧贴工作台面，尺苗侧面靠紧工件一侧。通过测量键侧距尺苗的水平距离 S。在理论上，水平距离 S 与其大径 D 和键宽 b 的关系由图 5-63 可知：

$$S = \frac{1}{2}(D - b) = \frac{1}{2}(48 - 8) = 20\text{mm}$$

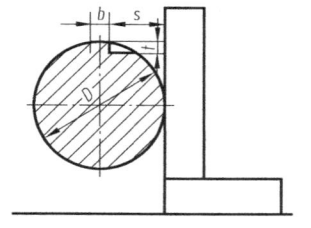

图 5-63　调整测量

若实测尺寸与理论值不相符，则按差值重新调整横向工作台位置，再次试铣后重新测量，直至符合要求，然后锁紧横向工作台，依次分度铣出各齿同一齿侧。

(4) 铣削另一侧的键侧　通过分度完成键齿同一侧面的铣削后，将工作台横向移动一个距离 A，铣削键齿的另一侧面。通过试铣，测量调整键宽尺寸，使之符合加工要求。然后，锁紧横向工作台，依次分度铣出各齿另一齿侧。

工作台移动距离 A 与铣刀宽度 L 和键宽尺寸 b 的计算方法由图 5-64 可得：

$$A = L + b + (0.2 \sim 0.3) = 8 + 8 = 16\text{mm}$$

为保险起见，工作台实际横移时，可先多移动 0.1~0.3mm 即可先移动 16.3mm。

用单刀对刀调整铣削位置和移距的精确程度，将直接影响键宽的尺寸精度和两键侧相对于工件轴线的对称度。一般要按照一定的铣削顺序进行加工，正确的加工顺序如图 5-65 所示。

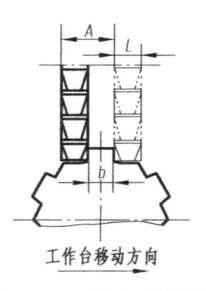

图 5-64　工作台横移距离

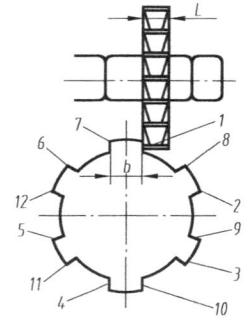

图 5-65　铣削齿侧的顺序

(5) 铣削小径圆弧　完成键齿两侧面的铣削后，还需对其小径圆弧进行铣削。由图上尺寸可知：小径的加工精度要求较低，一般只要不影响其装配和使用即可。这一类花键的小径圆弧完全可以在铣床上进行成形铣削。根据生产情况，其小径圆弧面可以采用锯片铣刀铣削，也可以采用成形刀头铣削。现在我们介绍锯片铣刀铣削小径圆弧的方法：

当键侧铣好后，槽底的凸起余量可用装在同一刀杆上、厚度为 2~3mm 的细齿锯片铣刀修铣成接近圆弧的折线槽底面。

用锯片铣刀铣削小径圆弧时，应先将铣刀对准工件的中心，如图 5-66（a）所示，然后将工件转过一个角度，将工作台上升一

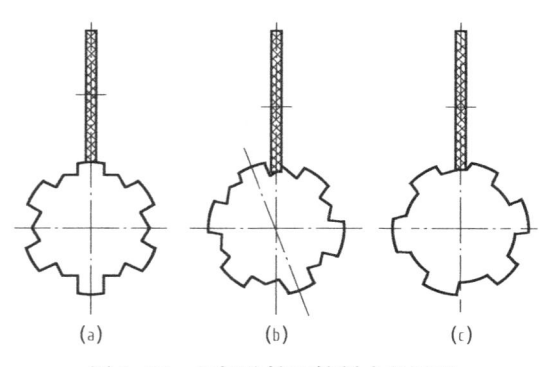

图 5-66　用锯片铣刀铣削小径圆弧

个等于大径与小径的半径差。切深调整好后,开始铣削槽底圆弧面,如图5-66(b)、(c)所示。铣槽底面时,每进行一次纵向进给,将工件转过一个角度后再次铣削。每次工件转过的角度越小,铣削进给的次数就越多,槽底就越接近圆弧面。

铣好一个齿槽的小径圆弧后。转动分度手柄,使工件的下一齿槽对准铣刀进行铣削。同法依次铣出其余各齿槽上的小径圆弧。

完成铣削后,在铣床上对铣好的花键轴的键宽、小径尺寸及键齿的对称性进行检测,如图5-67所示,合格后卸下工件。

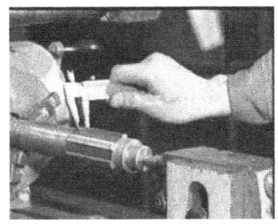

(a) 用游标卡尺检测键宽　　(b) 用千分尺检测小径尺寸　　(c) 用百分表检测齿的对称度

图5-67　花键轴的检测

5.3.8　在立铣床上加工盲孔

实训内容:在立式铣床上加工下图中的 $2-\phi10$、$2-\phi16$ 和 $\phi30$ 三组盲孔。

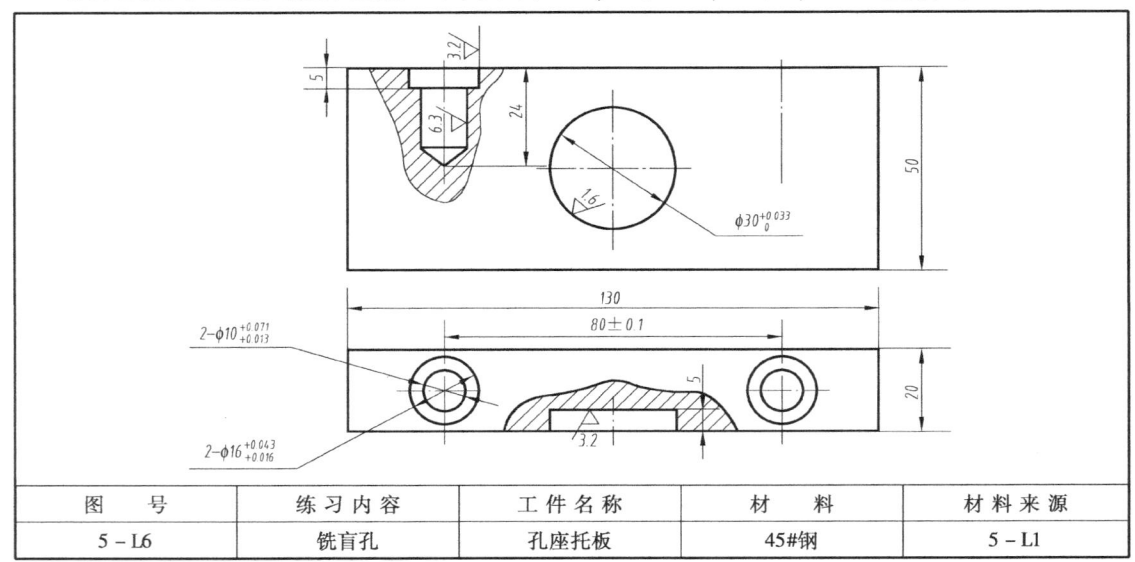

图　号	练习内容	工件名称	材　料	材料来源
5-L6	铣盲孔	孔座托板	45#钢	5-L1

铣铣盲孔工、量具清单

工　具　单	图　号	零件名称	机　床
	5-L6	孔座托板	立式铣床
序　号	工、量具名称	规　格	数　量
1	立铣刀	$\phi28$,$\phi30$	各1
2	键槽铣刀	$\phi16$	1
3	标准麻花钻	$\phi10$	1
4	游标卡尺	0~150mm(0.02mm)	1
5	高度游标卡尺	0~300mm	1

铣铣盲孔评分表

序号	考核要求	配分 T/Ra	评分标准 ≤T	>Ra ≯2Ra	>T ≯2T	Ra	>T >Ra	>2T或 >2Ra	检测方法
1	$\phi 10^{+0.071}_{+0.013}$（两处） $Ra3.2$（两处）	22/8	22		8			0	游标卡尺
2	$\phi 16^{+0.043}_{+0.016}$（两处） $Ra3.2$（两处）	22/8	22		8			0	游标卡尺
3	$\phi 30^{+0.033}_{0}$ $Ra1.6$ $Ra3.2$	30/6/4	30			6/4		0	游标卡尺
4	未列 Ra		每超差一处，扣1分						游标卡尺
5	外观		毛刺、损伤、畸形等到扣1~5分						
6	安全文明生产		有不文明行为者，酌情扣1~5分，严重者扣10分						
	合计	100	得分						

具有一定精度的孔加工工作，通常是在镗床上进行的。但作为铣床的扩大使用或某些条件不具备的情况来说，中小型孔和相互位置不太复杂的多孔工件也可以在铣床上加工，如钻孔、镗孔、铰孔和铣孔。

用钻头在实体材料上加工孔的方法称为钻孔。由于带柄铣刀为了便于刃磨，除键槽铣刀外，其端面上均设计有中心孔（中心部分没有切削刃），所以除键槽铣刀外，立铣刀是不能直接用来在工件实体上铣孔的。因此在工件铣孔前必须用钻头或键槽铣刀加工出落刀孔。铣孔的加工精度一般可达到IT9~IT7，其优点是生产效率高，且可对因初孔加工时产生的位置误差进行纠正，孔的加工深度容易控制，所以尤其适合于盲孔和台阶孔的加工；缺点是孔的尺寸精度往往受铣刀的规格及铣刀刃磨精度的限制。

为保证加工时孔与孔间的位置精度要求，钻孔前需要对各孔的位置进行确定。对于单件或小批量加工，通常是对各孔先进行划线、打样冲眼定位，再钻孔。

图中所示的托板为一窄长规则工件，且尺寸不大。所以适合采用平口钳装夹工件在X5032型铣床进行孔的加工。首先，在安装平口钳时，应注意检测并校正其固定钳口与工作台纵向进给方向平行，以便加工中通过纵向进给来控制孔距。安装工件应选择适当的平行垫铁垫在工件与平口钳导轨之间，使工件加工表面略高出钳口，以便于观察和操作。

（1）加工侧面的两组台阶孔

用钻夹头将 φ10mm 的标准麻花钻直接夹紧在铣床主轴上，将主轴转数调整为950r/min。开车，调整工作台位置，使钻头轴线对准样冲眼（钻孔中心位置）后，将其纵向和横向的进给机构锁紧。利用主轴套筒对样冲眼进行引钻，当麻花钻横刃与工件表面接触时，注意记住主轴套筒手柄上的刻度位置，若引钻的孔坑位置正确，则可正式钻孔，并利用手柄上的的刻度盘来控制钻孔的深度，如图5-68所示。

钻孔时应注意：严禁用手拉或用嘴吹切屑。

① 可以通过暂停进给进行断屑，并调整好合适的切削液流量用毛刷或切削液清除切屑。另

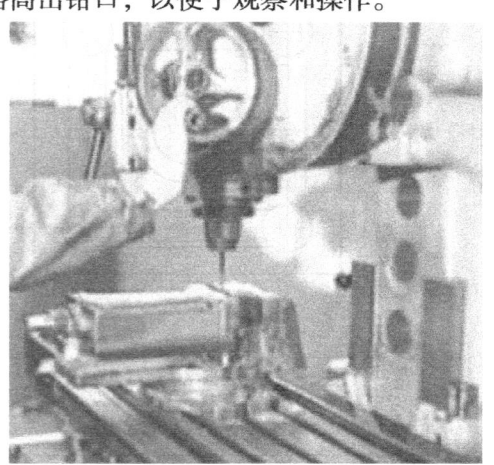

图 5-68 利用主轴套筒钻孔

外要经常退出钻头，这样既可清除切屑，又可冷却钻头。

② 钻好 φ10 的底孔后，卸下钻头换上 φ16 的立铣刀并锁紧主轴套筒，将主轴转数调整为 375r/min 改用升降台进行垂向进给，以减小铣孔时主轴的振动、提高孔的加工精度。

③ 完成第一组台阶孔的铣削后，松开纵向进给机构。利用纵向工作台手柄刻度盘，准确移动 80mm，锁紧工作台纵向进给机构，按加工第一级台阶孔的方法完成第二组台阶孔的加工。

（2）铣削 φ30 的盲孔

图中所示的托板正面的 φ30 盲孔，为一孔深只有 5mm 的沉孔，孔底为一平面，所以不宜用麻花钻钻初孔，而应改用键槽铣刀铣出深 5mm 的平底初孔。

工件安装好后可用测量法将铣床主轴调整至工件的中心位置。方法是：先在主轴上夹一圆柱度误差很小的标准心轴，调整工作台位置，用深度游标卡尺或深度千分尺测量心轴圆柱面至基准面 A 和 B 的距离。以测量数据为参照，可以精准地确定主轴的工作位置。若测量数据与加工要求不符，可以重新调整工作台的位置，直至工件的位置符合条件为止，如图 5-69 所示。

对好中心后，卸下心轴换上一把 φ16 或 φ20 的键槽铣刀，将主轴转数调整为 300r/min。用升降台进行垂向进给，铣出初孔。测量孔深合格后，更换 φ28 的立铣刀扩铣，再用 φ30 的铣刀精铣至尺寸。精铣时进给要慢而均匀，深度控制要准确。铣削完毕应先降下工作台，再停车检测，合格后卸下工件。

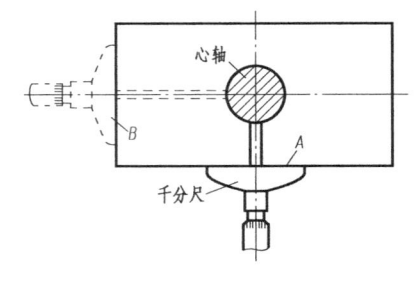

图 5-69　测量法对中心

5.3.9　综合件练习

实训内容：完成下图中各项内容的铣削。

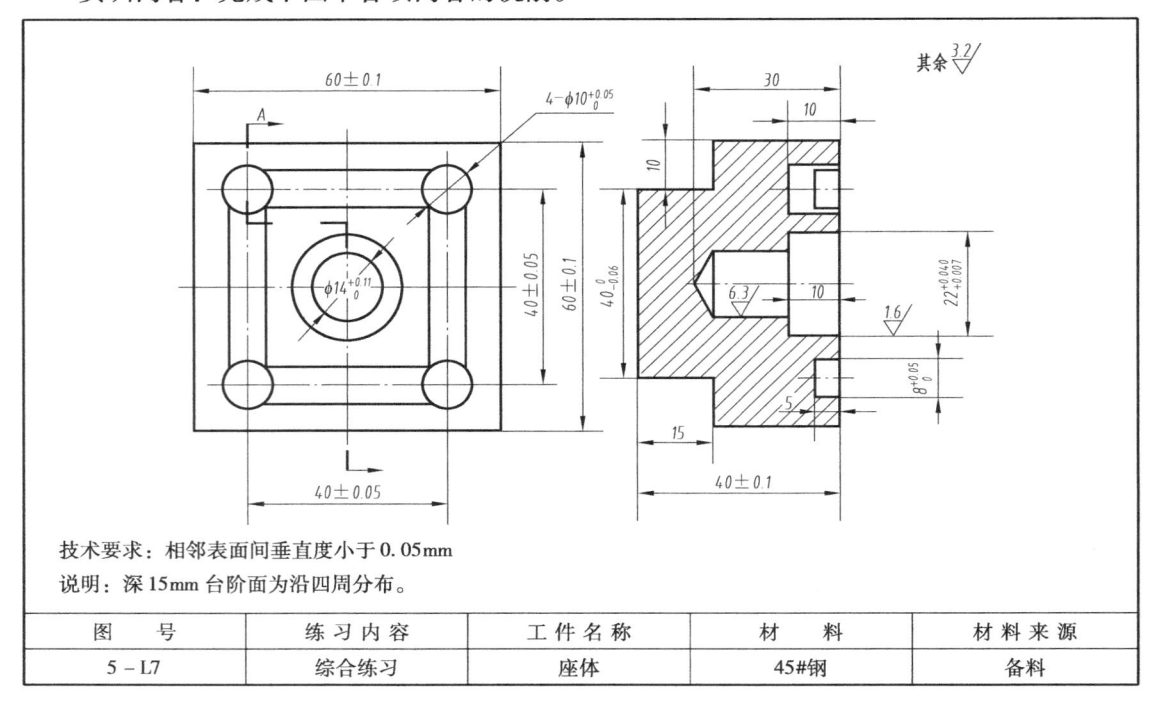

技术要求：相邻表面间垂直度小于 0.05mm
说明：深 15mm 台阶面是沿四周分布。

图　号	练习内容	工件名称	材　料	材料来源
5－L7	综合练习	座体	45#钢	备料

铣削座体工、量具清单

工 具 单	图 号	零件名称	机 床
	5－L7	座体	立式铣床
序 号	工、量具名称	规 格	数 量
1	立铣刀	$\phi28$，$\phi20$	各1
2	键槽铣刀	$\phi8$，$\phi10$	各1
3	标准麻花钻	$\phi16$	1
4	游标卡尺	0～150mm（0.02mm）	1
5	高度游标卡尺	0～300mm	1

铣削座体评分表

序号	考核要求	配 分 T/Ra	评分标准					检测方法
			$\leq T$	$>Ra$ $\not\geq 2Ra$	$>T$ $\not\geq 2T$	Ra	$>T$ $>Ra$	$>2T$ 或 $>2Ra$
1	$40_{-0.06}^{\ 0}$ $Ra3.2$	12/8	12		8		0		游标卡尺
2	40 ± 0.05 $Ra3.2$	10/4	10		4		0		游标卡尺
3	$22_{+0.007}^{+0.040}$ $Ra1.6$	10/3	10		3		0		游标卡尺
4	$\phi8_{\ 0}^{+0.05}$ $Ra3.2$	40/8	40		8		0		游标卡尺
5	$\phi14_{\ 0}^{+0.11}$	5	5		0		0		游标卡尺
7	未列 Ra		每超差一处，扣1分						Ra 样板
8	外观		毛刺、损伤、畸形等到扣1～5分						
9	安全文明生产		有不文明行为者，酌情扣1～5分，严重者扣10分						
	合计	100	得分						

图中为一铣削综合训练课题，该座体零件包含了前面我们练习过的平面铣削、台阶面的铣削、沟槽的铣削和盲孔的铣削等加工内容。该课题应在立式铣床上进行，其加工步骤如下：

（1）铣削 60×60×40 的四方体

四方体是由六个相互垂直或平行的平面构成的连接面，所以铣削四方体实际是单个平面铣削的组合，只是在铣削过程中程中不仅要保证每一平面的平面度要求，还要保证相邻平面间的垂直度和相对平面间的平行度的位置精度要求，以及相对平面间的尺寸精度要求。

现拟采用在立式铣床上用端铣刀铣削该座体零件的外形四方体，铣削包括以下步骤（图 5－70）：

① 根据坯料拟定加工方案；
② 确定并铣削基准面，保证基准面的平面度和表面粗糙度要求；
③ 铣削垂直面，保证与基准面的垂直度要求；
④ 铣削平行面，保证长方体工件的两相对表面的平行度及对边尺寸；
⑤ 铣削两端，保证长方体工件的两端与相邻表面垂直，各对边尺寸正确。

应注意：在铣平面 5 时，必须保证与其他四个已铣好的平面之间相互垂直，所以装夹时基准面除与固定钳口贴紧外，还应用 90°角尺校正工件的侧面与平口钳的钳体导轨面垂直（图 5-71），再夹紧工件进行铣削。

（2）铣削 10mm×15mm 的四周台阶面

座体零件的外形四方体铣削合格后，先按图纸要求在零件上划线。然后换装一把规格大

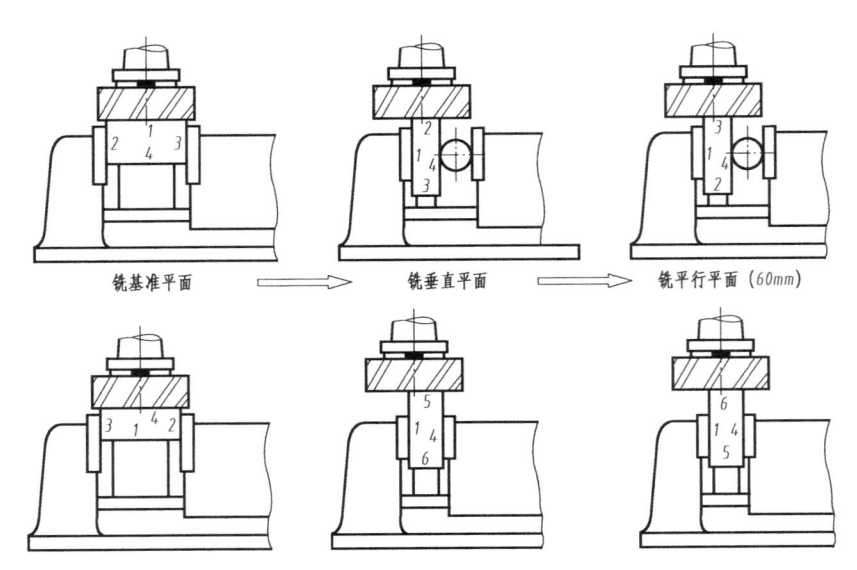

图 5-70 端铣削四方体的铣削步骤

于 φ20 的立铣刀,按图中台阶面的铣削中练习过的方法,完成该零件上 10mm×15mm 四周台阶面的铣削。

(3) 铣削 4-φ10mm×10mm 的盲孔

将工件上铣好的一面朝下在平口钳上重新装夹。换装 φ10 的键槽铣刀,用测量法对好第一个盲孔的中心位置后,利用升降进给铣出第一个孔。然后利用工作台纵向和横向手柄上的刻度盘控制移动距离,分别铣出其余各孔。移距后应检查位置是否正确,并注意记住每个孔中心的纵、横向手柄刻度值,以便下一步铣削环形直槽时确定各向的中心位置。

(4) 铣削 8mm×5mm 环形沟槽

最后一个 φ10 盲孔铣好后,直接降下工作台,换上 φ8 的键槽铣刀,再松开纵向或横向中一向的进给锁紧手柄。并沿该向试切调整好铣削深度,从该孔铣向另一孔的中心位置。铣削时应注意始终保持逆铣,即当铣刀为顺时针旋转铣削时,铣刀相对工件的移动顺序应按逆时针方向进行,如图 5-72 所示。

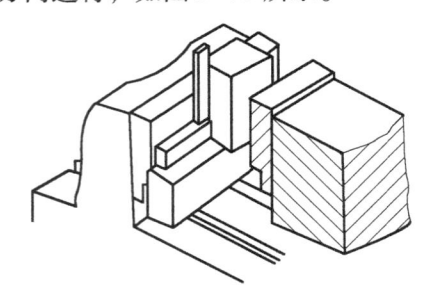

图 5-71 铣削第五面时的装夹方法　　图 5-72 铣环形槽的进给

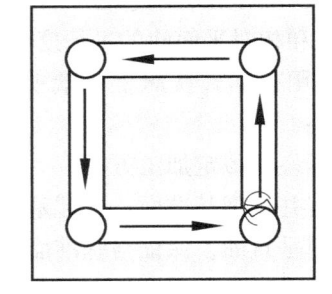

(5) 铣削 φ16mm×30mm—φ22mm×10mm 台阶孔

先按样冲眼位置,用 φ16 麻花钻在工件中心钻出深 30mm 的盲孔,测量是否在中心,若不在中心通过调整工作台加以纠正;锁紧纵向与横向紧固手柄后,换装 φ20 的立铣刀进行扩铣;深度留 1mm 的精铣余量,退刀后复检其中心位置是否正确,若已准确,直接换装 φ22 的立铣刀铣至深度即可。

5.3.10 考核

考核内容：铣连接轴

连接轴毛坯图

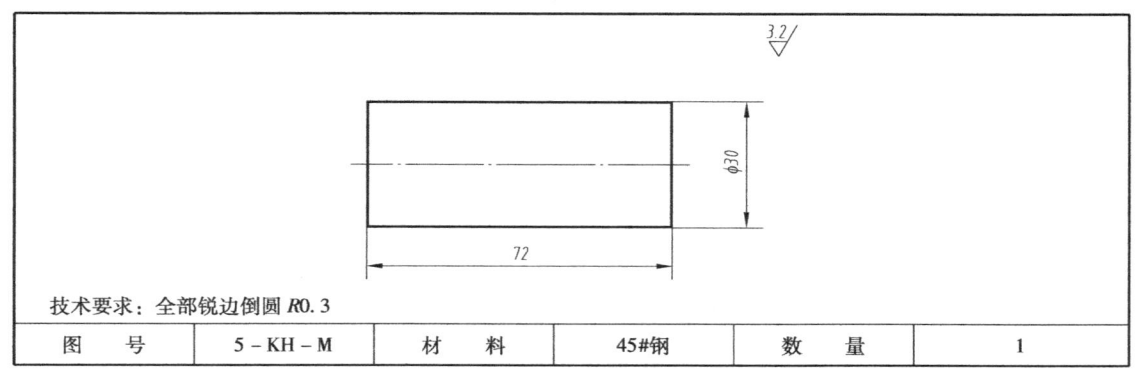

技术要求：全部锐边倒圆 R0.3

| 图　号 | 5 - KH - M | 材　料 | 45#钢 | 数　量 | 1 |

连接轴零件图

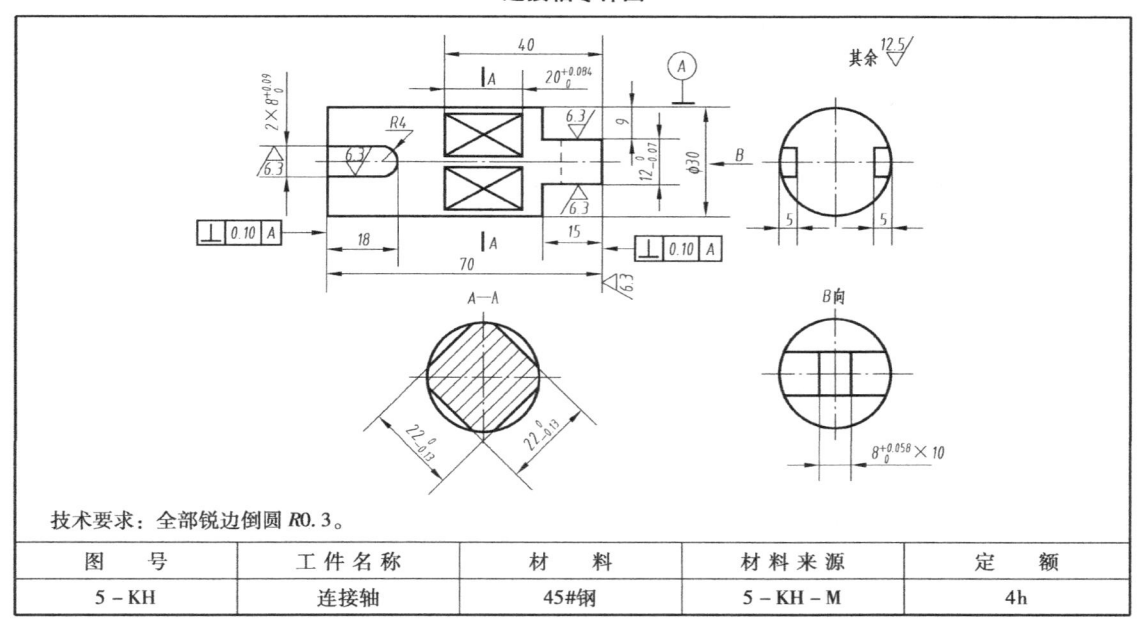

技术要求：全部锐边倒圆 R0.3。

图　号	工件名称	材　料	材料来源	定　额
5 - KH	连接轴	45#钢	5 - KH - M	4h

铣削连接轴工、量具清单

工　具　单	图　号	零件名称	机　床
	5 - KH	连接轴	立式铣床
序　号	工、量具名称	规　格	数　量
1	立铣刀	$\phi18$，$\phi20$，$\phi8$，$\phi6$	各1
2	键槽铣刀	$\phi8$，$\phi6$	各1
3	游标卡尺	0～150mm（0.02mm）	1
4	90°角尺	125×80（0级）	1
5	杠杆百分表	0～0.8	1
6	表架		1
7	高度游标卡尺	0～300mm	1

铣削连接轴评分表

序号	考核要求	配分 T/Ra	评分标准 ≤T	>Ra ≯2Ra	>T ≯2T	Ra	>T >Ra	>2T 或 >2 Ra	检测方法
1	70 Ra6.3	4/2	4		2			0	游标卡尺
2	$2 \times 8_{0}^{+0.08}$ Ra6.3	16/4	16		4			0	游标卡尺
3	18,5	6	6					0	游标卡尺
4	40,$20_{0}^{+0.084}$	10	10					0	游标卡尺
5	$22_{-0.13}^{0}$（两处）	16	16					0	游标卡尺
6	$12_{-0.07}^{0}$ Ra6.3	10/2	10			2		0	游标卡尺
7	9×15（两处）	10	10					0	游标卡尺
8	$8_{0}^{+0.058} \times 10$	10	10					0	游标卡尺
9	⊥ 0.01 A （两处）	10	10					0	90°角尺、塞尺
10	未列尺寸及Ra		每超差一处，扣1分						游标卡尺
11	外观		毛刺、损伤、畸形等到扣1~5分						
12	安全文明生产		有不文明行为者，酌情扣1~5分，严重者扣10分						
合计		100	得分						

复习思考题

5-1 铣刀按用途不同可分为哪几类？其中可用来铣削直角沟槽的铣刀有哪些？

5-2 在铣床上铣刀是如何安装的？

5-3 什么是周铣和端铣？各有何特点？

5-4 什么是顺铣与逆铣？铣削中通常选用哪种铣削方式？为什么要选用这种铣削方式？

5-5 铣削用量的要素有哪些？应如何选择铣削用量？

5-6 在X6132铣床上用直径为100mm，齿数为10的高速钢圆柱铣刀铣削一块铸铁板，请你为铣床选择主轴的转速n和进给速度v_f。

5-7 分度头有哪些用途，它的常用附件有哪些？

5-8 用FW250型分度头装夹铣削一六角头螺栓的六方头，求每铣削完一面时，分度头手柄应转的孔圈数。

5-9 什么是铣削加工，它有什么特点？

5-10 X6132铣床主要由哪些部件组成？

5-11 铣床主要有哪两大运动系统？简述X6132铣床的运动形式。

5-12 对生产车间进行现场参观，并将你在参观中观察到的内容填入表5-13中。

表5-13 现场参观记录表

铣床型号	铣床名称	铣削的工作内容
参观单位	参观时间	年 月 日

第6章 其他切削加工方法简介

【本章学习目标】
1. 了解刨削加工、磨削加工、钻削加工、镗削加工及齿面加工的方法。
2. 了解磨削加工时，砂轮的选择方法。

【教学目标】
1. 知识目标：了解刨削加工、磨削加工、钻削加工、镗削加工及齿面加工的方法。
2. 能力目标：通过理论知识的学习和应用，懂得加工、磨削加工、钻削加工、镗削加工及齿面加工方法。

【教学重点】
磨削加工的方法及砂轮的选择方法。

【教学难点】
磨削加工的方法及砂轮的选择方法。

【教学方法】
读书指导法、演示法、练习法。

6.1 刨削加工

6.1.1 刨床概述

刨削加工是在刨床上，利用刨刀或工件的直线往复运动进行切削加工的一种方法。适用于单件、小批量生产中，对零件上各类平面、斜面、沟槽以及素线为直线的特殊形面等进行加工，如图6-1所示。

刨削加工的切削速度低，加工精度和表面质量不高，由于切削运动有空回程，所以劳动生产率不高，在大批量生产中常被铣削、拉削所代替。但刨削加工的生产准备周期短，刀具制造简单，装夹方便；在加工窄长平面或采用强力刨削方式进行加工时，仍能获得较高的劳动生产率；使用宽刀精刨，还可以获得较理想的加工精度和表面质量。因此，刨削加工在现

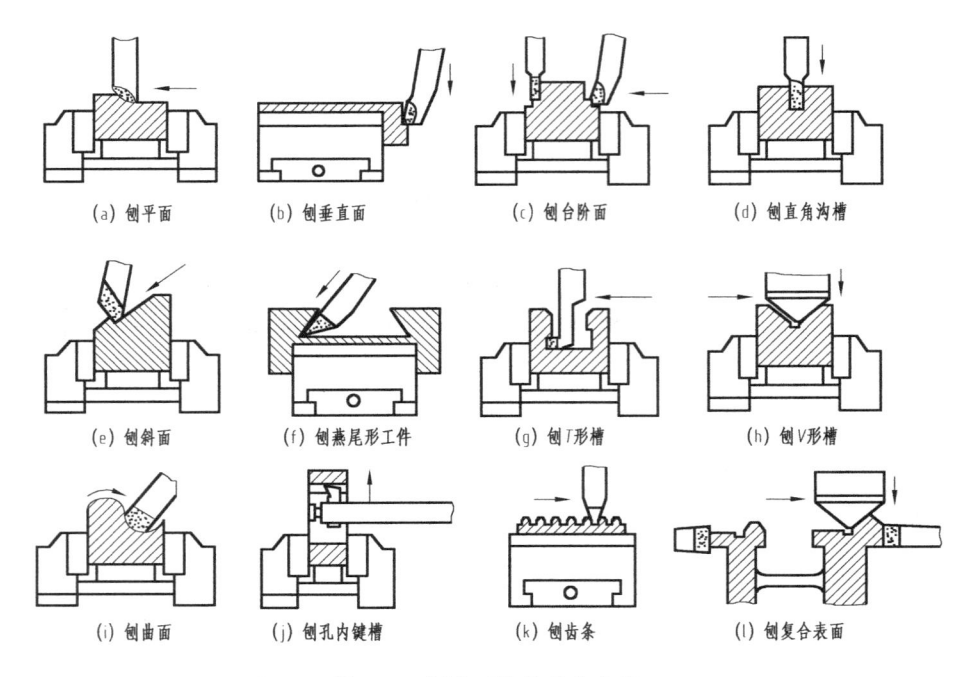

(a) 刨平面 (b) 刨垂直面 (c) 刨台阶面 (d) 刨直角沟槽

(e) 刨斜面 (f) 刨燕尾形工件 (g) 刨T形槽 (h) 刨V形槽

(i) 刨曲面 (j) 刨孔内键槽 (k) 刨齿条 (l) 刨复合表面

图 6-1　刨床工作的基本内容

代生产中仍占有一定的地位。

6.1.2　刨床的种类

根据刨削中刨刀与工件的运动方式，可分为牛头刨床、龙门刨床和插床。

一、牛头刨床

牛头刨床主要用来加工中、小型工件，刨削长度一般不超过1m。最大刨削长度小于400mm 的牛头刨床称为小型牛头刨床，最大刨削长度为 400～600mm 的牛头刨床称为小型牛头刨床，最大刨削长度大于 600mm 的牛头刨床称为大型牛头刨床。

1. 牛头刨床的组成

牛头刨床由以下各部分组成（以 B6050 型牛头刨床为例，如图 6-2 所示）

（1）床身与底座

床身是刨床的基础件，刨床的主要部件和机构都安装在它上面。它是一个箱形铸铁壳体，箱体内部装有运动传动装置、变速机构和曲柄摇杆机构等。床身上部有两块斜压板，它们与床身上平面组成的燕尾导轨供滑枕移动之用。床身前侧为垂直的矩形导轨，横梁可沿该导轨面上下移动。

底座用螺柱与床身联接，中部呈凹形用以贮放润滑油；底座下面垫入调整垫铁，用地脚螺栓固定在地基上。

（2）横梁

横梁装在床身前侧的垂直方向导轨上，其凹槽中装有工作台横向进给丝杠和传动横梁升

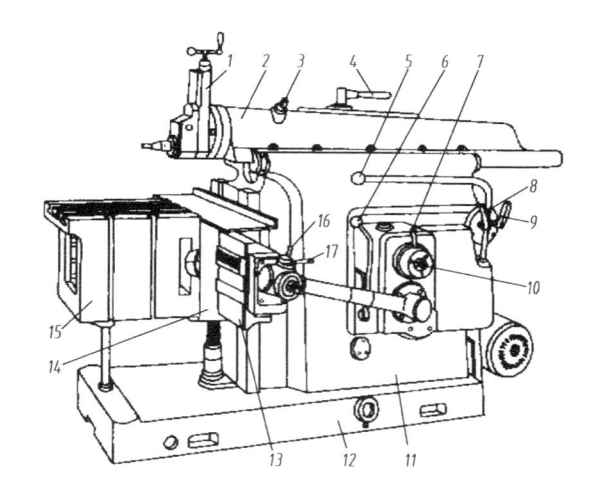

1—刀架；2—滑枕；3—调节滑枕位置手柄；4—紧定手柄；5—操纵手柄；6—工作台快速移动手柄；
7—进给量调节手柄；8、9—变速手柄；10—调节行程长度手柄；11—床身；12—底座；13—横梁；
14—拖板；15—工作台；16—工作台横向或垂向进给转换手柄；17—进给运动换向手柄

图 6-2　B6050 型牛头刨床外形

降丝杠用的一对齿轮及光杠。移动光杠可使横梁沿着垂直方向导轨移动，即可使工作台升降。

（3）工作台

工作台上平面和侧面上的 T 形槽用于固定工件或夹具。工作台与拖板联结，拖板装在横梁的侧面导轨上，可作横向移动。工作台和拖板在接合面上的中部用圆柱凸台定位，拖板上有环状的 T 形槽，其外园上有刻度，用四个螺栓固定在工作台上。使用这一结构，可以把工作台转成一定角度，以适应刨削不同角度的斜面。

（4）滑枕

滑枕是牛头刨床上的主要运动部件。为了减少滑枕的运动惯性和提高其刚度，滑枕做成空心结构，内部有加强肋。滑枕内部还装有调整其行程位置的机构，它是由一对圆锥齿轮和丝杠组成。滑枕的前端有环形 T 形槽，用来装夹刀架和调节刀架的偏转角度。滑枕下部有燕尾导轨，它与床身上的水平导轨配合（其配合间隙由斜压板来调节），由曲柄摇杆机构传动，在水平导轨内作往复直线运动。

（5）刀架

刀架用于装夹刨刀，并使刨刀沿垂直方向移动或倾斜角度。

2. 牛头刨床的调整

刨削加工前，应先将工件安装在工作台的适当位置上，或装夹在工作台上的机用平口钳内，把刨刀安装在刀架上，然后调整机床。

（1）行程长度的调整

刨刀在往复运动中所处的两个极限位置之间的距离成为行程长度。为了能加工出工件的整个表面，刨刀的行程长度应比工件的刨削长度稍长一些。超过工件刨削长度的距离称为越程。切入工件前越程称为切入越程，切削以后的越程称为切出越程。调整行程长度时，如图 6-2 所示，先将手柄 10 端部的滚花压紧螺母松开，然后用方孔摇把转动手柄 10，从而改变滑枕行程的长度。手柄按顺时针转动时，滑枕行程加大，手柄按逆时针转动时，滑枕行程缩短。接着应检查滑枕的行程长度调整得是否合适，其方法是：先将变速手柄8和9扳到空挡位置，然后用方孔摇把转动手柄10，使滑枕往复移动来观察滑枕的行程长度调整得是否合适。调整好后，将方孔摇把取下，并把滚华压紧压紧螺母拧紧。

（2）滑枕工作行程前后位置的调整

根据被加工工件装夹在机床工作台上的位置，调整滑枕工作行程的前后位置。如图6-2所示，调整时，先松开位于滑枕上部的紧定手柄4，再用方孔摇把转动位于滑枕上方的方头手柄3，这样就可以随意调节滑枕工作行程的前后位置。顺时针转动方头手柄，滑枕位置后移；逆时针转动方头手柄，滑枕位置前移。滑枕位置调整好后，将手柄4扳紧。

（3）滑枕行程速度调整

调整滑枕运动的速度必须在机床停止时进行，否则会损坏变速齿轮。B6050型牛头刨床的滑枕运动速度共有九级。根据不同的加工要求，改变变速手柄8和9的位置，便可得到所需要的滑枕行程速度。速度的大小由机床的标牌示出。

（4）工作台进给量和进给方向的调整

进给量的大小主要根据加工要求及加工条件来决定。B6050型牛头刨床的横向及垂直进给均为16级，横向进给量为0.125~2mm/往复行程，垂直进给量为0.08~1.28mm/往复行程。进给量大小的调整，是通过手柄7控制棘爪拨动棘轮的齿数多少来实现的。工作台进给方向，是通过工作台横向或垂向进给转换手柄16和进给运动换向手柄17的变换来实现的。

（5）滑枕在任意位置上的停止和启动

在机床电器接通，正常运转的情况下，当调整机床和测量工件时，为了减少机床空行程时间的损失和操作时的安全，可通过手柄5来控制滑枕在任意位置上的启动和停止，当手柄5向外扳动时，滑枕运动停止；向内扳动时，滑枕启动。

二、龙门刨床

龙门刨床（图6-3）主要用于大型零件的加工，工作的长度可达十几米甚至几十米。对

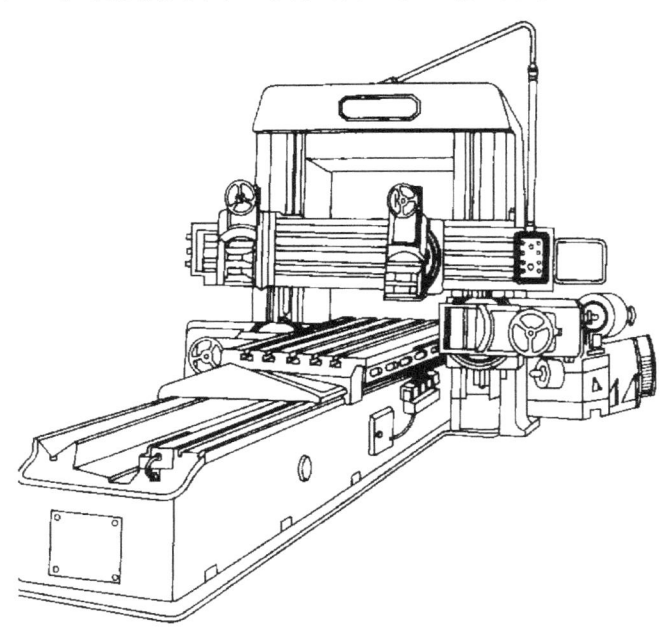

图6-3 龙门刨床

中、小型工件，可以在工作台上一次装夹多个工件同时进行加工，还可以用多把刨刀同时刨削，从而大大提高生产率。与普通牛头刨床相比，其体积大，结构复杂，刚性好，加工精度也比较高。

从机床的运动方式看，龙门刨床与牛头刨床的区别在于：龙门刨床的主运动是工作台连同工件作直线往复运动，进给运动是刨刀沿横向或垂向作间歇直线移动。

三、插床

插床又称为立式刨床（图6-4）。他与牛头刨床在运动形式上的区别在于贮运动方向的不同。牛头刨床的滑枕是在水平方向上作直线往复运动，而插床的滑枕则是在垂直与水平方向上作直线往复运动。插床的进给运动较牛头刨床复杂一些。它的工作台由纵向拖板、横向拖板以及圆形工作台组成。在圆形工作台的传动中，还配备有分度装置。因此，插床工作台除了能作纵向或横向进给运动外，还可以作回转进给和分度工作。

插床主要用于加工工件的内表面，如多边形孔或孔内键槽等。此外，还可以插削素线为直线的内、外曲面。

插床加工范围广，加工费用也比较低廉，但其生产率不高，对操作工人的技术要求较高。因此，插床一般使用与单件、小批量生产场合，如工具、模具、修理或试制车间等。

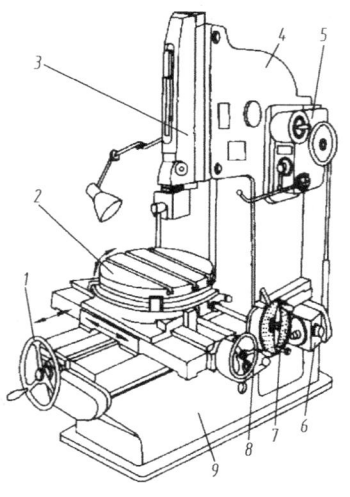

1—工作台纵向移动手轮；2—工作台；
3—滑枕；4—床身；5—变速箱；
6—进给箱；7—分度盘；8—工作
台横向移动手轮；9—底座

图6-4 插床

6.1.3 常见刨床种类与型号的含义

刨床属于通用机床，其型号含义按 JB1838-85 定义，例：

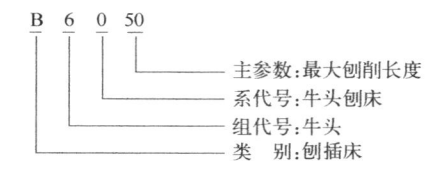

```
B 6 0 50
        └── 主参数：最大刨削长度
      └──── 系代号：牛头刨床
    └────── 组代号：牛头
  └──────── 类 别：刨插床
```

6.1.4 刨削加工的方法和特点

一、刨削加工方法

1. 工件的装夹

在机床上加工工件时，应根据被加工工件的形状和大小来选用机床和装夹方法，这有利于合理使用机床和保证加工精度。对于较小的工件，可选用预先安装在牛头刨床上的机用平口虎钳装夹；对较大的工件，可直接装夹在牛头刨床的工作台上；对于大型工件，如车床床身等，则需在龙门刨床上加工。

（1）用机床用平口虎钳装夹工件

加工前，先把机床用平口虎钳装夹在牛头刨床的工作台上，并校验固定钳口与滑枕运动方向的平行度或垂直度。

校验钳口与滑枕运动方向垂直的步骤如下：
1）张开钳口，擦净各活动面、结合面，然后使平口钳在工作台上大致定位。
2）准确地对准机床用平口钳上的0°刻线，并紧固钳身与底座的联结螺柱。
3）把百分表装夹在刀架上，再把平行垫铁轻轻地夹在钳口内；使百分表的测头与平行垫铁接触，然后横向移动工作台，以百分表的指针是否摆动来判断钳口与滑枕运动方向是否垂直；经校正，直到百分表的指针不摆动或摆动极微为止；最后把机用平口钳完全紧固在刨床工作台上，如图6-5（a）所示。

校正钳口与滑枕运动方向平行度的方法与上述方法基本相同，只是把机用平口钳旋转90°，然后移动滑枕进行校正，如图6-5（b）所示。

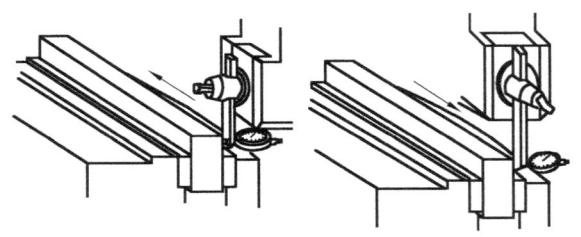

(a) 校正钳口与滑枕运动方向的垂直度　(b) 校正钳口与滑枕运动方向的平行度

图6-5　校正钳口与滑枕运动方向的相对位置

检查固定钳口工作表面与滑枕运动方向的垂直度时，可将90°角尺夹在钳口内，通过百分表检查90°角尺的测量面与滑枕运动方向是否平行来检测，如图6-6（a）所示。

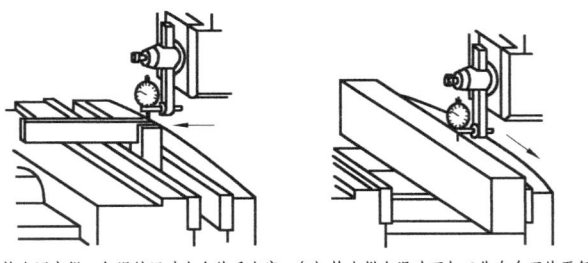

(a) 检查固定钳口与滑枕运动方向的垂直度　(b) 检查钳身滑动面与工作台台面的平行度

图6-6　机床用平口虎钳的检查

检查钳身滑动面与工作台台面的平行度时，可将平行垫铁放在钳身滑动面上，然后横向移动工作台，用百分表检测，如图6-6（b）所示。

机用平口钳装夹工件注意事项：
1）工件的加工面必须高于钳口，若工件的高度不够时，可用平行垫铁将工件垫高。
2）为了保护钳口，在夹持毛坯工件时，可在钳口上垫铜皮等护口片。但当加工与定位面的垂直度要求较高时，钳口上不宜垫护口片，以免影响定位精度。
3）工件装夹时，要用锤子轻轻敲击工件，使工件贴实垫铁。敲击已加工表面时，应使用铜锤或木锤。
4）对刚性不足的工件需要垫实，以免加紧后工件产生变形（图6-7）。

（2）在工作台上直接装夹工件

当工件尺寸较大或在平口钳内不便装夹时，可直接在工作台上装夹。其方法如下：
1）用螺钉撑和挡块装夹工件，如图6-8所示。

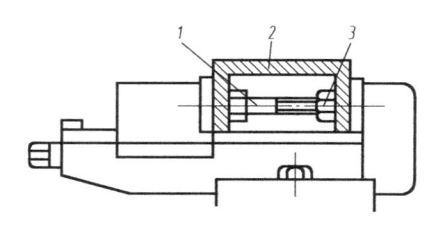

1—螺栓；2—工件；3—螺母

图 6-7　框形工件的夹紧

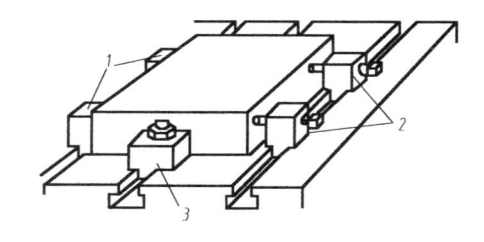

1、3—挡块；2—螺钉撑

图 6-8　用螺钉撑和挡块装夹工件

2）侧面有突出部分的工件，其装夹方法如图 6-9 所示。

3）侧面有空的工件，其装夹方法如图 6-10 所示。在工作台上直接装夹工件时的主要事项：

① 当工件尚未检查装夹位置是否正确前，不要将其夹得太紧，经检查并校正，确认位置正确后，方能夹紧。

② 如果工件是毛坯时，未防止工作台面受伤或定位不稳定，应用铜皮或楔铁垫实。

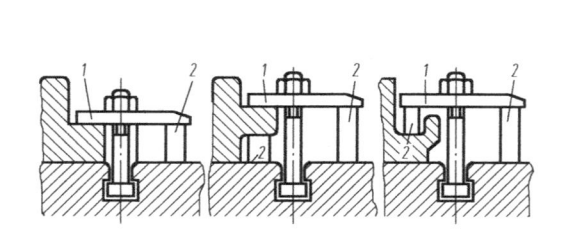

1—压板；2—垫铁

图 6-9　侧面有凸出部分的工件的装夹方法

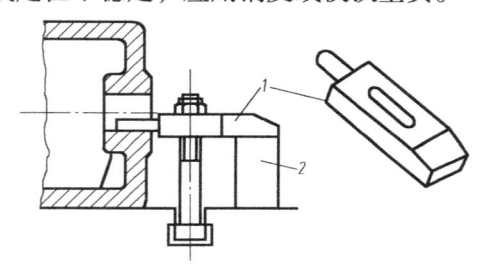

1—插销压板；2—垫铁

图 6-10　侧面有孔的工件的装夹方法

③ 工件装夹时，应使工件地面与工作台面贴实，可用塞尺检查或用手锤敲击工件，听声音来判断是否贴实。

④ 采用压板时，须压在工件与工作台面的贴实处，以免工件受压变形。

⑤ 工件压紧后，应复查其安装位置是否正确，避免因压紧力而使工件变形或移动。

2. 刨刀的装夹

（1）刨刀种类

1）按加工表面形状和用途分类

一般分为平面刨刀、偏刀、切刀、弯切刀、角度刀和样板刀等（图 6-11）。

① 平面刨刀：用于刨削水平面。

② 偏刀：用于刨削垂直面、台阶面和外斜面等。

③ 切刀：用于刨削执教槽和切断。

④ 弯切刀：用于刨削 T 形槽。

⑤ 角度刀：用于刨削燕尾槽和内斜面。

⑥ 样板刀：用于刨削 V 形槽和特殊形状的表面等。

2）按刀具形状和结构分类

① 左刨刀和右刨刀

主切削刃在右边的称为左刨刀；主切削刃在左边的称为右刨刀。

② 直头刨刀和弯头刨刀

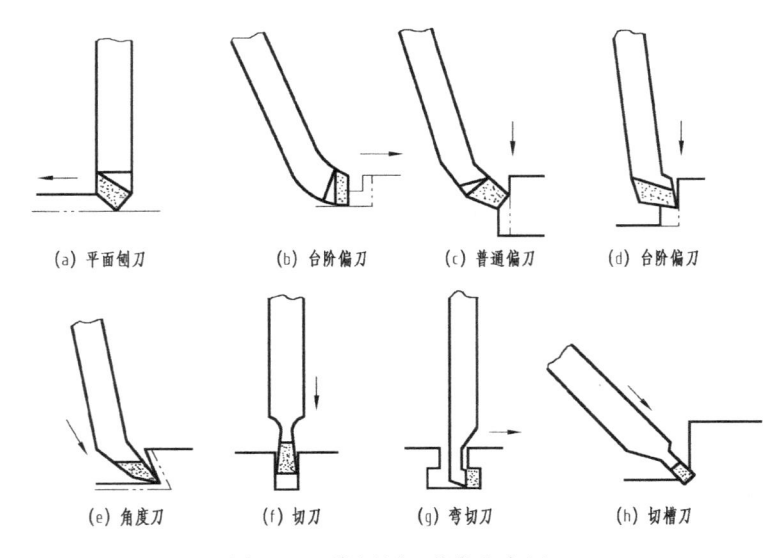

(a) 平面刨刀　　(b) 台阶偏刀　　(c) 普通偏刀　　(d) 台阶偏刀

(e) 角度刀　　(f) 切刀　　(g) 弯切刀　　(h) 切槽刀

图 6-11　常用刨刀种类和应用

刨刀刀杆纵向是直的刨刀称为直头刨刀；刨刀头向后弯曲的刨刀称为弯头刨刀。

③ 整体刨刀和组合刨刀

整体刨刀是由一块刀具材料制成的刨刀，如高速钢刨刀等；组合刨刀的刀柄和刀体由不同的材料经焊接或机械连接紧固而成，其刀柄材料一般是中碳钢，刀体材料一般是硬质合金或高速钢。

（2）刨刀的装夹

1）平面刨刀的装夹

平面刨刀装夹在夹刀座内时的注意事项：

① 刀架和拍板座都应在垂直位置。

② 刨刀在刀架上不能伸出太长，以免在加工中发生振动或折断。直头刨刀的伸出长度一般不宜超过刀柄厚度的 1.5~2 倍。弯头刨刀可以伸出稍长一些，一般稍长于弯曲部分。

③ 装卸刨刀时，扳手的安装位置要合适，用力方向必须是由上向下地扳旋螺钉，将刨刀压紧或松开。用力方向不得由下而上，以免拍板翘起而碰伤或夹伤手指。

④ 安装平头精刨刀时，要用透光法找正切削刃的位置，然后夹紧刨刀。夹紧后，还要再次用透光法检查切削刃的位置准确与否。

⑤ 安装带有修光刃的刨刀时，应将刨刀装正，否则可能会改变过渡刃偏角的大小，而影响切削性能及加工表面质量。

2）偏刀的装夹

装夹偏刀时，首先将刀架对准零线，并将拍板座扳转一定角度，使拍板座上端向离开工件加工表面的方向偏转，其目的是减少刀具的磨损，保证加工表面不受破坏。如果垂直加工面的高度在 10mm 以下时，拍板座可不必扳转角度。

二、刨削加工特点

1. 刨削与铣削的比较

刨削和铣削都是平面主要的加工方法，无论是对工件的形状和尺寸的适应性，还是所能达到的加工精度,它们都很类似。在生产中,它们不能相互取代,是因为它们各有所长。下面简单介绍刨削的特点。

(1) 加工的适应性

刨削可以适应不同性质的加工,但主要是用来加工平面,如箱体、机床床身、导轨等平面。如将机床稍加调整或增加某些附件,特别是牛头刨床,就可以用来加工齿条、齿轮、花键以及素线为直线的各种成形表面等。刨削加工的主要特点是机床成本低,适应性广,刨刀结构简单。因此,在单件、小批量生产中,刨削加工应用广泛。

(2) 加工生产率

刨削生产率较低。主要是因为刨削主运动有空行程,且一般为单刃切削,切削不连续。由于刀具的往复运动,限制了切削速度的提高,且在切削过程中有冲击现象,所以刨削加工一般用于单件、小批量生产。但是,在刨床上加工窄长平面或多件同时加工时,其生产效率并不低于铣削加工。

(3) 加工精度

刨削加工精度一般可达 IT8~IT9,表面粗糙度 $Ra6.3~1.6\mu m$。刨削加工可以保证一定的相互位置精度,所以刨削加工箱体、导轨等平面非常适宜。尤其在龙门刨床上,利用精刨代替手工刮研,大大提高了加工精度和生产率。

2. 精刨特点

对于要求具有较小表面粗糙度值及平面度要求较高的平面,以往大多采用手工刮研的方法进行加工。手工刮研是一种繁重的体力劳动,生产率低,对工人的技术水平要求较高。随着生产技术的发展,采用精刨代替手工刮研的技术已经很成熟,应用也很广泛。

(1) 精刨刀具

1) 加工铸铁精刨刀

其刀片材料为高速钢,采用弹性刀杆可以减少振动,从而减少加工表面的表面粗糙度值。该刀具结构简单,制造方便,采用机械夹固式,节省刀具材料,刃磨方便。其刃倾角 $\lambda_s = 5°$,有利于精加工。这种刀具适用于在牛头刨床上对铸铁进行精加工。(图 6-12)

2) 宽刃精刨刀

其刀杆材料为 45 钢,刀片材料为高速钢或硬质合金(YG5 或 YG8),当刃宽较宽时,采用高速钢材料刀片。其前角 $\gamma_o = -10° ~ -15°$,在切削时产生刮削和挤压作用,以减少表面粗糙度值;后角 $\alpha_o = 3° ~ 5°$,刃倾角 $\lambda_s = 10° ~ 15°$,由刀柄保证。宽刃精刨刀主要用于龙门刨床上精刨铸铁件(图 6-13)。

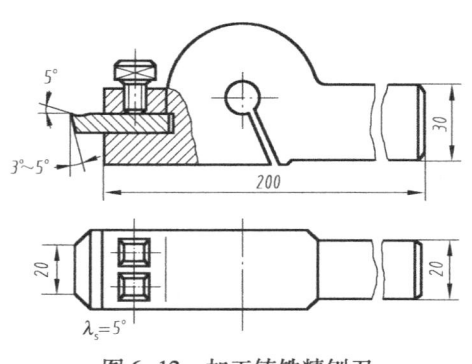

图 6-12 加工铸铁精刨刀

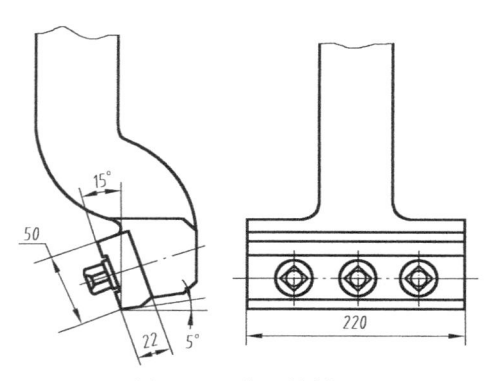

图 6-13 宽刃精刨刀

（2）精刨时切削用量和切削液的选择

1）进给量的选择

精刨时应选取大的进给量。使用平直宽切削刃精刨刀时，进给量根据刨刀结构和切削刃宽度来决定，一般取 5～24mm/往复行程。选择的进给量不能大于修光刃的宽度，否则将会出现刀痕而影响工件表面的质量。对于长形工件，若采用比工件表面宽的刨刀，则可以不需要横向进给。

2）背吃刀量的选择

精刨时应取极小的背吃刀量。一般精刨可分为修整和光整两步。修整的目的是去掉上道工序遗留下来的形状误差及本道工序的装夹误差，并留下一层极薄而均匀的余量，以待光整加工。光整加工的加工质量要达到预定的精刨要求。

精刨时的总余量一般在 0.1～0.5mm 范围内。修整时的背吃刀量每次约 0.08～0.15mm。光整加工的背吃刀量每次取 0.03～0.06mm。背吃刀量大了，容易使工件的加工表面出现麻点，从而影响表面粗糙度。在条件良好的情况下，光整加工切削深度还可以取更小值。

3）切削速度的选择

精刨时尽可能取低的切削速度，这样可以使切削过程比较稳定，从而得到较小的表面粗糙度值。精刨速度常取 2～12m/min，最高不超过 15m/min。如精刨中有振动，则应降低切削速度。

4）切削液的选择

加工铸铁时一般使用煤油，若在煤油中加入 0.03% 重铬酸钾，效果会更好。精刨钢件时，使用全损耗系统用油、煤油的混合液（2∶1）或矿物油和松节油的混合液（3∶1）。

精刨时，最好连续在刀具前面和后面同时喷洒切削液。如果不具备连续喷洒切削液的条件而采用间断浇注时，要防止局部未浇注到的现象，否则会影响加工表面质量。

（3）精刨时对工艺系统的要求

1）对机床的要求

① 最好粗、精加工分别在不同的刨床上进行。

② 精刨前要调整机床精度，使其符合精度标准，主要内容有：导轨精度调整、工作台移动精度调整、横梁移动与工作台的平行度调整等，还要对刀架滑动间隙进行调整。

③ 工作台面如有较大和较多的凹凸不平时，需用微量自刨来进行修整；如工作台面只有微量不平时，可用锉刀或油石修平。

④ 床身导轨润滑要充分，以减少摩擦力和工作台的变形，提高加工精度。

2）对工件的要求

① 工件在搬运、装夹时，要防止变形和磕碰。

② 工件粗刨后要经过时效处理，半精刨后也要经过一段时间后再进行精刨，以消除内应力。

③ 工件本身组织要均匀，无砂眼、气孔等缺陷。

④ 工件的定位基面要平整，基面的表面粗糙度值不大于 $Ra3.2\mu m$，工件的两端必须要倒角，以防伤刀。

3）对工件装夹的要求

① 工件的定位基准面和工作台面要擦干净，工件装夹后用塞尺检查工件与工作台面之间的间隙。夹紧力作用点必须落在工件的定位支承面上。

② 夹紧力的大小要合适，以防工件变形。对于大型、笨重的工件，可轻轻夹紧，并用

挡块挡住即可。

4) 对刀具的要求

① 切削刃全长上的直线度误差不得超过 0.005mm，刃口表面粗糙度值要低于 $Ra0.1\mu m$，刃口要装夹成水平。

② 刃倾角 λ_s 在精刨时具有特别重要的意义，它可以使刨刀的切削刃在全长上逐渐进入切削，以减少对切削刃的冲击，并且增加了工作中的平稳性，这对于硬质合金刀具尤为重要。

由于刃倾角的增大，在切削过程中实际的工作前角比理论前角大，因此切削力降低，切削热减少，在不削弱刀具强度的前提下，可获得较小的表面粗糙度值。在加工钢料时采用 $\lambda_s \geqslant 30°$；加工铸铁时，刃倾角 $\lambda_s = 0° \sim 15°$。

③ 修整加工与光整加工所采用的刀具应严格区分，不要混淆，以免影响加工表面质量。

5) 其他方面的要求

因机床导轨面上的油膜粘度、弹性在机床刚启动和经过一段时间的工作后是不一致的，因此在精刨大平面时，不允许中间停顿，否则将产生接刀痕迹，且换刀后重新对刀校准很困难，因此在精刨过程中，严禁中途换刀或停车。

6.2 磨削加工

磨削是利用高硬度人造磨料与结合剂经混合而成的砂轮作为刀具，以很高的线速度对工件进行切削加工，可获得高精度（IT6~IT4）和很小的表面粗糙度值（$Ra0.8 \sim 0.02\mu m$）的一种加工方法。

磨削可加工一些特硬的金属材料和非金属材料，如淬火钢、高硬度合金，陶瓷材料等，这些材料用一般的金属切削刀具很难加工，甚至是无法切削的。

近年来，随着磨床、砂轮、冷却等制造技术的发展，磨削加工逐步代替部分车削、铣削加工而进入高效率加工的领域。例如，由于毛坯生产日益广泛地采用精密铸造、高速高能锻造、精密冷扎等新工艺，此类毛坯仅留有较小的加工余量，可以直接经磨削或抛光就能达到精度要求。因此，磨削加工将成为一种代替车削、铣削粗加工，一直到超精加工等范围十分广泛的加工方法。

磨削加工应用范围很广，可以磨削内、外圆柱面，圆锥面，平面，齿轮以及花键，还可以磨削导轨面及其复杂的成形表面。

6.2.1 磨床概述

一、磨床种类及其工作

为了适应磨削各种表面、工件形状和生产批量的要求，磨床的种类很多，最常见的有：外圆磨床、内圆磨床、平面磨床等。此外还有无心磨床、螺纹磨床、齿轮磨床、工具磨床、花键磨床及曲线磨床等。

1. 外圆磨床组及其工作

在外圆磨床组中，常见的有外圆磨床和万能外圆磨床两种。

外圆磨床可以磨削外圆柱面和外圆锥面,而万能外圆磨床的砂轮架、主轴箱可以在水平面内分别转动一定的角度,并带有内圆磨头等附件,所以不仅可以磨削外圆柱面和外圆锥面,还可以磨削内圆柱面及内圆锥面和端平面。

图6-14所示为M1432A型万能磨床的外观图,它由床身1、主轴箱2、工作台3、内圆磨具4、砂轮架5、尾座6和工作台的控制箱等主要部件组成。

（1）床身

它是磨床的基础件,用来安装各个部件。

（2）主轴箱

主轴箱上装有专用电动机,经变速机构可以使主轴获得不同的转速。主轴上安装卡盘或顶尖用来夹持工件,并带动工件旋转。主轴箱在水平面内可以转动一定的角度,以适应磨削圆锥面的需要。

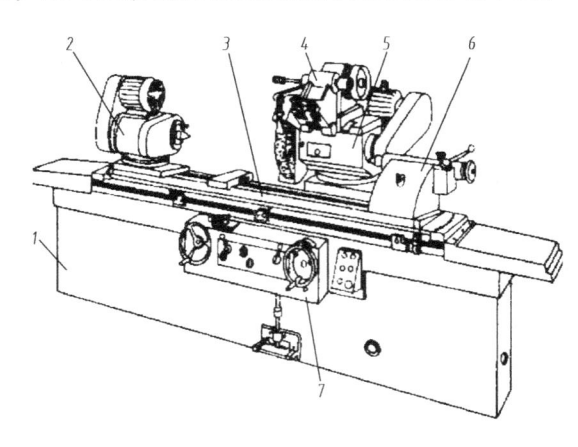

图6-14　M1432A型万能磨床

（3）尾座

尾座上装有顶尖,用以支承工件。尾座可以沿工作台导轨左右移动,调整位置以适应不同长度工件的需要。

（4）砂轮架

用来安装砂轮,并由单独的电动机带动砂轮高速旋转。砂轮架可以沿着床身后部的横向导轨前后移动,调整砂轮相对于工作的径向位置,并完成横向进给运动。

砂轮架可以在水平面内转动一定角度,以适应磨削圆锥面的需要。砂轮架上装有内圆磨具,当磨削内孔时,将内圆磨具翻下,用内圆砂轮进行磨削。

（5）工作台

工作台由上下两部分组成,上部相对下部可以在水平面内转动一定角度,以适应磨削锥度不大的长圆锥面的需要。工作台的顶面向着砂轮架方向向下倾斜10°,使主轴箱及尾座能因自重而贴紧工作台外侧的定位基准面。另外,倾斜的顶面还便于切削液带着磨屑和磨粒流走。

机床的液压传动装置分别驱动工作台和砂轮架的纵向、横向直线往返及尾座套筒的退回等运动。

这种万能外圆磨床适用于工具车间、机修车间及单件生产车间。

2. 内圆磨床及其工作

内圆磨床用于磨削圆柱孔、圆锥孔及孔的端面。

图6-15所示为M2120型内圆磨床外形,它由床身、主轴箱、砂轮架、工作台及砂轮修整器等部件组成。

主轴箱主轴前端装有卡盘或其他夹具,用以夹持工件并带动工件旋转,完成圆周进给运动。主轴箱在水平面内还可以转动一定的角度,以便磨圆锥孔。砂轮架主轴上装有磨内孔的砂轮,电动机带动其高速旋转。砂轮架安装在工作台上,由液压传动机构控制其作往复直线运动，或通过手动操纵手柄完成进给运动。每当工作台纵向往复运动一个来回，砂轮架就横向进给一次。

普通内圆磨床自动化程度不高，通常用于单件或小批量生产。

3. 平面磨床及其工作

平面磨床用于磨削各种工件的平面。根据砂轮工作面的不同，平面磨床可分为圆周磨削和端面磨削两种类型；根据工作台形状不同，平面磨床又可分为矩形工作台和圆形工作台两类，其外形如图6-16所示。

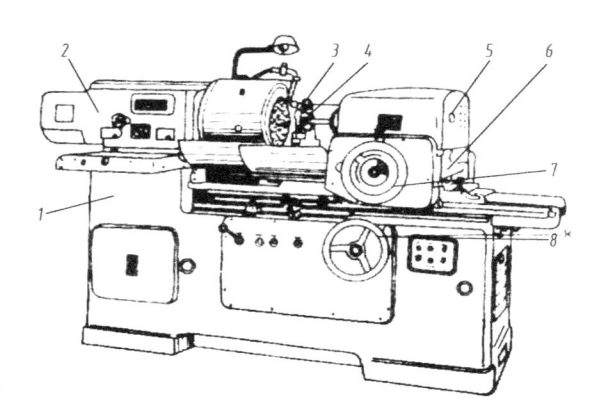

1—床身；2—主轴箱；3—砂轮修整器；
4—内圆磨具；5—砂轮架；6—工作台；
7—横向手动进给手轮；8—工作台移动手轮

图6-15　内圆磨床外形图

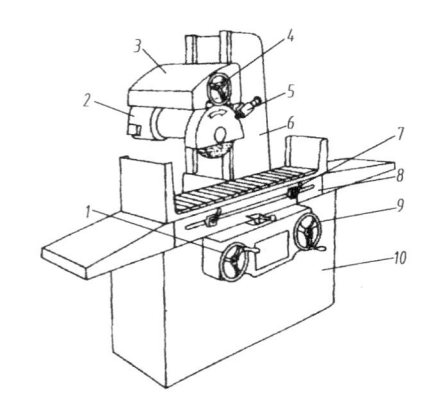

1—纵向进给手轮；2—砂轮架；3—滑座；4—横向进给手轮；
5—砂轮修整器；6—立柱；7—撞块；8—工作台；
9—垂直进给手轮；10—床身

图6-16　M7120A型平面磨床

M7120A型平面磨床是一种卧轴矩台式平面磨床。它利用砂轮圆周面作为工作面，磨削工件平面。其中卧轴矩台式和立轴圆台式平面磨床应用最广泛。

矩形工作台装在床身的水平纵向导轨上，由液压传动作纵向直线往复运动。工作台装有电磁盘，以便装夹工件。

砂轮架可沿滑座的导轨作横向经运动，而砂轮架和滑座一起可沿立柱的垂直导轨上下移动，以调整磨头的高低位置及完成切入运动。

这种平面磨床的加工精度高，应用最广泛，但生产效率不如立轴圆台式平面磨床高。

二、磨床的运动

1. 主运动

砂轮的旋转运动是磨床的主运动，是磨床磨下切屑所必须的切削运动，单位为r/min。主运动通常是由电动机通过V带直接带动砂轮主轴旋转实现的。由于采用不同砂轮磨削不同材料的工件时，磨削速度变化范围不大，故主运动一般不变速。但砂轮直径因修整而减小较多时，为获得所需的磨削速度，可采用更换带轮变速。目前，有些外圆磨床的砂轮主轴采用直流电动机驱动，可实现无级调速，以保证砂轮直径变小时始终保持合理的磨削速度，以实现恒速磨削。

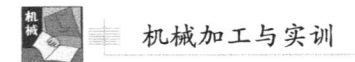

2. 进给运动

(1) 外圆磨削和内圆磨削的进给运动

外圆磨削和内圆磨削有三个经运动：工件的旋转运动是圆周进给运动单位为 r/min，其转速较低，通常是由单速或多速异步电动机经塔形齿轮变速机构传动实现的，也有采用电气或机械无级调速装置传动实现的。工件相对于砂轮的轴向直线往复运动是纵向进给运动，单位为 mm/min。砂轮架的周期性横向直线运动是横向进给运动。他们通常采用液压传动，以保证运动的平稳性，并实现无级调速和往复运动循环的自动化。

(2) 平面磨床的进给运动

工作台往复运动的平面磨床也有三个进给运动：工作台的纵向进给运动、砂轮架横向进给运动和滑座带动砂轮架一起沿立柱导轨的垂直进给运动。这三个运动都是直线运动。它们通常采用液压传动，以确保运动的平稳性。

3. 辅助运动

辅助运动的作用是实现磨床加工过程中所必需的各种辅助动作。例如，砂轮架横向快速进退和尾座套筒缩回运动等。

6.2.2 砂轮

砂轮是磨削加工中使用的切削刀具。它是由磨料和结合剂适当混合，经压缩后烧结而成的。磨料是构成砂轮的基本要素，结合剂把磨料黏结在一起，但它并没有填满磨料之间的所有空隙，所以砂轮由磨料、结合剂和空隙三个要素组成，见图6-17。决定砂轮特性的有磨料、粒度、结合剂、硬度和组织等五个参数。表6-1 所列为砂轮三个要素和五个参数的内容。

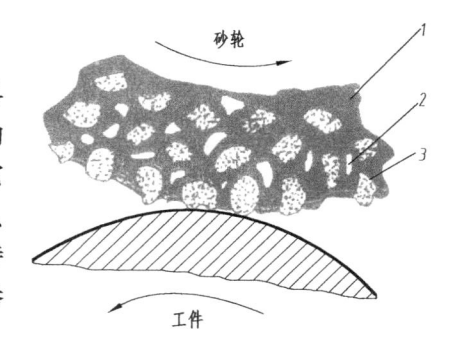

1—结合剂；2—空隙；3—磨料

图6-17 砂轮的组成

一、砂轮的特性及其选择

1. 磨料

磨料是砂轮的主要成分，它直接担负切削工作。因此，它必须有很高的硬度、耐磨性、耐热性以及一定的韧性，且磨粒的棱角应锋利。

常用的磨料有氧化物系、碳化物系、高硬磨料系三类。氧化物系磨料的主要成分是 Al_2O_3，由于其纯度不同和加入不同的化合物而分成不同的品种。碳化物系磨料主要以碳化硅、碳化硼等为机体，也是因为材料的纯度不同而分为不同的品种。高硬磨料系主要有人造金刚石和立方氮化硼。常用磨料的代号、特性及应用范围见表6-1。

2. 粒度

粒度用来表示磨料颗粒尺寸的大小。粒度代号有两种表示方法：

(1) 磨粒直径大于 $40\mu m$ 时，称为砂粒，用筛选法区分，即以它所能通过的哪一号筛网的网号来表示磨料的粒度。如80粒度是表示磨粒刚好通过每英寸长度上有80个孔眼的筛网。

表6-1　砂轮的三个要素和五个参数表

		系 列	磨料名称	代号	特 性	适 用 范 围
砂轮	磨料	氧化物系	棕刚玉	A	棕褐色，硬度高，韧性大、价格便宜	磨削碳钢、合金钢、可锻铸铁、硬青铜
			白刚玉	WA	白色，硬度比A高，韧性比A差	磨削淬火钢、高速钢及薄壁零件
	种类	碳化物系	黑碳化硅	C	黑色，硬度比WA高，性脆而锋利，导热性较好	磨削铸铁、黄铜、铝、耐火材料及非金属材料
			绿碳化硅	GC	绿色，硬度及脆性比C高，有良好的导热性	磨削硬质合金、宝石、陶瓷、玻璃等
		高硬磨料系	人造金刚石	D	无色透明或淡黄色、黄绿色、黑色、硬度高	磨削硬脆材料、硬质合金、宝石、光学玻璃、半导体、切割宜割石材等
			立方氮化硼	CBN	黑色或淡白色，硬度仅次于D，耐磨性高发热量小	磨削各种高温合金，高钼、高钒、高钴钢，不锈钢等

		粒 度 号	颗粒尺寸（μm）	使 用 范 围
砂轮	粒度	12#，14#，16#	2000~1000	粗磨、荒磨、打磨毛刺
		20#，24#，30#，36#	1000~400	磨钢锭，打磨锻铸件毛刺，切断钢坯等
		46#，60#	400~250	内圆，外圆，平面，无心磨，工具磨等
		70#，80#	250~160	内圆，外圆，平面，无心磨，工具磨等，半精磨，精磨
		100#，120#，150#，180#，240#	160~50	半精磨、精磨、珩磨、成形磨、工具刃具磨等
		w40　w28　w20	50~14	精磨、超精磨、珩磨、螺纹磨、镜面磨等
		w14~更细	14~2.5	精磨、超精磨、镜面磨、研磨抛光等

		名 称	代号	性 能	应 用 范 围
结合剂	种类	陶瓷结合剂	V	耐热、耐水、耐油、耐酸碱、气孔率大、强度高，但韧性、弹性差	应用范围最广，除切断砂轮外，大多数砂轮都采用它
		树脂结合剂	B	强度高、弹性好、耐冲击、有抛光作用，但耐热性差、抗腐蚀性差	制造高速砂轮，薄砂轮
		橡胶结合剂	R	强度和弹性更好，有极好的抛光作用，但耐热性更差，不耐酸，易堵塞	无心磨床导轮、薄砂轮、抛光砂轮等
		金属结合剂	J	强度高，成形性好，有一定韧性，但自锐性差	制造各种金刚石砂轮

	名 称	超 软	软1	软2	软3	中软1	中软2	中1	中2	中硬1	中硬2
硬度	代 号	DEF	G	H	J	K	L	M	N	P	Q
	名 称	中硬3	硬1	硬2	超硬						
	代 号	R	S	T	Y						

		类　别		紧 密			中　等			疏　松				
空隙	组织	组织号	0	1	2	3	4	5	6	7	8	9	10	11	12
		磨粒占砂轮的体积（%）	62	60	58	56	54	52	50	48	46	44	42	40	38

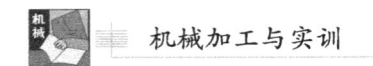

(2) 磨粒直径小于 40μm 时，称为微粉，常用沉淀法来区分，并用颗粒的尺寸表示其粒度号。如尺寸为 20μm 的微粉，其粒度号标为 w20。

粒度对磨削生产率及加工表面的粗糙度有很大的影响。粗磨时，切削厚度较大，可选用号数小的粗磨粒砂轮；磨削软金属及砂轮与工件接触面积较大时，为避免堵塞砂轮，也应采用粗粒度的砂轮。精加工及磨削脆性材料时，应采用细粒度的砂轮。其中，中等粒度（30 粒度~70 粒度）的砂轮应用比较广泛。常见的砂轮粒度及其应用范围见表 6-1。

3. 结合剂

结合剂的种类、性能及应用范围见表 6-1。

结合剂的作用是将磨料黏合在一起，使砂轮具有所需的形状、强度及其他性能。

4. 砂轮的硬度

砂轮的硬度是指砂轮表面在磨削力的作用下脱落的难易程度。磨粒容易脱落的砂轮，其硬度就低，也称为软砂轮，磨粒难脱落的砂轮，其硬度就高，也称为硬砂轮。

砂轮的硬度主要取决于结合剂的黏结能力，并与其在砂轮中所占的比例大小有关，而与磨料本身的硬度无关。也就是说同一种磨料可以做出硬度不同的砂轮。砂轮的硬度分级见表 6-1。

砂轮硬度的选择是一项很重要的工作，因为砂轮的硬度对磨削生产率和加工质量都有很大的影响。如果砂轮硬度选择得过硬，磨粒磨钝后仍不脱落，就会增加摩擦力和摩擦热，大大降低切削效率及工件的表面质量，甚至会使工件表面产生烧伤和裂纹；如果砂轮硬度选择得太软，磨粒尚未磨钝就从砂轮上脱落，增加砂轮的消耗，且砂轮的形状也不易保持，降低工件的加工精度。如果砂轮硬度选择得合适，磨钝的磨粒适时地自动脱落，使新的锋利的磨粒露出来继续担负磨削工作，这种现象称为砂轮的自锐性，这样不但磨削效率高，而且砂轮的消耗小，工件表面质量也好。

选择砂轮硬度的原则：

（1）从工件材料的硬度考虑

磨削硬度较高的金属时，磨粒容易被磨钝，应选择软砂轮，以便使变钝的磨粒因切削力增大而自行脱落，使具有锋利棱角的新磨粒露出表面参加磨削；磨软金属时，磨粒不易被磨钝，应选择硬砂轮，以免磨粒过早脱落。

（2）从工件材料的导热性考虑

导热性差的材料，如硬质合金，因不易散热，工件的被加工表面经常被烧蚀，因此选用较软的砂轮。

（3）从其他因素考虑

1）砂轮与工件接触面积越大，磨粒参加切削的时间就越长，磨粒越容易磨损，因此应选择较软的砂轮。

2）成形磨削时，为了能长时间地保持砂轮的轮廓形状，应选择较硬的砂轮。

3）清理铸件、锻件和粗磨时，为了不致于砂轮磨损过快，应选择硬的砂轮。

5. 砂轮的组织

砂轮的组织是指磨粒和结合剂结构的疏密程度。它反映了磨粒、结合剂、空隙三者之间的比例关系。磨粒在砂轮总体积中所占的比例越大,则组织越紧密,空隙越小;反之,磨粒在砂轮总体积中所占的比例越小,则组织越疏松,空隙越大。

砂轮组织的级别可分为紧密、中等、疏松三大类别,细分为13级,见表6-2。

组织号越大,砂轮中的空隙越大,不易堵塞,磨削效率高,工件表面也不易烧伤。组织号越小,砂轮单位面积表面上的磨刃就越多,砂轮形状就越容易保持。因此,磨削韧性材料、软金属以及大面积磨削时,应选用组织疏松的砂轮,精磨、成形磨削时应选取组织紧密的砂轮。

6. 形状和尺寸

根据磨床结构及磨削的加工需要,砂轮有各种形状和不同的尺寸规格。表6-2所列为常用砂轮的名称、形状、代号及用途。

表6-2　常用砂轮形状代号及其用途

砂轮名称	代号	断面简图	基本用途
平行砂轮	P		根据不同尺寸,分别用于外圆磨、内圆磨、平面磨、无心磨、工具磨、螺纹磨和砂轮机上
双斜边一号砂轮	PSX_1		主要用于磨齿轮齿面和单线螺纹
双面凹砂轮	PSA		主要用于外圆磨削和刃磨刀具,还用作无心磨的磨轮和导轮
薄片砂轮	PB		主要用于切断和车槽等
筒形砂轮	N		用于立式平面磨床上
杯形砂轮	B		主要用其端面刃磨刀具,也可用其圆周磨平面和内孔
碗形砂轮	BW		常用于刃磨刀具,也可用于导轨磨床上磨机床导轨
碟形一号砂轮	D_1		适于磨铣刀、铰刀、拉刀等,大尺寸的砂轮一般用于磨齿的齿面

二、砂轮的代号标记

砂轮的各种特性以及代号标注在砂轮的端面上,其顺序是:磨料－粒度－硬度－结合剂－组织－形状－尺寸。

例如:GC80NVP400×50×75 其中:GC——绿色碳化硅;80——粒度号为80号;N——硬度为中2;V——陶瓷结合剂;P——形状为平形;400×50×75——砂轮尺寸,外径400mm,厚度50mm孔径75mm。

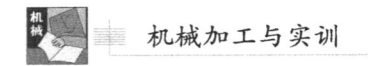

6.2.3 砂轮的安装、平衡与修整

1. 砂轮的安装

砂轮工作时的转速很高,安装前应仔细检查是否有裂纹。检查时,可将砂轮用绳索穿过内孔,吊起悬空,用木锤轻轻敲击其侧面,若声音清脆,说明砂轮无裂纹;若声音嘶哑,说明砂轮有裂纹,有裂纹的砂轮不允许使用。直径较大的砂轮均用法兰盘装夹,法兰盘的底盘和压盘直径必须相同,且不小于砂轮的1/3。砂轮与法兰盘间应放置弹性材料(如橡胶、毛毡等)制成的衬垫,紧固时螺母不能拧得过紧,以保证砂轮受力均匀,不致压裂。直径较小的砂轮则用黏结剂紧固。

2. 砂轮的平衡

改变安装砂轮的法兰盘环槽内若干个平衡块的位置,使砂轮的重心与其回转中心重合的过程,称为平衡砂轮。

砂轮的重心与其回转中心不重合时会造成砂轮不平衡,产生的原因主要是砂轮制造的误差和在法兰盘上安装时所产生的安装误差。砂轮高速旋转时因不平衡而产生很大的惯性力,会使工艺系统产生振动,降低磨削质量,损坏主轴及轴承,严重时会导致砂轮破裂而发生事故。因此,砂轮安装后必须进行平衡试验。

安装心砂轮时,通常要进行两次平衡。第一次平衡要求低一些,称为粗平衡。粗平衡的目的是保护磨床,减少砂轮对修整工具的撞击。粗平衡后,把砂轮装上磨床,用金刚石笔把砂轮外圆修整圆,并将两端面修平。由于砂轮几何形状不正确以及安装偏心等原因,在砂轮各部位修去的重量是不均匀的,因此还会出现不平衡的现象。此时需要将砂轮从磨床上拆下,放在平衡架上在进行精平衡一次。第二次平衡的要求很高,必须仔细进行。

砂轮修好后,应空运转10min左右,以检查砂轮运转的平稳性和装夹的可靠性。

3. 砂轮的修整

砂轮在磨削过程中,工作表面上的磨粒将逐渐变钝,磨粒所受的切削力也随之增大,因次急剧且不均匀地脱落。部分磨粒脱落后,新露出的磨粒以锋利的棱角继续切削,而未脱落的磨粒继续变钝,使砂轮的磨削能力降低,外形也会产生变化,同时,砂轮与工件间的摩擦加剧,使工件表面产生烧伤和振动波纹,并产生刺耳的噪声。因此,磨钝的砂轮必须及时修整。

用砂轮修整工具将砂轮工作表面已磨钝的表层修去,以恢复砂轮的切削性能和正确几何形状的过程,称为砂轮的修整。修整一般用金刚石笔固定在磨床工作台上,工作台往复进给,这样,金刚石笔即可将砂轮表面薄薄(约0.1mm左右)地切去一层。

修整后的砂轮磨削工件时,如发出清脆的"嚓、嚓"声,并伴随着均匀的火花,则说明磨粒已经锋利,砂轮已恢复切削能力。

6.2.4 磨削用量

1. 磨削速度 V_0

磨削速度是指砂轮旋转的线速度,即砂轮外圆表面上某一磨粒在1s时间内所通过的

路程,

即
$$V_0 = \frac{\pi D_0 n_0}{1000 \times 60} \text{ (m/s)}$$

式中：D_0——砂轮直径，单位：mm；
  n_0——砂轮转速，单位：r/min。

一般磨床的砂轮主轴只有一种转速，磨外圆和磨平面时，磨削速度 V_0 一般为 30～35m/s，操作时没有其余选择的余地，且随着砂轮直径变小而减小。磨内圆时由于砂轮直径较小，V_0 为 18～30m/s。高速磨削时 V_0 可达 50m/s 以上。

2. 背吃刀量 a_p

对于外圆磨削、内圆磨削、无心磨削而言，背吃刀量又称横向进给量，即工作台每次纵向往复行程终了时，砂轮在横向移动的距离。背吃刀量大，生产率高，但对磨削精度和表面粗糙度不利。通常，磨外圆时，粗磨选择 $a_p = 0.01 \sim 0.025$ mm，精磨选择 $a_p = 0.005 \sim 0.015$ mm；磨内圆时，粗磨选择 $a_p = 0.005 \sim 0.03$ mm，精磨选择 $a_p = 0.002 \sim 0.01$ mm；磨平面时，粗磨选择 $a_p = 0.015 \sim 0.15$ mm，精磨选择 $a_p = 0.005 \sim 0.015$ mm。

3. 纵向进给量 f

外圆磨削时，纵向进给量是指工件每回转一周，沿自身轴线方向相对砂轮移动的距离。粗磨时，选择进给量 $f = (0.3 \sim 0.85) T$；精磨时，选择 $f = (0.2 \sim 0.3) T$。（T 是砂轮的宽度，f 的单位是 mm/r）

4. 工件圆周速度 V_ω

是指圆柱面磨削时待加工表面的线速度，又称为工件圆周进给速度，即

$$V_\omega = \frac{\pi D_w n_w}{1000} \text{ (m/min)}$$

式中：D_ω——工件直径，mm；
  n_ω——工件转速，r/min。

粗磨时，$V_\omega = 20 \sim 85$ m/min，精磨时，$V_\omega = 15 \sim 50$ m/min。

6.3 磨削方法

外圆磨削的形式可分为中心外圆磨削和无心外圆磨削两种形式。

一、外圆柱表面磨削

1. 中心外圆磨削

（1）工件的装夹

在磨床上时，工件装夹是否迅速和方便，将直接影响生产率和劳动强度；工件装夹是否正确和牢固，将直接影响工件的加工精度和表面粗糙度，甚至发生事故。常用的装夹方法有

以下几种：

1）用前、后顶尖装夹

这种装夹方式装夹迅速、方便，定位精度高，但工件两端必须有中心孔。

中心孔是定位基准，它直接影响工件的加工精度，中心孔在磨削工件前，一般先要研磨。

为了避免顶尖转动时带来的误差，一般采用固定顶尖。目前最常用的固定顶尖是镶嵌有硬质合金的固定顶尖。带动工件旋转的夹头，常用的有三种：装夹直径较小的工件，一般用圆环夹头或鸡心爪，装夹直径较大的工件常用对开夹板。装夹已加工表面时，要在夹具与工件的接触处装上铜皮，以防夹伤工件表面。

使用前、后顶尖装夹工件时，必须将工件的中心孔及顶尖擦干净，并在中心孔内加注润滑脂。顶尖对工件的装夹松紧要合适，以免工件变形、中心孔损坏或出现行为精度超差。

采用两顶尖装夹工件磨削的装夹方法，定位精度较高，装夹工件方便，因此，目前应用最为普遍。

2）用芯轴装夹　磨削套类零件的外圆时，常以内孔为定位基准，先把零件套在芯轴上，再将芯轴装到磨床的前、后顶尖上。常用的芯轴有以下几种：

① 带台阶芯轴　这种芯轴的直径设计加工成零件孔的最小极限尺寸，一端有比工件外径小的台阶，另一段有螺纹，长度比工件长度稍短。

用这种方式装夹，由于工件的孔与芯轴的配合属于间隙配合，必定会产生同轴度误差，因此这种芯轴只适用于工件内孔与外圆同轴度要求不太高的工件的磨削。

② 锥形芯轴　这种芯轴的锥度一般为 1∶5000～1∶8000，将工件从小端套上芯轴，用铜锤轻轻敲紧，再将芯轴装夹在磨床的前、后顶尖上。用这种方法装夹工件，可以将工件孔和外圆的同轴度误差控制在 0.005mm 以内，但由于工件孔有公差，工件有可能在锥形芯轴上的轴向位置产生窜动，因此在磨削时不易控制轴向尺寸。

③ 带台阶的可胀芯轴　为了既要控制套类零件安装在磨床上的轴向位置，又要保证内孔与外圆精确的同轴度要求，可采用带台肩的可胀芯轴。

3）用三爪自定心卡盘或四爪单动卡盘装夹　磨削端面不允许打中心孔的工件，可以用三爪自定心卡盘或四爪单动卡盘装夹。用三爪自定心卡盘装夹工件时，因卡盘安装精度的原因，主轴的回转中心与卡盘的中心会产生同轴度误差，卡盘本身的精度等各种误差，都将在被磨的工件上反映出来。因此，采用三爪自定心卡盘装夹工件磨削时，其磨削精度要比两顶尖装夹工件磨削的加工精度低。采用四爪单动卡盘装夹工件时，其因卡盘的四个卡爪是单动的，因此工件的回转精度可以调整，工件的磨削精度也比较高。但必须用百分表来找正，操作时比较费时。

(2) 中心外圆磨削方法

1）纵向磨法　磨削时，砂轮的高速回转为主运动，工件的低速回转作圆周进给运动，工作台作纵向往复进给运动，实现对工件整个外表的磨削。每当完成一次纵向往复行程，砂轮作周期性的横向进给运动，直至达到所需的磨削深度，如图 6-18 所示。

纵向磨削时，在砂轮的周边，磨粒的工作情况不同，只有处于纵向进给方向一侧的磨粒担负主要切削工作，其余磨粒只起到修光作用。因此，砂轮的每次横向进给量（背吃刀量）很小，生产效率低。纵向磨削的磨削力小，磨削热少，散热较快。最后几次往复行程采用无进给磨削，可获得较高的加工精度和较小的表面粗糙度值，因此，在生产中应用最广泛。

2) 横向磨削法 横向磨削法也称为切入磨削法。磨削时，由于砂轮厚度大于工件被磨削外圆的长度，工件无纵向进给运动。砂轮高速旋转作为主运动，同时，砂轮以很慢的速度连续或间断地向工件横向进给切入磨削，直至磨去全部余量，如图 6-19 所示。

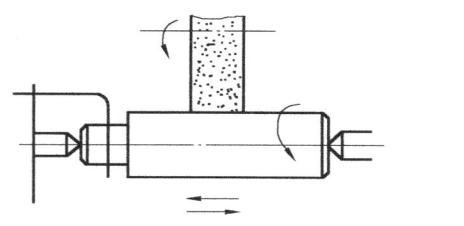

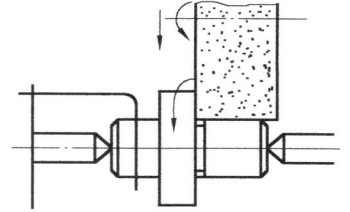

图 6-18 外圆的纵向磨削法　　图 6-19 外圆的横向磨削法

横向磨削时，砂轮与工件接触长度内的工作情况相同，均起切削作用，因此，生产效率较高，但磨削力和磨削热大，工件容易产生变形，甚至会发生烧伤现象。此外，由于无纵向进给运动，砂轮表面修整的形态会反映到工件的表面上，使工件精度降低，表面粗糙度值增大。

受砂轮的厚度限制，横向磨削法只适合于磨削长度较短的外圆表面及不能采用纵向进给的场合，如磨削长度较短且有台阶的轴颈和成形磨削等。

3) 综合磨削法 是横向磨削与纵向磨削的综合。磨削时，先采用横向磨削法分段粗磨外圆，并留 0.03~0.04mm 的精磨余量，然后再用纵向磨削法精磨至符合尺寸要求。综合磨削法利用了横向磨削生产率高的特点对工件进行粗磨，又利用了纵向磨削精度高、表面粗糙度值小的特点对工件精磨，因此适用于磨削余量大、刚度大的工件，但磨削长度不宜太长，通常以分成 2~4 段进行横向磨削为宜。

4) 深度磨削法 是一次纵向进给运动中，将工件磨削余量全部切除而达到规定尺寸要求的高效率磨削方法。其磨削方法与纵向磨削法同，但砂轮需修成阶梯形，如图 6-20 所示。磨削时，砂轮各阶梯的前端担负主要切削工作，各阶梯后端起精磨、修光作用，前面各阶台完成粗磨，最后一个阶台完成精磨。阶台数量及深度按磨削余量的大小和工件的长度来确定。

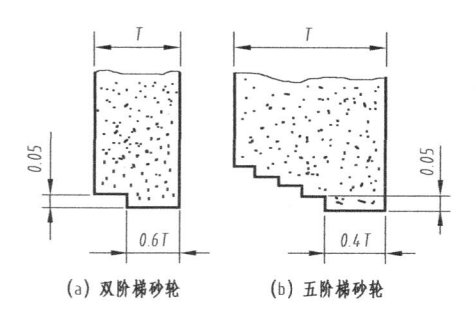

(a) 双阶梯砂轮　　(b) 五阶梯砂轮

图 6-20 深度磨削用阶梯砂轮

深度磨削法适用于磨削余量和刚度较大的工件的批量生产。由于磨削力和磨削热很大，工件容易变形，因此，应选用刚度和功率较大的磨床，使用较小的纵向进给速度，并注意充分冷却，以及在磨削时紧锁尾座套筒，防止工件脱落。

2. 无心外圆磨削

无心外圆磨削需在无心外圆磨床上进行。磨削时，工件不需要顶尖或卡盘装夹，而是将工件放在磨床上的砂轮和导轮之间，由托板支持着。工件的待加工表面就是定位基准，砂轮磨削产生的磨削力将工件推向导轮，导轮是橡胶结合剂的砂轮，它的轴线略向后倾斜一些，靠导轮和工件之间的摩擦力，带动工件旋转并镶嵌推进，完成圆周进给运动和纵向进给

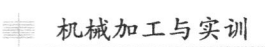

运动。

无心外圆磨削有贯穿法和切入法两种磨削方法。

二、内圆柱表面磨削

在万能磨床上用内圆磨头磨削内圆主要用于单件、小批量生产，在大批量生产时，一般采用内圆磨床磨削。内圆磨削是常用的内孔精加工方法，可以在工件上加工通孔、不通孔、阶台孔及端面等。常用的内圆磨削方法有纵向磨削法和横向磨削法两种。

（1）纵向磨削法

与外圆的纵向磨削法相同，砂轮的高速旋转为主运动，工件与砂轮旋转方向相反的低速旋转为圆周进给运动，工作台沿被加工孔的轴线方向作往复移动为纵向进给运动，在每个往复行程终了时，砂轮沿工件径向圆周地横向进给，如图6-21(a)所示。

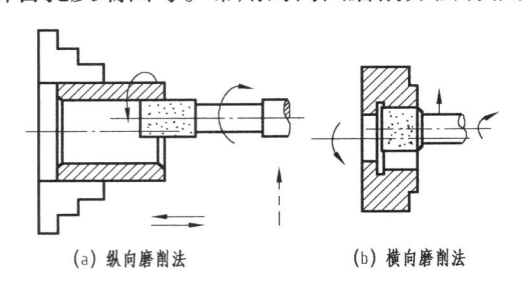

（a）纵向磨削法　（b）横向磨削法

图6-21　内圆的磨削

（2）横向磨削法

磨削时，工件只作圆周进给运动，砂轮回转为主运动，同时以很慢的速度连续或断续地向工件作横向进给运动，直至孔径磨到规定尺寸，如图6-21(b)所示。

与磨外圆相比，磨内圆有以下特点：

1）砂轮轴比较细，而悬伸出较长，刚性较差，容易产生弯曲变形和振动，加工精度及表面质量较低，磨削用量较低，因而磨削生产率也比较低。

2）内圆磨削的砂轮直径受到工件孔径的限制，尺寸较小，为了使砂轮达到一定的线速度，砂轮的转速要求比较高，因而砂轮上每粒磨粒在单位时间内的切削次数增多，导致砂轮的磨粒容易变钝。此外，因磨屑的排除比较困难，磨屑常聚集在孔中而使砂轮容易堵塞，所以，内圆磨削砂轮需要经常修整和更换。这样，就增加了辅助时间，降低了生产率。

3）因砂轮直径小，内圆磨削的线速度低，要获得较小的表面粗糙度值是比较困难的。

4）内圆磨削时，砂轮与工件之间的接触面积大，磨削力和磨削热增大，而切削液很难直接浇注到磨削区域，因此，磨削温度较高。

由于内圆磨削的生产效率和加工精度都比外圆磨削差，所以内圆磨削的应用远比外圆磨削普遍。目前，内圆磨削主要用于用镗削、铰削、滚压等加工方法无法加工或难以加工及有特殊要求的零件。

三、圆锥面磨削方法

1. 外圆锥面的磨削方法

在外圆磨床上磨削外圆锥面，根据工件的形状和锥度的大小，有以下三种方法：

（1）转动工作台法

将工件装夹在前、后两顶尖之间，圆锥大端在前顶尖侧，小端在后顶尖侧，将上工作台相对下工作台逆时针转动一个角度（等于圆锥半角 $\alpha/2$）。磨削时，采用纵向磨削法或综合磨削法，从圆锥小端开始试磨。转动工作台法适用于锥度不大的长工件。如图6-22所示。

(2) 转动头架法

适用于磨削锥度较大且长度较短的工件。将工件装夹在头架的卡盘中，头架逆时针转动圆锥半角 α/2 角度，磨削方法通转动工作台法，如图 6-23 所示。

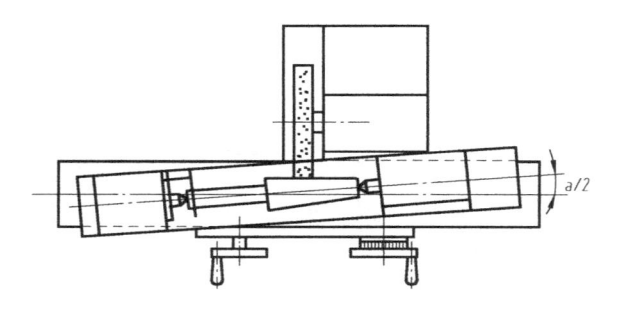

图 6-22 转动工作台磨外圆锥面

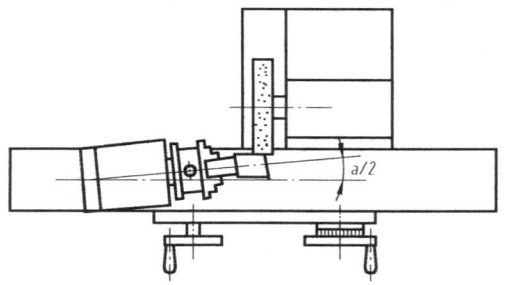

图 6-23 转动头架磨外圆锥面

(3) 转动砂轮架法

当长度较长且工件的锥度较大时，只能用转动砂轮架法来磨削外圆锥面。将砂轮架偏转圆锥半角 α/2 角度，用砂轮的横向进给进行圆锥面磨削，此时工作台不允许纵向进给，如果锥面素线长度大于砂轮厚度，则需要用分段接刀的方法进行磨削，如图 6-24 所示。

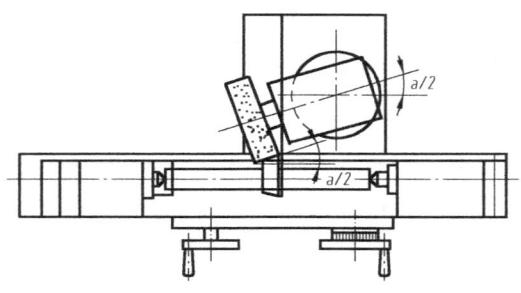

图 6-24 转动砂轮架磨外圆锥面

2. 内圆锥面的磨削方法

在万能磨床上磨削内圆锥面有一下两种方法：

(1) 转动工作台法

适用于磨削锥度不大的内圆锥面。磨削时，工作台偏转圆锥半角 α/2 角度，工作台带动工件作纵向往复运动，砂轮作横向进给（图 6-25）。

(2) 转动头架法

将头架偏转圆锥半角 α/2 角度，磨削时工作台作纵向往复运动，砂轮作横向进给，适用于磨削锥度较大的内圆锥面。这种方法也可以在内圆磨床上磨削各种锥度的内圆锥面（图 6-26）。

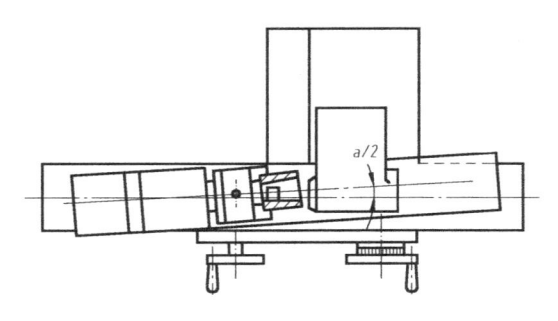

图 6-25 转动工作台磨内圆锥面

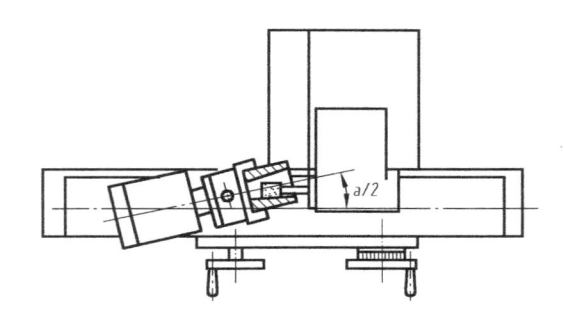

图 6-26 转动头架磨内圆锥面

四、平面磨削

常用的平面磨床按其砂轮轴线的位置和工作台的结构特点，可分为卧轴矩台平面磨床、卧轴圆台平面磨床、立轴矩台平面磨床、立轴圆台平面磨床等几种，其运动方式如图6-27所示。其中卧轴矩台平面磨床应用最广。

(a) 卧轴矩台平面磨床　　(b) 立轴矩台平面磨床　　(c) 卧轴圆台平面磨床　　(d) 立轴圆台平面磨床

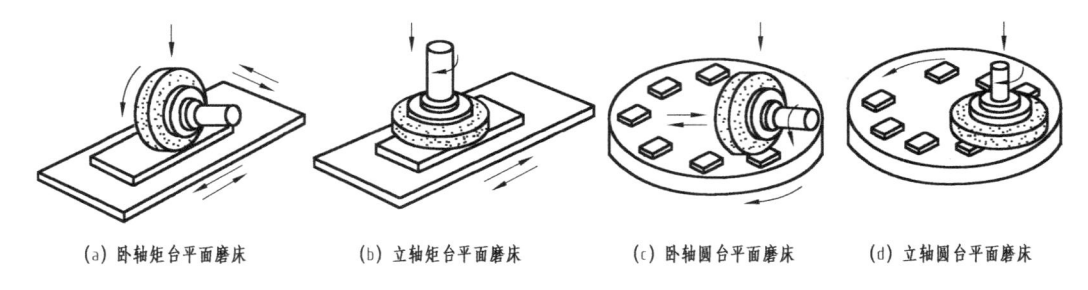

图6-27　平面磨床的几种类型及其磨削运动

1. M7120A型平面磨床

M7120A型平面磨床是一种常用的卧轴矩平面磨床，如图6-28所示。它由磨头1、砂轮修整器4、立柱5、撞块6、工作台7、升降手轮8、床身9、纵向手轮10等主要部件组成。

矩形工作台安装在床身的水平纵向导轨上，由液压传动系统实现纵向直线往复移动，利用撞块6控制换向。此外，工作台也可以用纵向手轮10通过机械传动系统手动操纵往复移动或进行调整工作。工作台上装有电磁吸盘，用于固定、装夹工件或夹具。

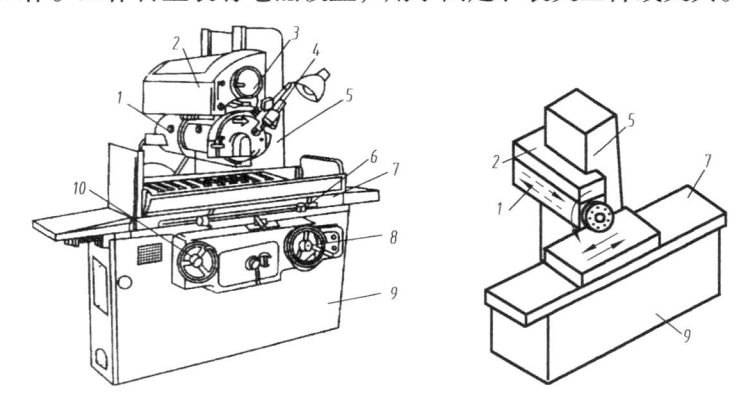

图6-28　M7120A型平面磨床

装有砂轮主轴的磨头可沿床鞍2上的水平燕尾导轨移动，磨削时的横向步进进给和调整时的横向移动，由液压传动系统实现，也可以用横向手轮3手动操纵。

磨头的高低位置调整或垂直进给运动，由升降手轮8操纵，通过床鞍沿立柱的垂直导轨移动来实现。

M7120A型平面磨床的切削运动如下：

（1）主运动

磨头主轴上砂轮的回转运动。

（2）进给运动

1）工作台的纵向进给运动。由液压传动系统实现，移动速度范围1～18mm/min。

2) 砂轮的横向进给运动。在工作台每一个往复行程终了时,由磨头沿床鞍的水平导轨横向步进实现。

3) 砂轮的垂直进给运动。手动使床鞍沿立柱垂直导轨上下移动,用以调整磨头的高低位置和控制磨削深度。

2. 平面磨床的磨削方法

在平面磨床上磨削平面有圆周磨削(图6-27a,c)和端面磨削(图6-27b,d)两种形式。卧轴矩台或圆台平面磨床的磨削属圆周磨削,砂轮与工件的接触面积小,生产效率低,但磨削区散热、排屑条件好,因此磨削精度高。

卧轴矩台平面磨床磨削平面的主要方法如下:

(1) 横向磨削法

每当工作台纵向行程终了时,砂轮主轴作一次横向进给,待工件表面上第一层金属磨去后,砂轮在按预选磨削深度作一次垂直进给,以后按上述过程逐层磨削,直至切除全部磨削余量。

横向磨削法是最常用的平面磨削方法,适用于长而宽的平面,也适用于相同小件按序排列,作集中磨削(见图6-29)。

(2) 深度磨削法

先粗磨将余量一次磨去,粗磨时的纵向移动速度很慢,横向进给量很大,约为 $(3/4 \sim 4/5)T$(T 为砂轮厚度)。然后再用横向磨削法磨。深度磨削法垂直进给次数少,生产效率高,但磨削抗力大,仅适用于刚性好、动力大的磨床上磨削尺寸较大的工件。(图6-30)

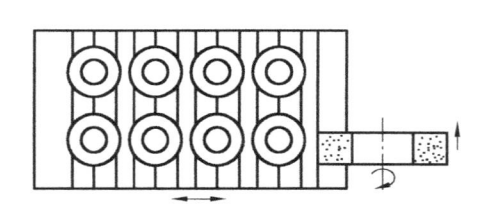

图6-29 横向磨削法磨平面　　　　图6-30 深度磨削法磨平面

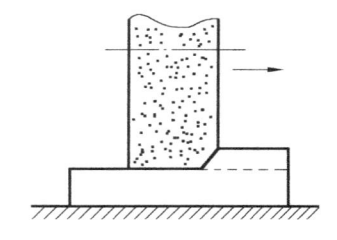

(3) 阶梯磨削法

将砂轮厚度的前一半修成几个阶台,粗磨余量由这些阶台分别磨除,砂轮厚度的后一半用于精磨。这种磨削方法生产效率高,但磨削时横向精量不能过大。由于磨削余量被分配在砂轮的各个阶台圆周面上,磨削负荷及磨损由各段圆周表面分担,故能充分发挥砂轮的磨削性能。由于砂轮修整复杂,阶梯磨削法的应用受到一定的限制。

6.3.1 磨削工艺的特点

(1) 砂轮再磨削时具有极高的圆周运动速度,一般为 35m/s 左右,高速磨削时可达 50~85m/s。砂轮在磨削时除了对工件表面有切削作用外,还有强烈摩擦,磨削区域的温度可高达 400~1000℃,容易引起工件表面退火或烧伤。

(2) 磨削可以获得很高的加工精度和很小的表面粗糙度值,其经济加工精度为 IT7~IT6,表面粗糙度 Ra 值为 $0.8 \sim 0.2\mu m$,广泛用于工件的精加工。

(3) 砂轮不仅可以磨削铜、铝、铸铁等较软的金属材料,还可以磨削硬度很高的淬硬钢、高速钢、硬质合金、钛合金和玻璃等金属及非金属材料。

（4）磨削是一种少切屑加工方法，在一次行程中切除的金属量很少，金属切除率低。

6.4 钻削加工

钻削是利用钻头或扩孔钻在工件上加工出孔的方法。钻削时，钻头或扩孔钻的回转运动是主运动，钻头或扩孔钻沿自身轴线方向的移动是进给运动。

钻孔的尺寸精度低，其经济加工精度一般为 IT12～IT11，表面粗糙度 Ra 值在 6.3μm～50μm 之间。

6.4.1 钻床概述

钻削在钻床上进行。钻床按其结构分为台式钻床、立式钻床和摇臂钻床和专用钻床等。

1. 台式钻床

台式钻床是放置在台桌上使用的小型钻床，简称台钻，用于钻削中小型工件上的小孔（直径一般小于 16mm）。图 6-31 为台式钻床的外形图。钻孔时，钻头装夹在钻夹头 9 内，钻夹头装在主轴 10 的锥体上。电动机通过一对塔形带轮 1 和 V 带 2，使主轴获得不同的转速。扳动手柄 11 可使主轴上下运动。工件安装在工作台 7 上，松开锁紧手柄 6，摇动升降手柄 8，可使主轴架 12 沿立柱 5 上升或下降，以适应不同高度工件的加工，调整好后，将手柄 6 锁紧。

2. 立式钻床

立式钻床简称立钻，如图 6-32 所示。立钻主要由变速箱 4、进给箱 3、立柱 5、工作台 1 和底座 6 等部分组成，加工时，工件直接或通过夹具装夹在工作台上。主轴 2 和工作台 2 可沿立柱 5 的导轨上下移动，调整位置以适应不同高度的工件。

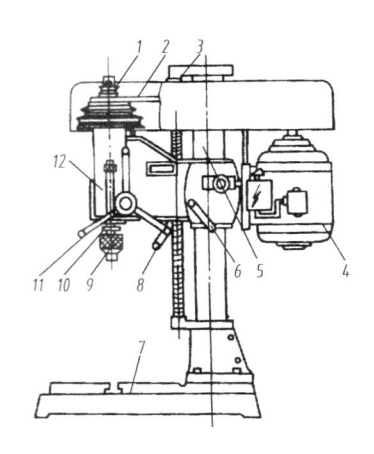

1—塔轮；2—V 带；3—丝杠架；4—电动机；5—立柱；
6—锁紧手柄；7—工作台；8—升降手柄；9—钻夹头；
10—主轴；11—进给手柄；12—主轴架

图 6-31 台式钻床

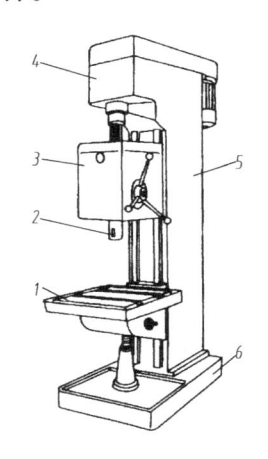

1—工作台；2—主轴；3—进给箱；
4—变速箱；5—立柱；6—底座

图 6-32 立式钻床

立钻的规格以最大钻孔直径表示。最大钻孔直径有 18、25、35、40、50mm 等几种。与台式钻床相比，立钻刚性好、功率大，因此允许采用较大的切削用量，生产效率高，加工精度也比台式钻床高；主轴的转速和进给量变化范围大，且可自动进给，可适应以不同的刀具进行钻孔、扩孔、锪孔、铰孔、攻螺纹等多种加工。但立式钻床的主轴中心位置不能调整，加工完一个孔后，若要加工另一个孔时，必须要调整工件的位置，使刀具的旋转轴线与被加工孔的轴线重合。对于尺寸较大而笨重的工件，操作十分不便。因此，立式钻床只适用于加工单件或小批量加工中、小零件。

3. 摇臂钻床

如图 6-33 所示，摇臂钻床由底座 1、立柱 2、摇臂 3、主轴变速箱 4、主轴 5、工作台 6 等部分组成。由于主轴变速箱 4 能在摇臂 3 上的移动范围很大，摇臂 3 又能绕立柱 2 作 360°回转和沿立柱 2 上下移动，因此，摇臂钻床能在很大范围内钻孔。工件可以直接或通过夹具装夹在工作台或底座上。当主轴变速箱调整到所需要的位置上后，摇臂和主轴变速箱可分别由夹紧机构锁紧，以防止刀具在切削时的工作位置变动和产生振动。

摇臂钻床机构完善，操纵灵活、方便，主轴转速和进给量选择范围广，因此，广泛用于单件或中小批量生产中加工大、中型零件，可用于钻孔、扩孔、锪孔、镗孔及攻螺纹等各种工作。

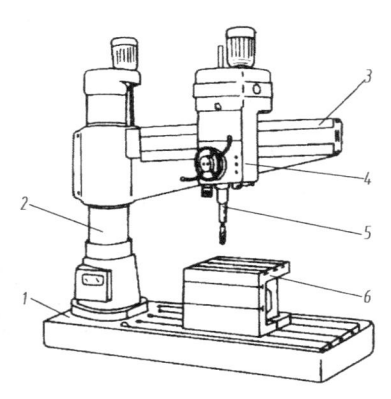

1—底座；2—立柱；3—摇臂；
4—主轴变速箱；5—主轴；6—工作台

图 6-33 摇臂钻床

6.4.2 钻削用量

1. 切削速度 v_c

麻花钻切削刃外缘处的线速度表达式为

$$v_c = \frac{\pi d n}{1000} \text{ (m/min)}$$

式中　　d——麻花钻直径，mm；
　　　　n——麻花钻转速，r/min。

2. 进给量 f

钻削时麻花钻每回转一转，钻头与工件在进给运动方向（麻花钻轴向）上的相对位移为进给量，单位为 mm/r。麻花钻属于多齿刀具，它有两条切削刃（量个刀齿），其每齿进给量 f_z（单位为 mm/z）为进给量的一半，即

$$F_z = f/2$$

3. 切削深度 a_p

指工件已加工表面与待加工表面间的垂直距离。钻孔的切削深度为麻花钻头直径的一半，即

$$a_p = d/2$$

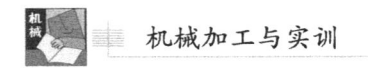

6.4.3 钻削方法

1. 钻头的装夹

钻头柄部结构分为直柄和锥柄两种。直柄钻头先用带锥柄的钻夹头夹紧,再将钻夹头的锥柄插入钻床主轴的锥孔中。如果钻夹头锥柄不够大,可套上过渡用钻套再插入钻床主轴锥孔中。对于锥柄钻头,若其锥柄规格与主轴锥孔规格相符,则将钻头锥柄直接插入主轴锥孔,如锥柄规格与主轴锥孔规格不相符,则需套上过渡用钻套再插入钻床主轴锥孔中。

2. 工件的装夹

孔径较小的小型工件,采用平口钳装夹即可钻削;当工件孔径较大时,钻削时的转矩较大,为保证装夹可靠和操作安全,应采用压板、V形块、螺栓等装夹工件,如图6-34所示。

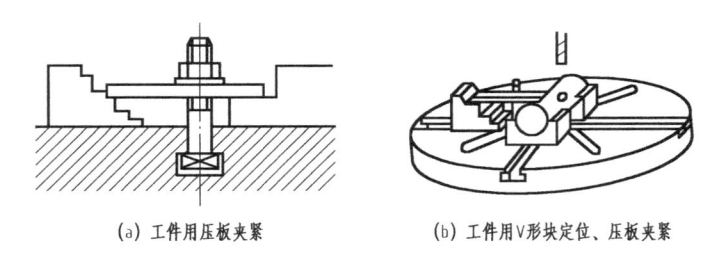

(a) 工件用压板夹紧 (b) 工件用V形块定位、压板夹紧

图6-34 工件的装夹

3. 钻孔

用钻头在实体材料上加工出孔的方法称为钻孔。在单件、小批量生产中,常采用划线钻孔的方法,即先在工件上用划线工具划出待加工孔的轮廓线和中心位置,然后在孔轮廓线、孔中心处打出样冲眼,找正孔中心与钻头的相对位置后即可钻削。如果生产批量较大或孔的位置精度要求较高时,则需要用钻模来保证。使用钻模装夹工件进行钻孔,可以提高孔的加工质量及生产效率。钻深孔时,要经常退出钻头,排除切屑,并进行冷却、润滑;为防止因切屑阻塞而扭短钻头,应该采用较小的进给量。

6.4.4 钻削的工艺特点

(1)麻花钻头的两条切削刃对称地分布在轴线两侧,钻削时,所受径向阻力相互平衡,因此,麻花钻头不易弯曲。

(2)钻孔时切削深度达到孔径的一半,金属的切除率较高。

(3)钻孔过程是半封闭的,钻头伸入工件孔内,并占有较大空间,切屑较宽且成螺旋状,而麻花钻头的容屑槽尺寸有限,因此,排屑比较困难,已加工孔壁由于受切屑的挤压摩擦而被划伤,使表面粗糙度 Ra 值较大。

(4)钻削时,冷却条件差,切削温度高,限制了切削速度,因而生产效率不高。

(5)钻削为粗加工,其加工经济精度等级为 IT13~IT11,表面粗糙度 Ra 值为 50~12.5 μm。一般用作要求不高的孔的加工或高精度孔的预加工。

6.5 镗削加工

6.5.1 镗床与镗削方法

用于大型工件镗孔加工的机床，称为镗床。在镗床上镗孔，不仅可以得到较高的尺寸精度，而且还容易保证孔的位置精度，如孔系的同轴度、垂直度、平行度及中心距等。因此，镗床适应于对箱体、机体等结构复杂，尺寸较大的工件进行孔系加工。

镗削是镗刀旋转作主运动，工件或镗刀作进给运动的切削加工方法。镗削时，工件被装夹在工作台上，并由工作台带动作进给运动，镗刀用镗刀杆或刀盘装夹，由主轴带动回转作主运动。主轴在回转的同时，可根据需要作轴向移动，以取代工作台作进给运动。

一、镗床

镗削在镗床上进行。常用的镗床有立式镗床、卧式镗床、坐标镗床等。

T618 型卧式镗床的外形图如图 6-35 所示，主轴直径为 80mm。其主要部件有主轴箱、工作台、床身、主立柱、尾立柱等。

图 6-35　T618 型卧式镗床

1. 主轴箱

主轴箱上装有主轴 3 和平旋盘 4。主轴可回转作主运动，并可沿其轴向移动实现进给运动。主轴前端的莫氏 5 号锥孔，可用来安装各类刀具夹、镗刀杆等。平旋盘上有数条 T 形槽，用来安装刀架。利用刀架上的溜板，可在镗削浅的大直径孔时调节切削深度，或在加工孔侧端面时作径向进给。主轴箱可沿主立柱 2 上的导轨上下移动，调节主轴的竖直位置和实现沿主立柱方向的上下进给运动。

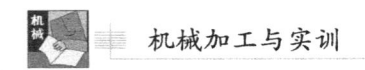

2. 工作台

工作台 5 用于安装工件。由下滑座 7 或上滑座 6 实现工作台的纵向或横向进给运动。上滑座的圆导轨还可实现工作台在水平面内的回转，以适应轴线互成一定角度的孔或平面的加工。

3. 床身

床身 8 用于支承镗床各部件，床身上的导轨为工作台的纵向运动导向。

4. 主立柱

用于支承主轴箱，主立柱 2 上的导轨的作用是引导主轴箱（主轴）的上升或下降。

5. 尾立柱

尾立柱 10 上有镗刀杆支承座 9，用于支承长镗刀杆的尾端，以实现镗刀杆跨越工作台的镗孔。支承座可沿尾立柱上的导轨升降，以调节镗刀杆的竖直位置。

二、镗削方法

在镗床上除了镗孔外，还可以进行钻孔、铰孔，以及用多种刀具进行平面、沟槽和螺纹的加工。图 6-35 所示为镗床上镗削的主要内容。

1. 工件的装夹

在镗床上主要是加工箱体类零件上的孔或孔系（即同轴、相互平行或垂直的若干个孔）。在镗削前的工序中应将箱体类零件的基准平面（通常为底平面）加工好，镗削时作定位基准。

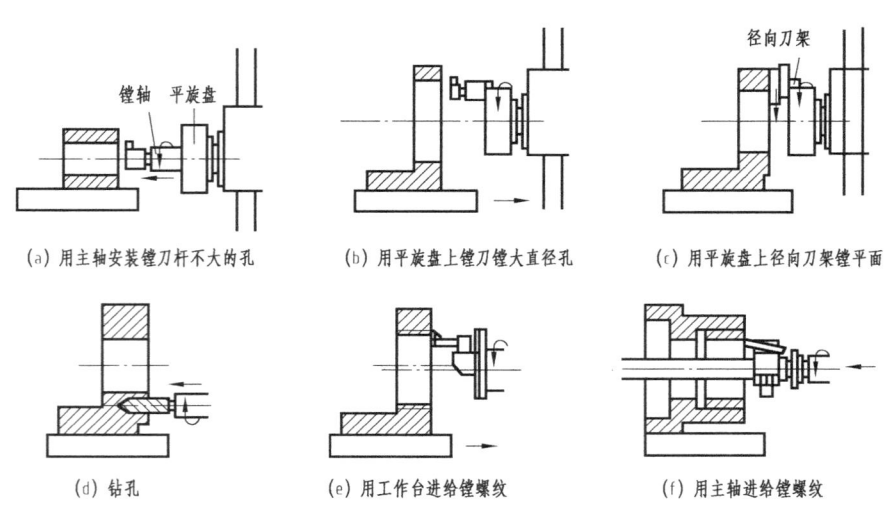

(a) 用主轴安装镗刀杆不大的孔　　(b) 用平旋盘上镗刀镗大直径孔　　(c) 用平旋盘上径向刀架镗平面

(d) 钻孔　　(e) 用工作台进给镗螺纹　　(f) 用主轴进给镗螺纹

图 6-36　卧式镗床上镗削的主要内容

当被加工的轴线与基准平面平行时，可将工件直接用压板、螺栓固定在镗床工作台上。当被加工孔轴线与基准平面垂直时，则可在工作台上用弯板装夹工件，如图 6-37 所示，工件 2 以左端短圆柱面和阶台端面定位，用压板 1 夹紧在弯板 5 上，以保证被加工孔 3 的轴线与阶台端面垂直。

在批量生产中，对孔系的镗削，常将工件装夹于镗床夹具（镗模）内，以保证孔系的位置精度和提高生产率。如图 6-38 所示，工件 4 以底面为基准定位，装夹在镗模 5 中，镗模的导向套为镗刀杆 3 定位并导向，万向接头 2 保证镗刀杆 1 成浮动联结。

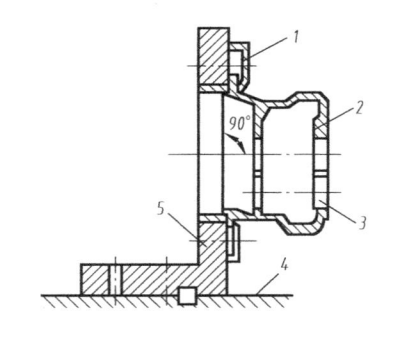

1—压板；2—工件；3—被加工孔；4—工作台；5—弯板

图 6-37 工件在弯板上装夹

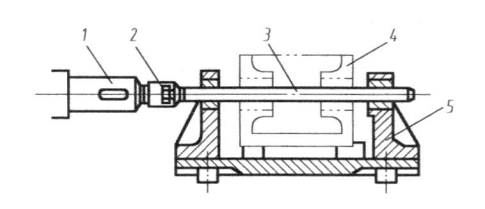

1—主轴；2—万向接头；3—镗刀杆；4—工件；5—镗模

图 6-38 工件用镗模装夹

2. 镗削单一孔

（1）直径不大的单一孔的镗削，刀头用镗刀杆夹持，镗刀杆锥柄插入主轴锥孔并随之回转。加工时，工作台固定不动，由主轴实现轴向进给运动，如图 6-36（a）所示。吃刀量大小通过调节刀头从镗刀杆的伸出长度来控制：粗镗时采取松开紧定螺钉，轻轻敲击刀头来实现调节；精镗时常采用各种微调装置调节，以保证加工精度。

（2）镗削深度不大直径较大的孔时，可使用平旋盘，其上安装刀架于镗刀，由平旋盘回转带动刀架和镗刀回转作主运动，工件由工作台带动作纵向进给运动，如图 6-36（b）所示。吃刀量用移动刀架溜板调节。此外，移动刀架溜板作径向进给，还可以加工孔边端面，如图 6-36（c）所示。

3. 镗削孔系

孔系是指两个或两个以上在空间具有一定相对位置的孔。常见的孔系有同轴孔系、平行孔系和垂直孔系，如图 6-39 所示。

（1）镗削同轴孔系使用长镗刀杆，一端插入主轴锥孔，另一端穿越工件预加工孔由尾立柱支承，主轴带动镗刀回转作主运动，工作台带动工件作纵向精运动，即可镗出直径相同的两（若干）个同轴孔，如图 6-40 所示。镗削单一深度大的孔方法与次相同。若同轴孔系的各个孔的直径不相等，可在镗刀轴向的相应位置，安装几把镗刀，将同轴孔先后或同时加工好。

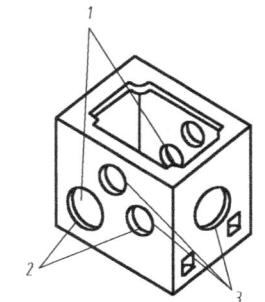

1—同轴孔系；2—平行孔系；3—垂直孔系

图 6-39 箱体上的孔系

（2）镗削平行孔系时，若两平行孔轴线在同一水平面内，可在镗削完一个孔后，将工作台横向移动一个孔距，即可进行另一个孔的镗削。若两平行孔轴线在同一垂直平面内，则在镗削完一个孔后，将主轴箱沿主立柱垂直移动一个孔距,即可对另一个孔进行镗削,如图 6-41 所示。若两个平行孔轴线既不在同一水平面内,又不在同一垂直面内,可在加工完一个孔后,用横向运动工作台,再垂直移动主轴箱的方法,确定工件与刀具的相对位置。

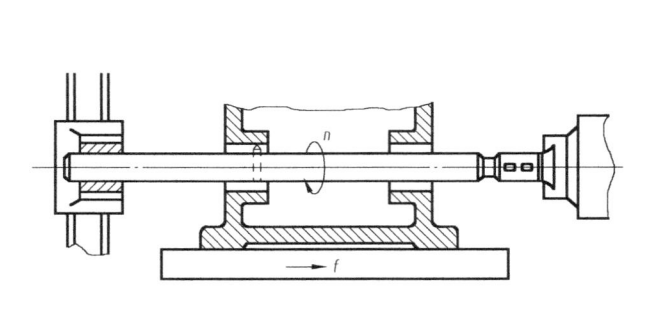

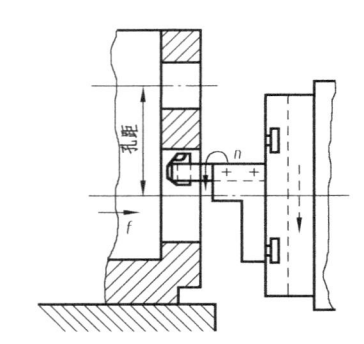

图 6-40　镗削同轴孔系　　　　图 6-41　镗削轴线在同一垂直平面内的平行孔系

（3）镗削垂直孔系时,若两孔轴线在同一水平面内相交垂直,在镗削完第一个孔后,将工作台连同工件回转 90°,再按需横向移动一定距离,确定工件与刀具的相对位置正确后,进行另一孔的镗削,如图 6-42 所示。若两孔轴线呈空中交错垂直,则在上述调整方法的基础上,再将主轴箱沿主立柱向上或向下移动一定距离后进行另一孔的镗削。

4. 镗床的其他加工内容

（1）钻孔、扩孔与铰孔

若孔径不大,可在镗床主轴上安装钻头、扩孔钻、铰刀等工具,由主轴带动刃具回转作主运动,主轴在轴向的移动实现进给运动,实现对箱体工件的钻孔、扩孔与铰孔,如图 6-36（d）所示。

（2）镗削螺纹

将螺纹镗刀装夹于可调节切削深度的特制刀架或刀夹上,再将刀架或刀夹安装在平旋盘上,由主轴箱带动回转,工作台带动工件沿床身按刀具每回转一周移动一个导程的规律作加工运动,便可以镗出箱体上的螺纹孔,如图 7-15（e）所示。如果将螺纹镗刀刀头指向轴心装夹,则可以镗削长度不大的外螺纹。将装有螺纹镗刀的特制刀夹装在镗刀杆上,镗刀杆既回转,又按要求作轴向进给,也可以镗削内螺纹,如图 6-36（f）所示。

（3）用镗床铣削

在镗床主轴锥孔内装上立铣刀或端铣刀,可进行箱体工件侧面上平面和沟槽的铣削。

三、镗削工艺特点

① 在镗床上镗孔是以刀具的回转为主运动,与以工件回转为主运动的孔加工方法相比较,特别适合箱体、机架等结构复杂的大型零件上的孔加工。

② 镗削可以方便地加工直径很大的孔。

③ 镗削能方便地实现对孔系的加工。用坐标镗床、数控镗床进行孔系加工,可获得很高的孔距精度。

④ 镗床多种部件能实现进给运动,工艺适应能力强,能加工形状多样、大小不一的各种工件的多种表面。

6.6 齿面加工

一、齿面加工概述

齿轮在各种机械、汽车、仪器仪表中应用广泛，是传递运动和动力的重要零件。机械产品的工作性能、承载能力、使用寿命及工作精度等，均与齿轮的质量有着密切的关系。常用的齿轮有圆柱齿轮、圆锥齿轮、蜗杆和蜗轮等。

齿轮的轮廓（齿形曲线）有渐开线、摆线、圆弧等。最常用的齿廓是渐开线。

齿轮的加工可分为齿坯加工和齿面加工两个阶段。齿轮的齿坯属轮盘类零件，通常经车削完成。齿轮加工有成形法和展成法两类方法。

1. 成形法

成形法是利用刀具对工件进行加工的方法。齿轮的成形加工方法有铣齿、插齿、拉齿、磨齿，最常用的方法是铣齿。成形法加工的齿轮精度较低，只能用于低速传动。

（1）铣齿

铣齿是利用成形齿轮铣刀在铣床上直接切削出轮齿的方法。铣齿需逐齿进行，每切削完一个齿槽，用分度头按齿数进行分度，再铣下一个齿槽。齿轮模数 $m<8$ mm 时，用盘状模数铣刀在卧式铣床上加工；齿数 $m>8$ mm 时，用指状模数铣刀在立式铣床上加工。

同一模数的一套成形齿轮铣刀通常制成 8 把，分为 1 号刀至 8 号刀，用以铣削该模数所有齿数的齿轮。各刀号模数铣刀加工的齿数范围见表 6-3。

表 6-3 模数铣刀刀号及加工齿数范围

模数铣刀号	1	2	3	4	5	6	7	8
加工齿数范围	12~13	14~16	17~20	21~25	26~34	35~54	55~134	135 以上

（2）铣齿的加工特点

1）生产成本低，加工方便，在普通铣床上即可完成齿轮加工，模数铣刀结构简单，制造容易。

2）加工精度低。由于刀具存在原理性的齿形误差，以及铣齿时工件、刀具的安装误差和分度误差，铣齿的精度较低，其精度等级一般为 IT9~IT10。

3）生产率低。铣齿时，由于每铣一个齿槽均须重复进行切入、切出、退刀和分度工作，其辅助时间长，因此生产率低。

2. 展成法

展成法又称为滚切法，是利用工件和刀具作展成切削运动进行加工的方法。

（1）展成原理

展成法加工齿轮的原理是利用齿轮副的啮合运动实现齿廓的切削。原理的实现是将齿轮副中的一个齿轮制成具有切削能力的齿轮刀具，另一个齿轮换成待加工的齿坯，由专用的齿轮加工机床提供和实现齿轮副的啮合运动。这样，在齿轮刀具与齿坯的啮合运动中进行切削，齿坯将逐渐展成渐开线齿廓。

（2）齿面的展成加工方法

齿面的展成加工方法有滚齿、插齿、剃齿、珩齿、磨齿等。滚齿和插齿是展成法加工齿轮最常见的两种方法。

滚齿和插齿的经济加工精度为IT7，对于精度高于IT7或齿面需要淬火处理的齿轮，在滚齿和插齿后，还须进行齿面精加工。对于不淬硬的齿面，可用剃齿作精加工；对于已淬火的齿面，可用珩齿或磨齿作精加工。

（3）展成法加工齿轮的特点

1）展成法是按齿轮副的啮合原理加工齿面的，不存在原理性的齿形误差，因此，其加工精度较高。

2）一把齿轮加工刀具可以加工与其模数相同、齿形角相等的不同齿数的齿轮。

3）需要专用的齿轮加工机床。

二、滚齿加工

1. 滚齿机

Y3150型滚齿机是一种中型通用滚齿机，主要用于加工直齿和斜齿圆柱齿轮，也可以滚切花键轴或用手动径向进给法滚切蜗轮。加工范围：螺旋角-60°至60°，主轴转速：9级，范围：40~250（r/min）；最大可加工直径为500mm，最大宽度为250mm，最大模数为8mm，最小齿数为$z_{in} = 5 \times k$（k为滚刀头数）的圆柱齿轮。图6-42所示为该机床外形图。立柱2固定在床身1上，刀架溜板3可沿立柱导轨下移动。刀架体5安装在刀架板3上，可绕自身的水平轴线转位。滚刀安装在刀杆4上，作旋转运动。工件安装在工作台9的心轴7上，随工作台一起转动。后立柱8和工作台9在床鞍10上，可沿机床水平导轨移动，用于调整工件的径向位置或作径向进给运动。

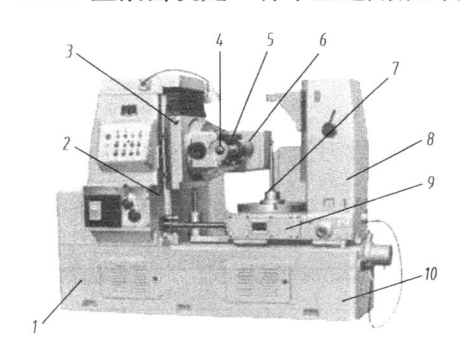

1—床身；2—立柱；3—刀架溜板；4—刀杆；5—刀架体；
6—支架；7—心轴；8—后立柱；9—工作台；10—床鞍

图6-42 Y3150E型滚齿机

2. 滚齿机的运动

在滚齿机上加工齿轮时需要以下几种运动：

（1）主运动：滚刀的旋转运动$v_刀$（r/min）。

（2）展成运动：滚刀和工件的啮合运动。为了得到所需的齿廓和齿轮齿数，二者需按严格的传动比关系进行啮合。即刀具每转一转时，工件相应地转过k/z转。k表示滚刀的头数，z表示工件的齿数。

（3）垂直进给运动：为了切出工件整个齿宽上的齿形，滚刀需沿工件的轴线方向作进给运动，垂直进给量为 f（mm/r），即工件转一转，滚刀沿工件轴线方向进给量，如图 6-43 所示。

（4）附加运动：在加工斜齿圆柱齿轮时，为了形成螺旋线齿槽，当滚刀垂直进给时，工件应作附加的回转运动，简称附加运动。

3. 滚齿的工作原理

滚齿是利用一对轴线互相交叉的螺旋圆柱齿轮相啮合的原理来进行加工的。图 6-44 所示为滚齿工作原理图。它基于螺旋齿轮啮合原理，如图 6-44（a）所示，将其中一个看成滚刀，它的特点是螺旋角很大，齿数 z 很少，类似于蜗杆，如图 6-44（b）所示，开槽和铲削齿背后就形成滚刀，如图 6-44（c）所示。所以滚齿的实质相当于蜗杆蜗轮的啮合过程，当滚刀以一定的切削速度作回转运动时，相当于一排刀齿由上而下进行切削，同时要求工件根据齿数的要求按相应传动比 $i_{刀坯} = n_刀/n_坯 = z_坯/z_刀$ 作相应的啮合回转运动（展成运动），随着这种复合运动的进行，滚刀依次对工件切削出数条刀痕的包络线则形成工件的齿形，如图 6-45 所示。另外，刀具沿齿宽方向的轴向进给，就能在齿坯上依次切削出齿槽（图 6-44）。

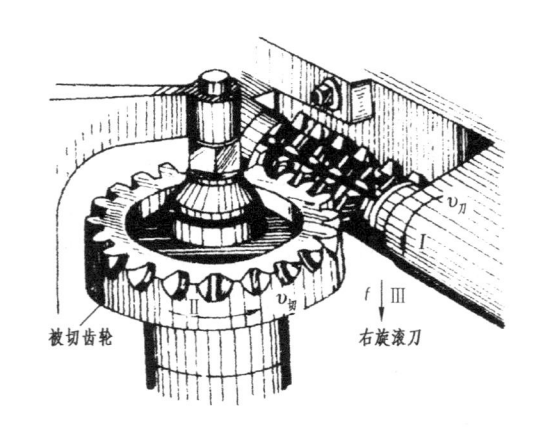

图 6-43 垂直进给运动

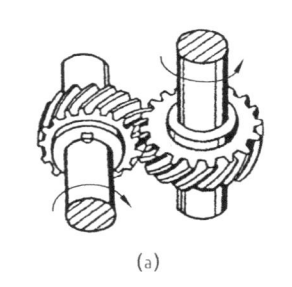

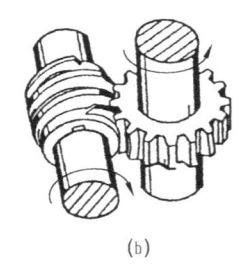

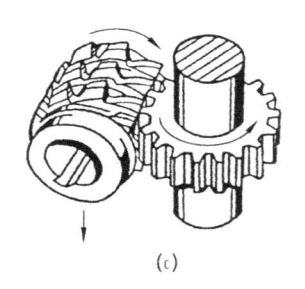

图 6-44 滚齿原理

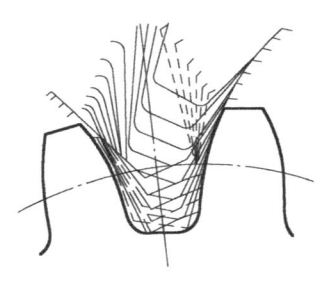

图 6-45 滚刀包络线

4. 滚齿加工的特点

（1）适应性好　由于滚齿是采用展成法加工，所以一把滚刀可以加工与其模数、齿形角相同的不同齿数的齿轮，大大扩大了齿轮加工的范围。

（2）生产率高　由于滚齿是连续切削，无空行程损失，并可采用多线滚刀来提高粗滚齿的效率，使生产率得到提高。

（3）滚齿时，一般都使用滚刀一周多点的刀齿参加切削，工件上所有的齿槽都是由这些刀齿切出来的，因而被切齿轮的齿距偏差小。

（4）滚齿加工出的齿廓表面粗糙度大于插齿加工的齿廓表面粗糙度。

（5）滚齿加工主要用于直齿、斜齿圆柱齿轮或蜗轮，不能加工内齿轮和多联齿轮。

三、插齿加工

1. 插齿的工作原理

插齿是利用一对圆柱齿轮的啮合关系原理来进行加工的,如图6-46(a)所示,其中一个为齿轮刀具——插齿刀,它具有切削刃和切削时所必需的前角和后角。插齿时,插齿刀以其内孔和锥柄紧固在插齿机的主轴上,并作上下往复的切削运动,同时使插齿刀和齿轮坯之间按一对圆柱齿轮的啮合关系运动,插齿刀在每往复行程中切去一定的金属,并在与工件作强制的无间隙啮合运动(展成运动)的过程中形成工件的齿形,这个齿形就是插齿刀的齿廓相对于工件的运动轨迹的包络线,如图6-46(b)所示。切削内齿轮时其原理也是如此,只是刀具与工件的转向不同。

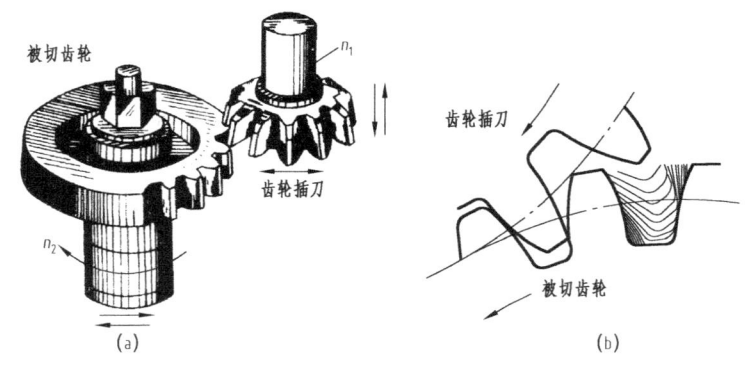

图 6-46 插齿的工作原理

2. 插齿机

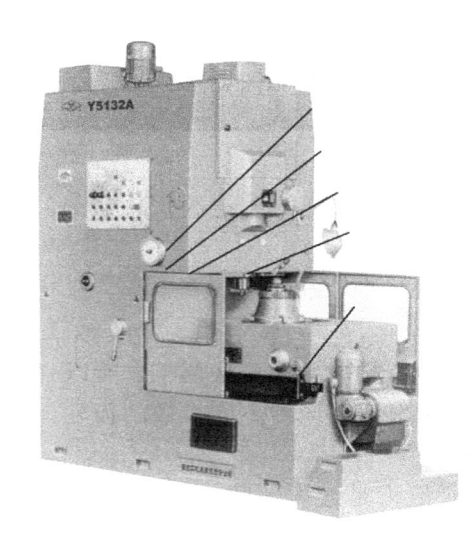

(1)插齿机的外形及应用

插齿机的外形如图6-47所示。立柱固定在床身6上,插齿刀2装在主轴1上做上下往复运动和旋转运动,工件4装在回转工作台5上做旋转运动,并可随同床鞍沿导轨作径向切入运动,以及调整工件和刀具之间的距离。插齿机主要用于加工直齿圆柱齿轮、内齿轮和多联齿轮,但不能加工蜗轮。

(2)插齿机的运动

插齿加工时,机床必须具备以下运动。

1)主运动:插齿刀作上、下往复运动,向下为切削运动,向上返回为退刀运动。切削速度的单位为 m/min。当切削速度和往复运动的行程长度 L 确定后,可用公式 $n_o = 1000v_c/2L$ 算出插齿刀每分钟的往复行程数 n_o。

图 6-47 插齿机外形图
1—主轴;2—插齿刀;3—工件;4—工作台;5—床身

2)展成运动:在加工过程中,要求插齿刀和工件保持一对齿轮的啮合关系,即刀齿转过一个齿,工件应准确地转过一个齿,即 $n_w/n_o = z_o/z_w$(z_o、z_w 分别为刀具和工件的齿数)。刀具和工件的运动组成复合运动——展成运动。

3)径向进给运动:为使插齿刀逐渐切至工件齿全深,插齿刀在圆周进给的同时,必须作径向进给。径向进给量是插齿刀每往复运动一次的径向移动距离。

4）圆周进给运动：圆周进给运动是插齿刀的回转运动。插齿刀每往复行程一次，同时回转一个角度，其转动的快慢直接影响插齿刀的切削用量和齿形参与包络的数量。

5）让刀运动：为了避免插齿刀在回程时擦伤已加工表面和减少刀具的磨损，刀具和工件之间应让开一段距离，而在插齿刀重新向下工作行程时，应立即恢复到原位，这种让开和恢复的动作称为让刀运动。一般新型号的插齿机是通过刀具主轴座的摆动来实现的，这样可以减少让刀产生的振动。

3. 插齿加工的特点

（1）齿形精度比滚齿高　这是由于插齿刀在设计时没有滚刀那种近似齿形误差，加之在制造时可通过高精度磨齿机能获得精确的渐开线齿形。

（2）齿面的表面粗糙度值小　这主要是由于插齿过程中参予包络的刀刃数比滚齿时多。

（3）运动精度低于滚齿　由于插齿时，插齿刀上各个刀齿顺次切削工件的各个齿槽，所以刀具的齿距累积误差将直接传递给被加工齿轮，从而影响被切齿轮的运动精度。

（4）齿向偏差比滚齿大　因为插齿的齿向偏差取决于插齿机主轴回转轴线与工作台回转轴线的的平行度误差。由于插齿刀往复运动频繁，主轴与套筒容易磨损，所以齿向偏差常比齿轮加工时大。

复习思考题

1. 什么是刨削？刨削有哪些切削运动？主运动和进给运动分别是哪个？
2. 刨削有哪些工艺特点？
3. 刨床工作有哪些基本内容？
4. 刨削加工与磨削加工相比较，各有什么特点？
5. 常用刨刀有哪几种？一般各用在什么场合？
6. 磨床有哪些种类？各有什么特点？
7. 外圆磨削和内圆磨削各有哪些运动？各有什么特点？
8. 平面磨削有哪些运动？其磨削用量如何表示？
9. 砂轮的特性由哪些因素决定？如何选用砂轮？
10. 周磨法和端磨法磨削平面的优、缺点及适用范围如何？
11. 钻床有哪些种类？各有什么特点？
12. 在钻床上可以进行哪些加工？分别能达到怎样的精度和表面粗糙度？
13. 镗削加工有何特点？镗床可以完成哪些工作？
14. 镗床的进给运动可由哪些部件完成？
15. 齿轮加工机床分为几种类型？
16. 齿轮加工刀具如何分类？
17. 简述成型法铣齿的原理及特点。
18. 试述滚齿的原理及其特点。
19. 常见的齿形加工方法如何选择？

第7章 典型零件加工与加工工艺分析

【本章学习目标】

1. 熟悉台阶轴零件加工的主要技术要求，重点了解台阶轴零件的基本工艺过程，解决好加工阶段的划分、定位基准的选择、工艺路线的安排等主要问题。
2. 熟悉套筒类与轮盘类零件加工的主要技术要求，主要工艺问题及一般工艺路线。
3. 了解箱体类零件加工的主要技术要求，主要工艺问题及一般工艺路线。正确解决定位基准确定、加工方法选择、加工顺序安排等问题。
4. 通过操作训练，培养学生良好的职业道德和吃苦耐劳的精神，养成热爱劳动、遵守安全文明生产规范的良好习惯。

【教学目标】

1. 知识目标：了解典型零件加工工艺要求及一般的加工工艺路线。
2. 能力目标：通过理论知识的学习，能正确解决定位基准确定、加工方法选择、加工工艺路线的安排等主要问题，培养综合解决问题的能力。

【教学重点】

了解台阶轴、套筒类以及轮盘类零件加工的主要技术要求，基本工艺过程。

【教学难点】

解决好加工阶段的划分、定位基准的选择、工艺路线的安排等主要问题。

【教学方法】

读书指导法、分析法、演示法、练习法。

7.1 台阶轴的加工工艺实例

7.1.1 台阶轴的功用与结构特点

在同一工件上由几种不同直径尺寸组成的轴类零件，称为台阶轴。台阶轴是最典型的轴类零件之一，在机器制造中主要用作支承传动件及传动扭矩。加工表面通常有外圆柱面、圆锥面、台阶、螺纹、沟槽等。各种典型轴类形状如图 7-1 所示。本节主要介绍台阶轴的加工。

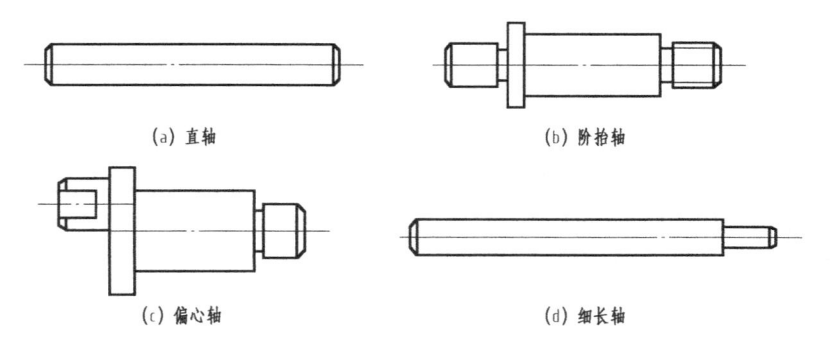

(a) 直轴

(b) 阶梯轴

(c) 偏心轴

(d) 细长轴

图 7-1 各种典型轴

7.1.2 主要技术要求与工艺问题

台阶轴主要技术要求和要解决的主要工艺问题是：各挡轴颈、外圆、装配定位用的轴肩等的尺寸精度、几何形状精度、位置精度精度、表面粗糙度等。

1. 尺寸精度

轴颈是轴类零件的主要表面，它影响轴的回转精度及工作状态。普通轴颈精度通常控制在 IT6～IT9，精密轴颈可达 IT5。

2. 几何形状精度

轴颈的几何形状精度（圆度、圆柱度），一般应控制在直径公差范围内。

3. 位置精度

主要是指装配传动件的配合轴颈相对于装配轴承的支承轴颈的同轴度，通常是用配合轴颈对支承轴颈的径向圆跳动来表示的；根据使用要求，规定高精度轴为 0.001～0.005mm，而一般精度轴为 0.01～0.03mm。

此外，还有各档外圆柱表面的同轴度和轴向定位端面与轴心线的垂直度要求。

4. 表面粗糙度

工作部位的不同，零件的表面可有不同的表面粗糙度值，支承轴颈的表面粗糙度一般为 $Ra0.16\mu m \sim Ra0.63\mu m$ 配合轴颈的表面粗糙度为 $Ra0.63\mu m \sim Ra2.5\mu m$，机器运转速度和精度越高，对应的轴的表面粗糙度值的要求也越小。

7.1.3 定位基准与装夹

台阶轴加工时常以两端中心孔或外圆面作为装夹的定位基准进行粗、精加工。主要有两种装夹方式，如图 7-2 所示。

(a) 两顶尖装夹　　　　　　　　　　(b) 一夹一顶装夹

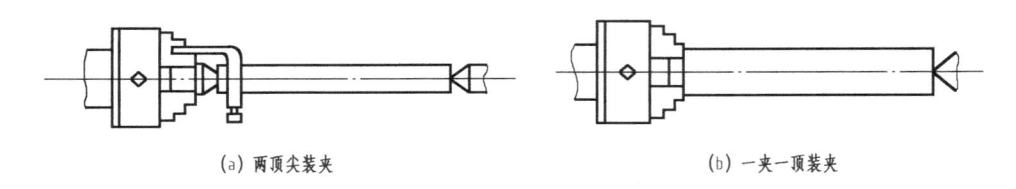

图 7-2　轴类零件的装夹方法

一种是前、后顶尖定位，工件在两顶尖间装夹，称为两顶尖装夹。这种装夹方式，重复定位精度高，在轴类加工中广泛使用。两顶尖装夹的缺点是工件的刚度较差，因此，在车削一般轴类工件，特别是较重的工件时，不能用两顶尖装夹方法，只适用于轴类的半精加工和精加工。

另一种装夹形式是一端用三爪自定心卡盘装夹，另端用顶尖支承，这种方法称为一夹一顶装夹。为了防止工件因切削力的作用而产生位移，必须在卡盘一端装一限位支承。一夹一顶装夹方法重复定位精度不及两顶尖高，但装夹刚性好、安全，常用于粗加工和半精加工。在卡盘一端装夹时，不能夹得太长，一般可夹 5～10mm，否则会造成过定位，影响工件形位公差。

7.1.4　台阶轴加工工艺过程特点

加工台阶轴零件一般以车削、磨削为主要加工方法，采用通用的设备和工装。

轴加工工艺过程通常是：车成形→铣槽（面）→钳钻孔（功螺纹）→热处理→研中心孔→磨外圆等。为提高轴表面耐磨性和刚性，一般都进行热处理。

粗加工时，为了增强其刚度，常采用三爪卡盘夹持其一端，另一端用顶针顶住中心孔加工。

零件上的花键、键槽等次要表面的加工，一般都在外圆精车或半精车之后，磨削加工之前进行。如果在精车或半精车前就铣出键槽，则在精车或半精车时由于断续切削容易产生振动，既影响加工质量，又容易损坏刀具，也难以控制键槽的精度要求。如果在主要表面磨削后加工，则主要表面的加工精度有可能被破坏。

一般毛坯锻造后安排正火，而调质则安排在粗加工后，以便消除粗加工产生的应力并获得较好的金相组织。如果工件表面有一定的硬度要求，则在磨削工序前安排淬火工序来达到。

7.1.5　车削台阶轴的方法

1. 选择切削用量

选择切削用量就是根据切削条件和加工要求，确定合理的切削深度、进给量和切削速度。这对保证产品质量、充分发挥车刀、机床的潜力和提高生产效率都有很重要的意义。

（1）切削深度的选择

粗车时，加工余量较多，这时并不要求很小的表面粗糙度值，在考虑车床动力、工件和机床刚性许可的情况下，尽可能选用较大的切削用量，以减少切削次数，提高生产效率。只有当余量较大，不能一次车去时，才考虑几刀车削。但切削深度不能选得过大，否则会引起振动、"闷车"，甚至损坏车床和刀具。一般把第一次或头几次的切削深度选得大些，最后留半精车和精车余量。

（2）进给量的选择

进给量的大小受到机床和刀具的刚性和强度、工件精度和表面粗糙度的限制。切削深度选定后，进给量应该选得大些。但是，当进给量太大时，可能会引起机床最薄弱零件的损坏、刀片碎裂、工件弯曲、加工表面粗糙度值增大等。

粗车时由于工件表面粗糙度值可大些，选取进给量时，在机床、工件、刀具允许的情况下尽可能大些；这样可以缩短切削行程时间，提高生产效率。精车时应该考虑工件表面粗糙度、进给量应小些。

（3）当切削深度和进给量选好后，切削速度也应该选取较为合理的数值。应当做到既能发挥车刀的切削性能，又能发挥车床的潜力，并且保证工件表面质量和降低成本。选用切削速度的一般原则如下：

1) 车刀材料　使用硬质合金车刀可比高速工具钢车刀的切削速度快。

2) 工件材料　切削强度和硬度较高的工件时，因为产生的热量和切削力都比较大，车刀容易磨损，所以切削速度应选得低些。脆性材料如铸铁工件，虽然强度不高，但车削时形成崩碎切屑，热量集中在切削刃附近，不易传散。因此，切削速度也应取得低些。

3) 表面粗糙度　要求表面粗糙度值小的工件，如用硬质合金车刀车削，切削速度应取得高些；如用高速工具钢车刀车削，切削速度应取得低些。

4) 切削深度和进给量　切削深度和进给量增大时，切削时产生的热量和切削力都较大，所以应适当降低切削速度。反之，切削速度可以取大些。

5) 切削液　切削时加注切削液可以降低切削区域的温度，并起润滑作用。

2. 车台阶轴外圆

图 7-3 为车台阶外圆的几种方法。

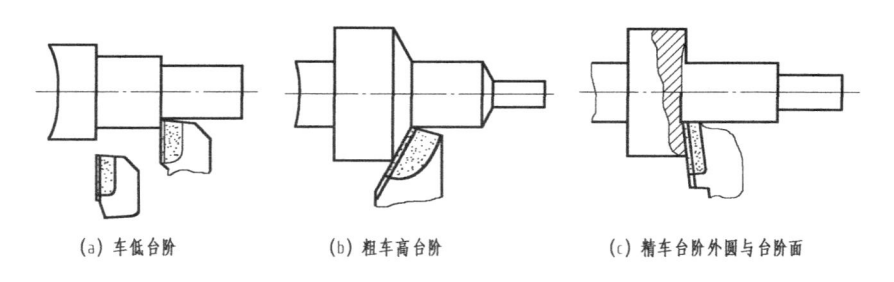

(a) 车低台阶　　(b) 粗车高台阶　　(c) 精车台阶外圆与台阶面

图 7-3　车台阶外圆

1) 对大小外圆相差不大的低台阶外圆，一般用偏刀进行粗、精车，如图 7-3（a）所示。

2) 对于大小外圆相差悬殊的台阶，直接用偏刀车，效率低，且切削力大，还会引起扎刀，所以，一般先用 75°或 45°车刀进行粗车，如图 7-3（b）所示。精车用 90°偏刀。主偏角安装时稍大于 90°，先将斜角车成直角，然后精车外圆，同时光出台阶面。台阶外圆精车一般先车大直径，后车小直径。

3. 直径尺寸的控制方法

车削台阶轴，直径尺寸的控制采用对刀——测量——进刀——切削的方法加以保证。

1) 对刀　就是让刀尖沿轴向接触工件，纵向退出，轴向略进刀 0.6~0.8mm 后，进行纵向切削，再纵向退出（中滑板不动或记下刻度）。

2）测量　就是用游标卡尺或千分尺测量刚才的切削部分。

3）进刀　就是用切削部分的测量值和图样要求进行比较后，用中滑板进刀（粗车时按 2~3mm/刀；精车时按 0.6~0.8mm/刀）。

4）切削　就时用机动/手动的方法进行纵向切削。

4. 台阶长度的控制和测量

1）台阶长度的粗定位，一般利用床鞍刻度盘控制。即以车刀刀刃接触工件端面为起始点，将刻度调整至零位，车削时长度尺寸看床鞍刻度即可。用床鞍刻度控制长度，误差一般小于0.5mm，如图7-4所示。精车可以利用小滑板刻度进行微量进给，精确程度能达到±0.02mm。

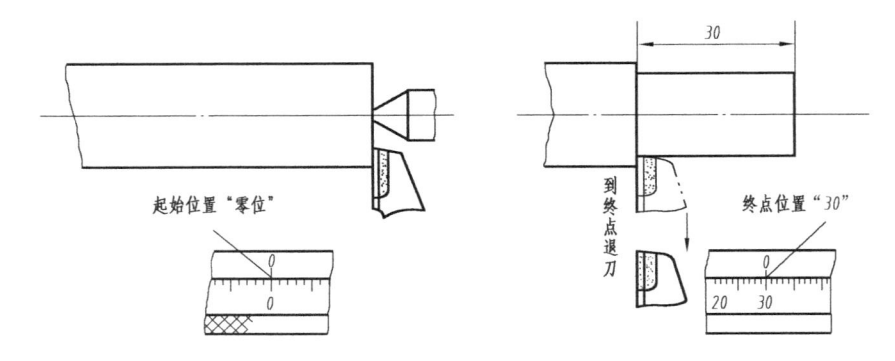

图7-4　利用床鞍刻度控制台阶长度

2）测量阶台长度的方法较多，精度不高的可用钢直尺，内卡钳测量；精度高的用深度游标样板测量，如图7-5所示。

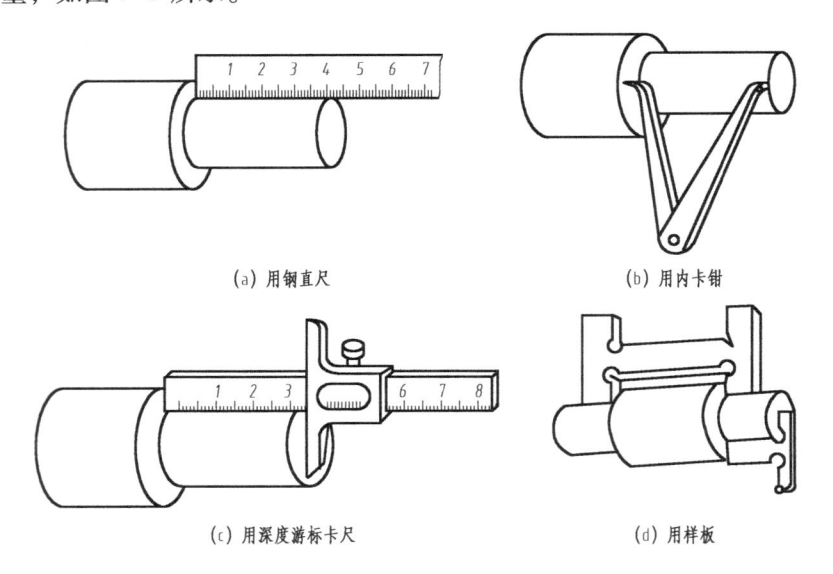

(a) 用钢直尺　　(b) 用内卡钳

(c) 用深度游标卡尺　　(d) 用样板

图7-5　测量台阶的长度

7.1.6 典型工艺过程

表 7-1 是一根较典型的台阶轴，工艺过程由热、车、铣、磨四个工序组成。

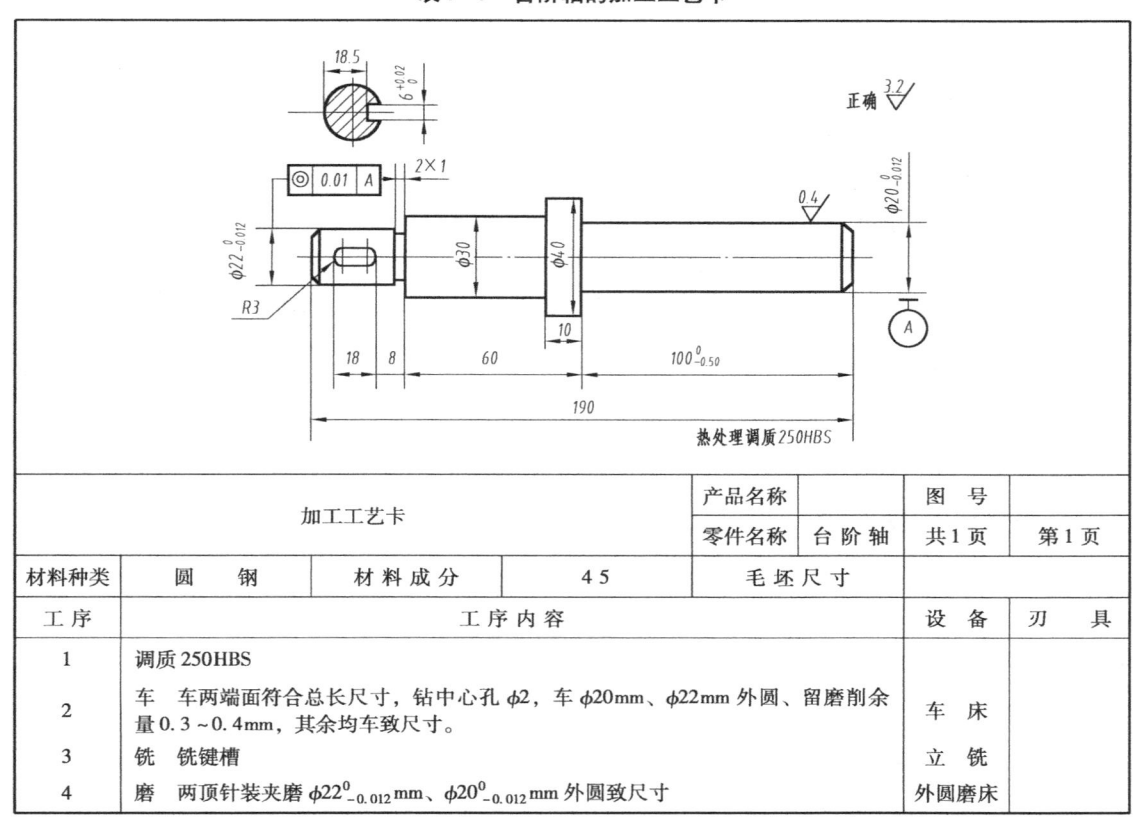

表 7-1 台阶轴的加工工艺卡

加工工艺卡			产品名称		图 号	
			零件名称	台阶轴	共1页	第1页
材料种类	圆 钢	材料成分	4 5	毛坯尺寸		
工 序	工序内容				设 备	刃 具
1	调质250HBS					
2	车 车两端面符合总长尺寸，钻中心孔φ2，车φ20mm、φ22mm外圆、留磨削余量0.3~0.4mm，其余均车致尺寸。				车 床	
3	铣 铣键槽				立 铣	
4	磨 两顶针装夹磨 $\phi 22^{\ 0}_{-0.012}$ mm、$\phi 20^{\ 0}_{-0.012}$ mm 外圆致尺寸				外圆磨床	

1. 车加工的工艺要求

从零件图中看出，该轴由四个台阶组成，其中 φ20 和 φ22 外圆的精度较高，再对照工艺卡，工艺规定 φ20 和 φ22 外圆留磨削余量 0.3~0.4mm，外圆精度及形位公差最后由磨削加工达到。键槽由铣削工完成，图上与键槽有关尺寸均与车加工无关。至此，车削的内容与要求就已明确，φ20、φ22 外圆车至留磨量的尺寸，其余台阶及长度均车至尺寸，如图 7-6 所示。

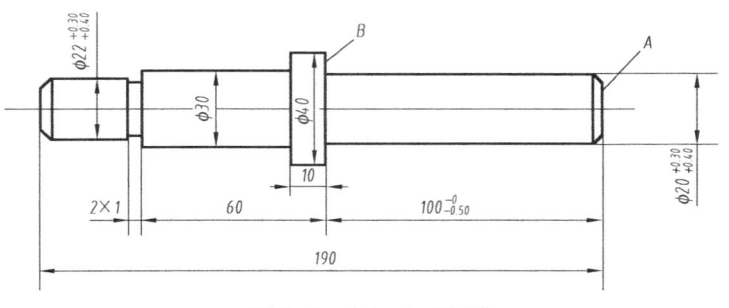

图 7-6 车加工工序图

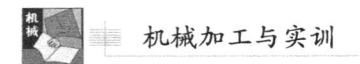

2. 确定装夹方法

从零件形状看，大、小直径差距较大，为提高生产效率，粗加工可采用一夹一顶，精车可采用二顶尖组装夹。

3. 选择轴向测量基准

车台阶轴时，轴向第一次的测量基准总是选在工件的轴端面上，即以轴端面为基准量出图7-6中的"A"面，就是轴的轴端基准，长度尺寸 $100_{-0.5}^{\ 0}$ mm 尺寸，就是从 A 面量出，当台阶面"B"的位置确定后，由于长度尺寸10mm、60mm尺寸均为B面注出，所以测量时就应选"B"面为轴向测量基准，这样误差小，测量也方便。车台阶时，要避免因台阶长度尺寸过多而带来的累积误差，一般的车法是先将外圆最大的台阶轴向正确位置确定后，再以大台阶的侧面为轴向测量基准去测量其余的台阶长度尺寸，基准面尽可能统一，累积误差也相应较小。

4. 车台阶轴的基本要求

台阶轴除各节外圆、长度等应符合图样工艺要求外，还应做到各外圆同轴及台阶面与轴心线垂直。

5. 台阶轴的车削步骤

表7-2为上述台阶轴的车削步骤。

表7-2　台阶轴的车削步骤

顺序	加工简图	加工内容
1		车两端面，保证总长190mm。 钻 $\phi2$mm（B型）中心孔
2		两顶尖装夹 试车外圆，找正工件，锥度要求误差≤0.05/100 粗车 $\phi40$mm 外圆至 $\phi41$mm，$\phi20$mm 外圆至 $\phi22$mm，$100_{-0.5}^{\ 0}$mm 车至 $100_{-1.5}^{\ -1}$mm
3		工件调头装夹 粗车 $\phi22$mm、$\phi30$mm 外圆，放余量1.5~2mm。 长度尺寸，10mm 车至12mm，60mm 车至62mm
4		精车 $\phi40$mm 外圆至尺寸 精车 $\phi20$mm 外圆至 $\phi22_{+0.3}^{+0.4}$mm，同时光出 $\phi40$mm 处端面取正长度 $100_{-0.5}^{\ 0}$mm，倒角 $1.2\times45°$
5		调头精车 $\phi30$mm 外圆至尺寸，取正长度尺寸10mm，精车 $\phi22$mm 外圆至 $\phi22_{+0.4}^{+0.3}$mm，同时车台阶面，取正长度尺寸60mm，车 2mm $\times 1$mm 沉割槽至 2mm$\times1.2$mm，$\phi22$mm 外圆头部倒角 $1.2\times45°$，其余未注倒角均为 $0.5\times45°$

7.2 套筒类零件的加工工艺实例

7.2.1 套筒类零件的功用与结构

工件中主要由中心孔和外圆柱表面组成的长形薄壁类零件,称为套筒类零件。套筒类零件一般用于支承传动零件,但不传递扭矩。如各种形式的滑动轴承、导向套、内燃机汽缸套、液压系统中的液压缸以及各种用途的套筒等。套筒类零件的主要组成表面有:内圆面、外圆面、端面和沟槽等,如图7-7所示。其结构特点是:零件壁的厚度较薄易变形;零件长度一般大于直径等。

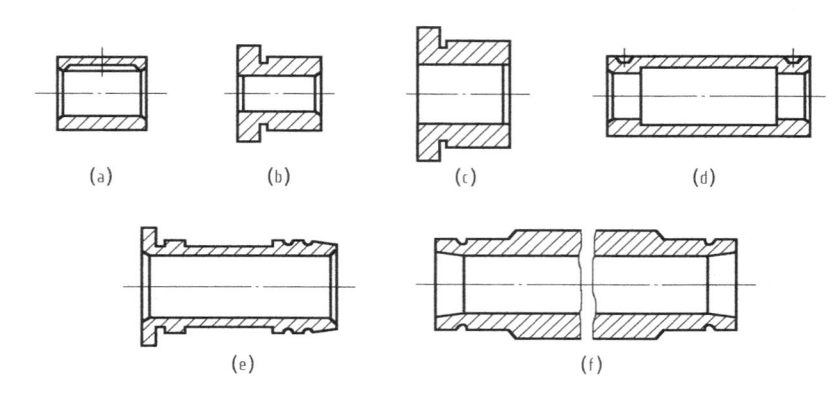

图7-7 各种套筒类零件

7.2.2 套筒类零件的技术要求

套筒类零件的主要表面是孔和外圆,其主要技术要求如下:

1. 孔的技术要求

孔是套筒类零件起支承或导向作用的最主要表面,加工公差等级要求较高,孔的直径尺寸公差一般要求为IT7~IT9,精密轴套要求为IT6。孔的形状精度,应控制在孔径公差以内,一些精密套筒控制在孔径公差的1/2~1/3,甚至更严。对于长的套筒,除了圆度要求外,还应注意孔的圆柱度。为了保证零件的功用和提高其耐磨性,孔的表面粗糙度值为$Ra1.6\mu m \sim Ra0.63\mu m$,有的要求更高,可达$Ra0.04\mu m$。

2. 外圆表面的技术要求

外圆是套筒类零件的支承面,通常以过盈配合或过渡配合同箱体或机架上的孔相连接。外径尺寸公差等级通常取IT6~IT7,形状精度控制在外径公差以内,表面粗糙度值为$Ra3.2\mu m \sim Ra0.63\mu m$。

3. 孔与外圆的同轴度要求

当孔的最终加工是将套筒装入机座后进行时,套筒内外圆间的同轴度要求较低;若最终

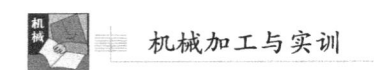

加工是在装配前完成，其要求较高，一般为 0.01~0.05mm。

4. 孔轴线与端面的垂直度要求

套筒的端面（包括凸缘端面）若在工作中承受轴向载荷，或虽不承受载荷，但在装配或加工中作为定位基准时，端面与孔轴线垂直度要求较高，一般为 0.01~0.05mm。

7.2.3 套筒零件加工工艺过程分析

套筒类零件的加工，实际上就是内孔、外圆面和平面的组合加工，因此，加工时，确保孔与外圆的同轴度、端面与套筒轴线的垂直度和防止套筒变形是加工的关键。

1. 套筒零件内孔的车削方法

大多数套筒内孔都能用车削的方法加工，少部分公差等级要求较高的内孔或者需热处理加工的内孔，最后精加工由磨削达到。

(1) 钻孔

钻孔是使用麻花钻头在实体材料上加工孔的一种方法（图 7-8），当被加工孔径较小时（φ50mm 以下），大多采用钻、扩、铰方案。钻孔的加工精度较低，公差等级只能达到 IT12~IT14，表面粗糙度在 $Ra12.5\mu m \sim Ra25\mu m$ 之间。要求低的孔，可直接用钻头钻出；要求较高的孔，钻孔时要留 1.5~2mm 的加工余量，作精加工。钻孔前工件的端面要车平，或中心处车成凹坑，有时还可以在端面上钻一中心孔，这样有利于钻头定中心，防止和减少钻头的摆动、偏斜。钻孔时进给速度应适当慢些，进给量控制在约 0.1~0.3mm/r 左右，同时应加切削液，钻孔较深时排屑有困难，应经常退出清除切屑和冷却钻头。

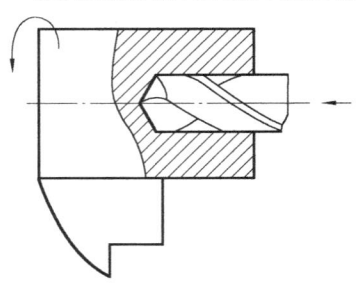

图 7-8 钻孔

(2) 车孔

车孔是常用的孔加工方法之一（图 7-9），当被加工孔径较大时，大多采用钻孔后车孔。车孔的方法可以加工通孔、台阶孔和盲孔，车孔的公差等级能达到 IT8~IT9，表面粗糙度可达到 $Ra6.3\mu m \sim Ra1.6\mu m$，大部分的内孔都能用车孔的方法加工。车孔的方法在粗加工或半精加工中广泛应用。

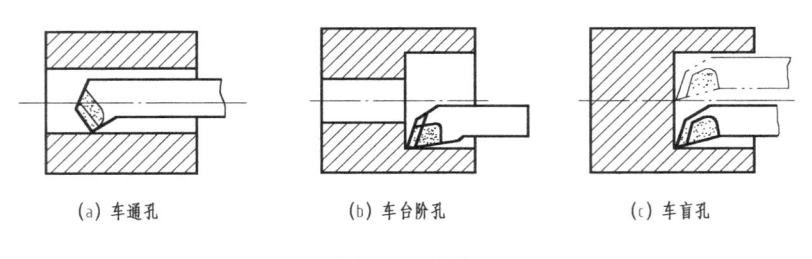

(a) 车通孔　　(b) 车台阶孔　　(c) 车盲孔

图 7-9 车孔

(3) 铰孔

铰孔是对未淬硬孔进行精加工的一种方法（图 7-10），能有效地保证孔的尺寸精度和提高孔的表面质量，操作方便，技能要求不高。铰孔适合中、小尺寸的孔（φ3~150mm）和深孔加工，加工的公差等级能达到 IT7~IT9，表面粗糙度为 $Ra1.6\mu m \sim Ra0.8\mu m$。铰孔能做到尺寸一致，生产效率高。缺点是制造铰刀的价格较昂贵，一般适用于批量生产的孔加工。

（4）磨孔

磨孔是对淬火后，较硬零件高精度内孔表面的一种精加工方法。有中心内圆磨、行星式内圆磨和无心内圆磨，加工时应根据工件的尺寸、精度、批量等来选择加工方式。

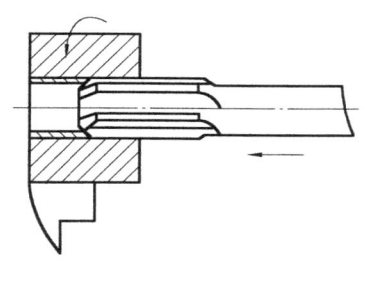

图 7-10 铰孔

2. 套筒零件的车削加工

由套筒零件的技术要求已知，其加工后应达到内孔与外表面之间同轴；端面与孔轴线垂直、两端面相互平行。其加工的基本方法有三种：

（1）一次装夹车削完成（图 7-11） 一次装夹中将套筒的内、外圆表面及端面全部加工，这种加工方法最简便，可获得很高的相对位置精度，不需配备工装。缺点是这种方法的加工工序比较集中，控制尺寸时不易定位，技术难度高，生产效率低，适于尺寸较小轴套的车削加工。

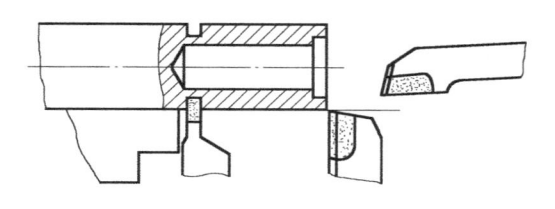

图 7-11 一次装夹加工工件

（2）以内孔为基准保证位置精度（图 7-12） 在套筒加工时，首先完成内孔的加工，然后以孔为精基准，完成外圆加工。这种方法由于所用夹具（心轴）结构简单，定心精度高，因此可保证较高的位置精度，应用甚广。

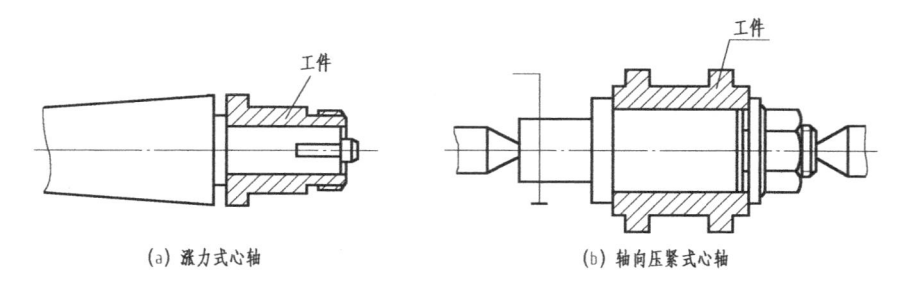

(a) 涨力式心轴 (b) 轴向压紧式心轴

图 7-12 心轴的典型结构

（3）以外圆为基准保证位置精度（图 7-13） 加工套筒时，先将外圆及一侧端面加工完成，然后以外圆为精基准，完成内孔加工。这种方法，工件装夹迅速可靠，但因为三爪自定心卡盘使用中三爪的表面磨损不一，定心精度相对较低，欲获得较高的同轴度，则必须采用定心精度较高的夹具。

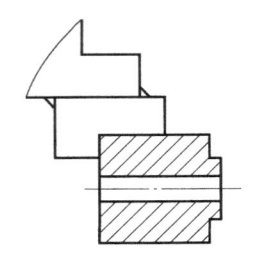

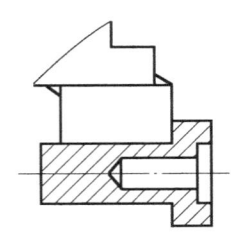

图 7-13　软卡爪装夹的典型结构

3. 防止加工中套筒变形的措施

由于套筒零件孔壁较薄，加工中常因为夹紧力、切削力、残余应力、切削热等因素的影响而产生变形。为了防止变形，应注意以下几点：

（1）粗加工与精加工应分开进行，可以减少切削力与切削热对套筒的影响，少量变形可以在精加工中得到纠正。

（2）减少夹紧力的影响，工艺上可采用以下措施：①改变夹紧力的方向，即将径向夹紧改为轴向夹紧。对于精度要求较高的精密套筒，常采用轴向夹紧的方法。②对于普通精度的套筒，如果需径向夹紧时，也应尽可能使其径向夹紧力均匀。③在工件上做出工艺凸边以提高其径向刚度，减少夹紧变形，然后再将工艺凸边切除。

（3）为了减少热处理套筒变形的影响，可将热处理工序安排在粗加工之后、精加工之前，使热处理变形在精加工中予以修正。

4. 衬套的车削实例

图 7-14 是一要加工的轴承衬套。

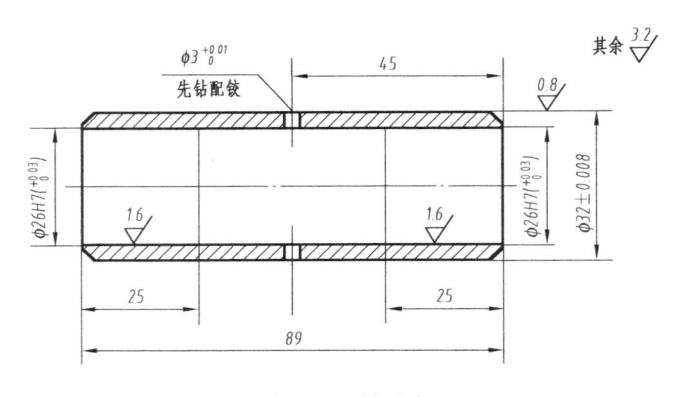

图 7-14　轴承套

注：技术条件：
1. 两端 $\phi 26H7$ 孔的同轴度由工艺保证
2. 热处理调质 250HBS

（1）轴承套工艺分析　轴承套是薄壁型套类零件，特点是壁薄，形状精度及与配合件的配合要求高。加工过程中，防止产生径向变形是关键。其工艺程序是热处理调质→车削成形→钳工划线→钻孔→磨削。根据工件特点，要求做到以下几点：

1) 用辅助夹套减少径向变形　从图 7-15 中可看出辅助夹套夹紧后应力分散，变形小。从图 7-16 中可看出未加辅助夹套夹紧，应力集中三点。

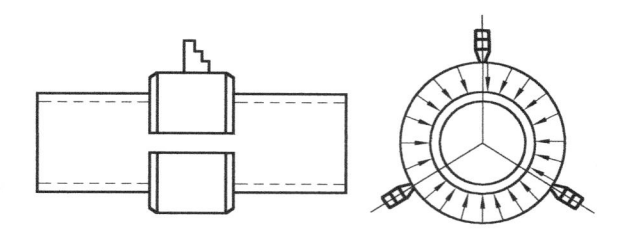

图 7-15　用辅助夹套径向变形

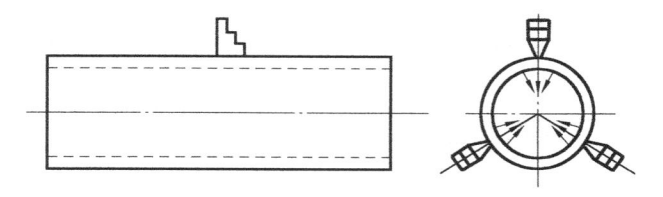

图 7-16　不用辅助夹套径向变形

在加工薄壁套类零件装夹时，比较理想的夹紧力为轴向力，这样对径向的变形就可以大大的减小。

2) 保证两孔轴线的直线度和同轴度　两孔轴线的直线度和同轴度同样十分重要，如果偏差太大，就会影响磨床装心轴磨削外援和配合件装配的困难，严重的甚至不能装配，致使轴通不过。要保证两孔轴线的直线度和同轴度，除采用辅助夹套装夹以外，还应做到几点：

① 在一次装夹中，采取车，铰孔的方法完成工件两端孔径的加工。

② 车内孔时吃刀量要少些，多车几刀，以纠正钻孔时产生的径向跳动，这样铰出的两端孔径的同轴度，才会达到精度要求。

3) 尽量减少切削热减小变形　切削热是造成零件变形的重要因素，为降低切削热，车、铰孔应该在充分冷却的条件下进行。

另外，在车削外圆放磨量时，放磨量应该严格控制尺寸。其一是为了与辅助夹套有一定的配合；其二是为了减小磨削余量，防止磨削时产生的大量热量而影响精度。

(2) 轴承套的加工　轴承套的加工方法和步骤见表 7-3。

表 7-3　轴承套的加工步骤

加 工 内 容	加 工 简 图
1. 三爪自定心卡盘夹毛坯用 $\phi 24$mm 钻头钻通孔	
2. 菊花形顶尖、回转顶尖将孔口两端紧紧顶住，车 $\phi 32 \pm 0.008$mm 外圆至 $\phi 32^{+0.35}_{+0.30}$mm	

续表

加 工 内 容	加 工 简 图
3. 三爪自定心卡盘夹外圆 车两端面至总长89mm,两端外圆倒角0.7×45°	
4. 为了防止变形,在工件中间加上夹套,再用三爪自定心卡盘稍用力夹紧,注意工件的径向跳动量应小于0.10mm,用百分表检查,发现偏差应纠正后才可车 车内孔 $\phi26H7$ mm,留铰孔余量0.08~0.101mm 孔口倒角0.5mm×45° 铰 $\phi26H7$ mm 孔至尺寸 铰孔时切削速度 $V_C<5$m/min,应在切削液充分的条件下进行	

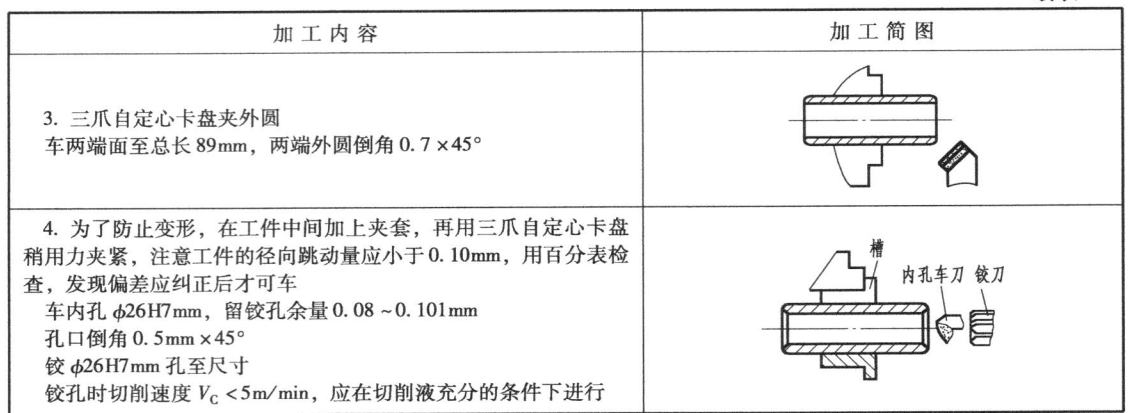

7.3 轮盘类零件的加工工艺实例

7.3.1 功能与结构

在机械制造轴系部件中,除轴本身和键、螺钉等连接件外,几乎都是中间有孔的套筒类零件和轮盘类零件。套筒类零件主要用于支承,而轮盘类零件主要用于配合轴类零件传递运动和转矩。轮盘类零件其主要组成表面有内圆面、外圆面、端面和沟槽等,与套筒类零件基本相同,只是其外形较短。典型的轮盘类零件有法蓝盘、齿轮、带轮等,如图7-17所示。

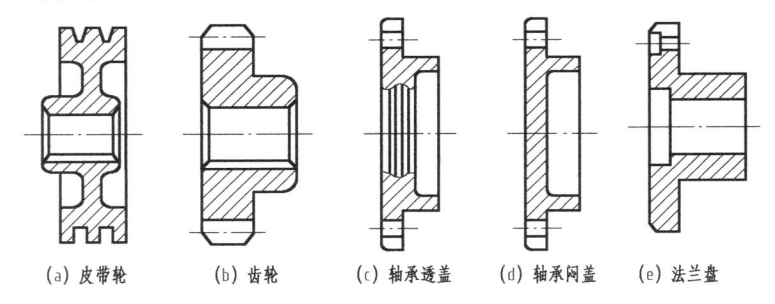

(a) 皮带轮　(b) 齿轮　(c) 轴承透盖　(d) 轴承闷盖　(e) 法兰盘

图7-17　轮盘类零件的几种典型结构

7.3.2 主要技术要求与工艺问题

轮盘类零件的内孔、端面的尺寸精度、形位公差精度、表面粗糙度等,是此类零件的主要技术要求和要解决的主要工艺问题。加工时通常以内孔、端面定位或以外圆、端面定位,使用专用心轴或卡盘装夹工件。

7.3.3 工艺实例

图示的法蓝盘是一种比较典型的轮盘类零件。

1. 齿轮坯的加工工艺分析

齿轮坯的加工工艺参见表7-3。

表 7-4　齿轮坯的加工工艺卡

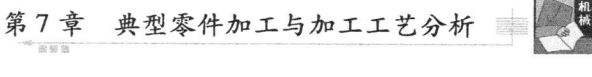

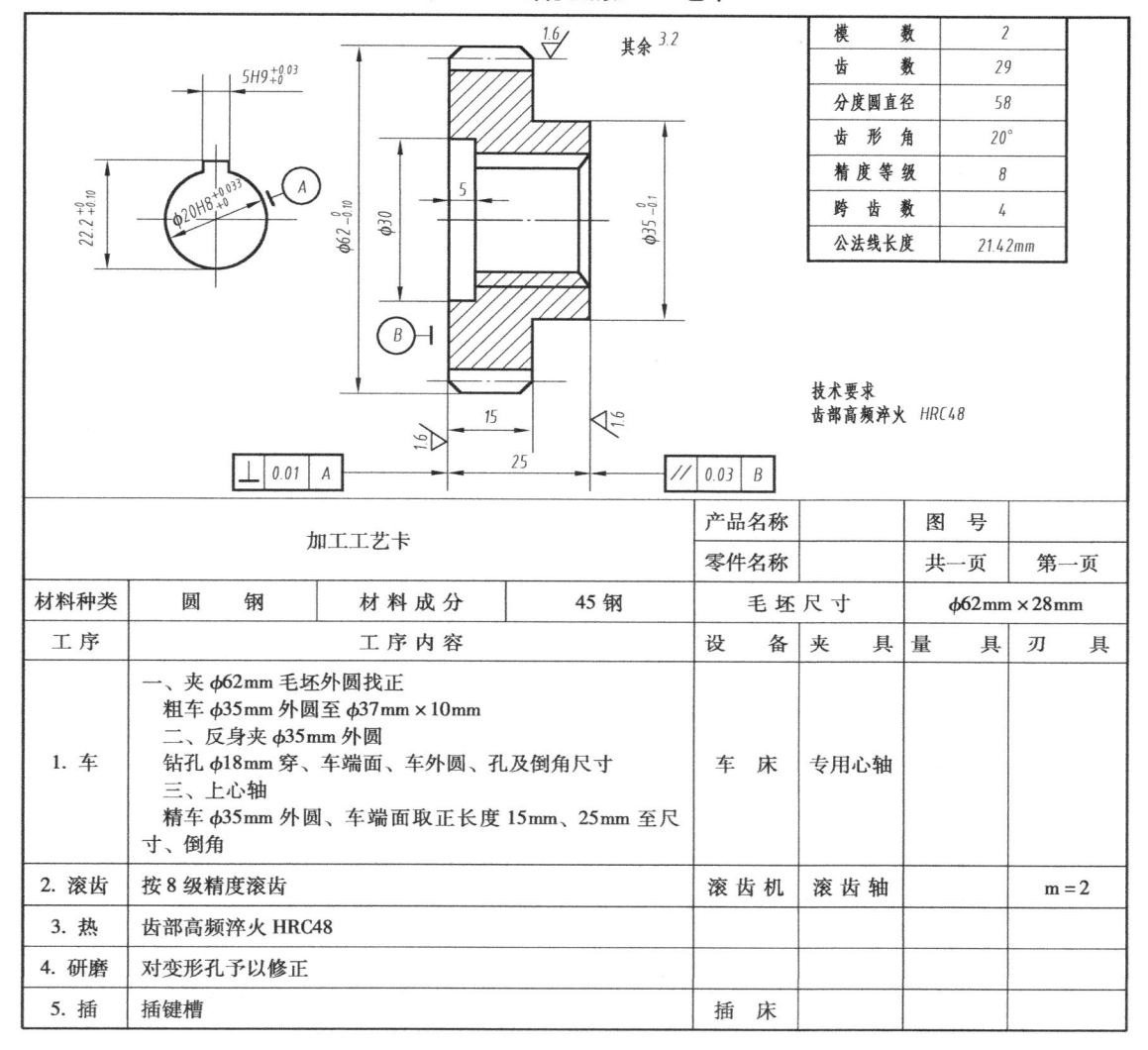

模　　　数	2
齿　　　数	29
分度圆直径	58
齿　形　角	20°
精度等级	8
跨　齿　数	4
公法线长度	21.42mm

技术要求
齿部高频淬火 HRC48

加工工艺卡				产品名称		图　号	
				零件名称		共一页	第一页
材料种类	圆　钢	材料成分	45 钢	毛坯尺寸		$\phi62\text{mm}\times28\text{mm}$	
工序	工序内容			设　备	夹　具	量　具	刃　具
1. 车	一、夹 $\phi62\text{mm}$ 毛坯外圆找正 　粗车 $\phi35\text{mm}$ 外圆至 $\phi37\text{mm}\times10\text{mm}$ 二、反身夹 $\phi35\text{mm}$ 外圆 　钻孔 $\phi18\text{mm}$ 穿、车端面、车外圆、孔及倒角尺寸 三、上心轴 　精车 $\phi35\text{mm}$ 外圆、车端面取正长度 15mm、25mm 至尺寸、倒角			车　床	专用心轴		
2. 滚齿	按 8 级精度滚齿			滚齿机	滚齿轴		m = 2
3. 热	齿部高频淬火 HRC48						
4. 研磨	对变形孔予以修正						
5. 插	插键槽			插床			

（1）齿坯加工　齿轮的内孔和端面是装配和加工的基准，因此，车齿轮坯的基本要求就是孔与基准面一次车出以保持垂直。齿轮的外圆与内孔的同轴度要求误差小于 0.05mm 即可，成批加工时常采用外圆定位。

（2）齿形加工　齿形加工的基本方法，圆柱齿轮主要是滚齿和插齿，滚齿的生产效率比插齿高，但加工精度低于插齿，一般适用于精度等级较低的齿形加工（8 级或低于 8 级）。

齿部的高频淬火是为了提高齿面的硬度于耐磨性。

（3）研磨　齿部经高频淬火后，内孔会引起热变形，所以要用研磨的方法予以修正。

（4）插键槽　插键槽放在最后，可避免因齿部淬火而引起键槽的变形。

2. 齿轮坯的车削步骤

齿轮坯的车削步骤见表 7-5。

表7-5 齿轮坯的车削步骤

序号	加工内容	加工简图
1	三爪自定心卡盘夹毛坯外圆，目测找正工件外圆和端面、夹紧 粗车 $\phi 35 \times 10$mm 外圆至 $\phi 37 \times 10$mm	
2	按图示调头装夹 钻通孔 $\phi 18$，粗、精车 $\phi 62_{-0.10}^{0}$ 外圆至尺寸。车孔 $\phi 20H8$ 至尺寸，精车 B 面，车 $\phi 30 \times 5$mm 阶台孔至尺寸，倒角外圆 $1 \times 45°$，内孔 $0.5 \times 45°$	
3	将涨力式心轴揩清后装入车床主轴内孔，百分表校验，要求外圆径向跳动误差小于 0.05mm，如超差，可将心轴拆下，再揩清，转过一个角度再校验，符合要求后，将工件装上心轴，头部螺钉压紧，使心轴涨开，工件紧固	
4	用试车外圆和端面校验工件的同轴度和平行度： 采用心轴装夹工件，第一只应试车（外圆和端面均留余量），经校验同轴度和垂直度符合要求后，才可进行精车	
5	校验方法 一、校验同轴度 将心轴涨紧螺钉松开，用手将工件在心轴上缓缓转动，将百分表触头放在外圆上，百分表指针移动格数的一半即该外圆在直径方向的同轴度误差 二、校验平行度 校验平行度的方法较多，常用的有 ① 采用千分表测量厚度尺寸，测量时选直径最大处并均测三点，误差值即平行度误差 ② 将工件基准面放在平板上，前后、左右移动，百分表触头始终与平面接触，指针移动值即平行度误差	

3. 主要技术要求与工艺问题

齿轮内孔、端面的尺寸精度、形位误差精度、表面粗糙度及齿形精度等，是齿轮加工的主要技术要求和要解决的工艺问题。

4. 定位基准与装夹方法的选择

齿轮加工时通常以内孔、端面定位或以外圆、端面定位，使用专心轴（装夹带孔工件的夹具）或卡盘装夹工件。

5. 工艺特点

一般来说，齿轮加工分为齿坯加工和齿形加工两个阶段。通常以内孔、端面定位，采用心轴装夹工件，符合基准重合、基准统一原则。齿坯加工过程代表了一般盘套类零件加工的基本工艺过程，采用通用设备和通用工装；齿形加工多采用专用设备（齿轮加工机床）和专用工装。

7.4 箱体类零件的加工工艺实例

7.4.1 箱体类零件的功用与结构特点

1. 功用与结构

箱体类零件是机械的基础零件。它将机械中的一些轴、套、轴承和齿轮等零部件连成一个整体，使各零件间保持正确的位置关系，并按规定的传动关系协调运动。其结构特点是：一般体积较大，形状较复杂，壁薄而不均匀，内部呈腔形，通常有许多轴线相互平行或垂直的孔组成的孔系。箱体类零件其底面、侧面或顶面通常是装配基准面。图 7-18 所示为几种典型箱体支架类零件。

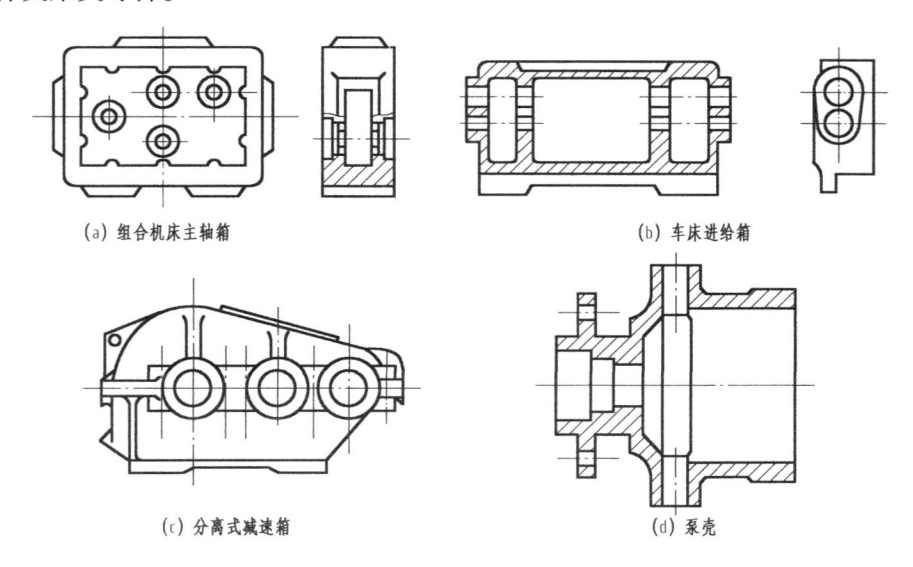

(a) 组合机床主轴箱　　　　(b) 车床进给箱

(c) 分离式减速箱　　　　(d) 泵壳

图 7-18　几种箱体的结构简图

2. 材料与毛坯的选择

箱体类零件多选择灰铸铁件为毛坯，因为铸铁易成形，切削性能好，具有较好的吸振性和耐磨性。承载较大的机架箱体类零件可以选用球墨铸铁或铸钢件毛坯。在单件小批量生产中，也可采用钢板焊接结构毛坯。

7.4.2 主要技术要求与工艺问题

箱体零件的主要加工表面是孔系内表面和各装配平面。一系列有相互位置精度要求的孔称为孔系。箱体上的孔不仅孔本身的精度要求高，而且孔距精度和相互位置精度要求也很高,因此,如何保证箱体类零件的轴承孔和基准平面的尺寸精度、形状精度、平行孔间的平行度、同轴孔间的同轴度、相交孔间及相交平面间的垂直度、主要加工表面的表面粗糙度等,这是箱体加工的关键,也是加工这类零件的主要技术要求和要解决的主要工艺问题,将直接影响到机器的运转精度、传动平稳性、噪声和设备的寿命。具体要求为:

(1)支承孔的尺寸精度一般为IT6～IT7级,形状精度不超过其孔径尺寸公差的一半,表面粗糙度值为$Ra1.6\mu m$～$Ra0.4\mu m$;同轴线上支承孔的同轴度为$\phi 0.01$～$0.03mm$,各支承孔之间的平行度为0.03～$0.06mm$,中心距公差为± 0.02～$0.08mm$。

(2)箱体装配基准面、定位基准面的平面度一般为0.02～$0.1mm$,表面粗糙度值为$Ra3.2\mu m$～$Ra0.8\mu m$。主要平面间的平行度、垂直度为300:(0.02～0.1)。

(3)各支承孔与装配基准面间的平行度为0.03～$0.1mm$。

7.4.3 箱体零件孔系加工

孔系可分为平行孔系、同轴孔系、和交叉孔系,如图7-19所示。根据生产规模和孔系的精度要求可采用不同的加工方法。

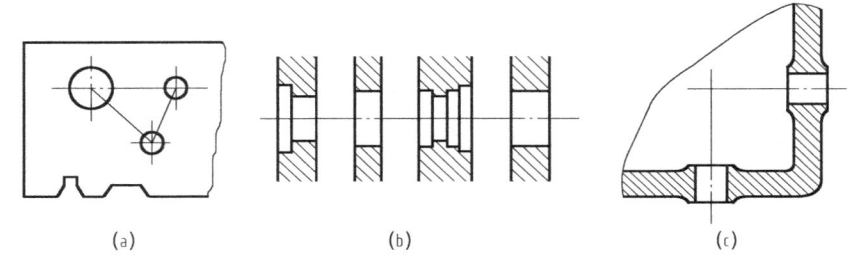

图7-19 孔系分类

1. 平行孔系加工

平行孔系的主要技术要求是各平行孔中心线之间及孔中心线与基准面之间的距离尺寸精度和相互位置精度。生产中常采用以下几种方法:

(1)镗模法

如图7-20所示,工件装夹在镗模上,镗杆支承在镗模的导套里,由导套引导镗杆在工件的正确位置上镗孔。

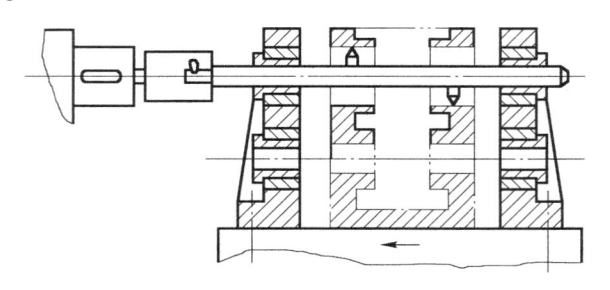

图7-20 用镗模加工孔系

用镗模镗孔时,镗杆与机床主轴多采用浮动连接,机床精度对孔系加工精度影响很小。孔距精度和相互位置精度主要取决于镗模的精度,因而,可以在精度较低的机床上加工出精度较高的孔系；用镗模镗孔时，镗杆刚度高，有利于采用多刀同时切削；且定位夹紧迅速，生产效率高。但因为镗模的精度要求高，制造周期长，成本高，因此，镗模法加工多用于成批及大批量生产，在单件小批生产时，对一些精度要求较高，结构复杂的箱体孔系，也可采用镗模法加工。

由于镗模本身的制造误差和导套与镗杆的配合间隙误差，用镗模加工孔系不可能达到很高的加工精度。一般孔径尺寸精度为 IT7 级左右，表面粗糙度值为 $Ra1.6\mu m \sim Ra0.8\mu m$；孔与孔之间的同轴度和平行度，当从一端加工时，可达到 $0.02 \sim 0.03$mm，当从两端加工时，可达到 $0.04 \sim 0.05$mm；孔距精度一般为 ± 0.05mm。

用镗模法加工孔系，既可在通用机床上加工，也可在专用机床或组合机床上加工。

（2）找正法

找正法是在通用机床上，借助一些辅助装置去找正每一个被加工孔的正确位置。找正法包括以下几种：

1）划线找正法

加工前按图样要求在毛坯上划出各孔的位置轮廓线，加工时按所划的线一一找正，同时结合试切法进行加工。划线找正法设备简单，但操作难度大，生产率低，同时，加工精度受到工人技术水平影响较大，加工的孔距精度较低，一般为 ± 0.3mm 左右。故一般只用于单件小批生产，孔距精度要求不高的孔系加工。

2）量块心轴找正法

如图 7-21 所示，将精密心轴分别插入机床主轴孔和已加工孔中，然后组合一定尺寸的量块来找正主轴的位置，找正时，在量块心轴间要用塞尺测定间隙，以免量块与心轴直接接触而产生变形。此法可达到较高的孔距精度（± 0.03mm），但生产率低，适用于单件小批生产。

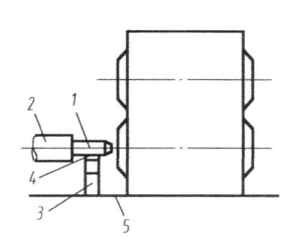

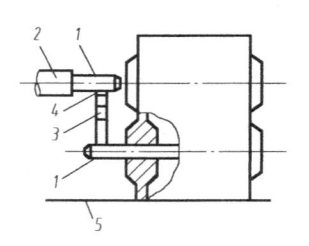

1—心轴；2—主轴；3—量块；4—塞尺；5—镗床工作台

图 7-21 量块心轴找正法

3）样板找正法

如图 7-22 所示，先用钢板制造孔系样板，样板上孔系的孔距精度要求很高（一般小于 ± 0.01mm），孔径比工件的孔径稍大，以便镗杆通过。样板上的孔径尺寸要求不高，但几何形状精度和表面粗糙度要求较高，以便保证找正精度。使用时，将样板 1 装在被加工的箱体的端面上，利用装在机床主轴上的百分表找正器 2，按样板上的孔逐个找正机床主轴的位置进行加工。此法加工孔系不易出差错，找正迅速，孔距精度可达 ± 0.02mm，样板成本比镗模低得多，常用于单件中小批生产中加工大型箱体的孔系。

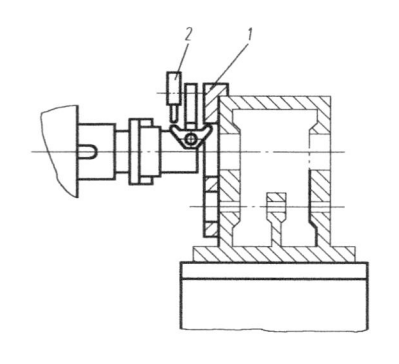

1—样板；2—百分表找正器

图 7-22 样板找正法

4）坐标法

坐标法镗孔是将被加工孔系间的孔距尺寸换算成两个相互垂直的坐标尺寸，然后按此坐标尺寸精确地调整机床主轴和工件在水平与垂直方向的相对位置，通过控制机床的坐标位移尺寸和公差来间接保证孔距尺寸精度。在单件小批生产及精密孔系加工中应用较广。

2. 同轴孔系的加工

同轴孔系的主要技术要求为同轴线上各孔的同轴度。生产中常采用以下几种方法：

（1）镗模法

在成批以上生产中，一般采用镗模加工，其同轴度由镗模保证。精度要求较高的单件小批生产，采用镗模法加工也是合理的。

（2）导向法

单件小批生产时，箱体孔系一般在通用机床下加工，不使用镗模，镗杆的受力变形会影响孔的同轴度，可采用导套导向加工同轴孔。

① 用已加工孔作支承导向　当箱体前壁上的孔加工后，可在孔内装一导向套，以支承和引导镗杆加工后面的孔，来保证两孔的同轴度。此法适用于箱壁相距较近的同轴孔的加工。

② 用镗床后立柱上的导向套作支承导向　此法镗杆为两端支承，刚性好；后立柱导套的位置调整麻烦费时，需心轴量块找正，且需要较长较粗的镗杆，故一般适用于大型箱体的加工。

（3）找正法

找正法是在工件一次安装镗出箱体一端的孔后，将镗床工作台转180°，再对箱体另外一端同轴线的孔进行找正加工。为保证同轴度，找正时应注意以下两点：首先应确保镗床工作台精确回转180°，否则两端所镗的孔轴线不重合；其次调头后应保证镗杆轴线与以加工孔轴线位置精确重合。

如图7-23所示，镗孔前用装在镗杆上的百分表对箱体上与所镗孔轴线平行的工艺基面进行校正，使其与镗杆轴线平行（图7-23（a）），然后调整主轴位置加工箱体A壁上的孔。镗孔后回转工作台180°，重新校正工艺基面对镗杆轴线的平行度（图7-23（b）），再以工艺基面为统一测量基准，调整主轴位置，使镗杆轴线与A壁上的孔轴线重合，即可加工箱体B壁上的孔。

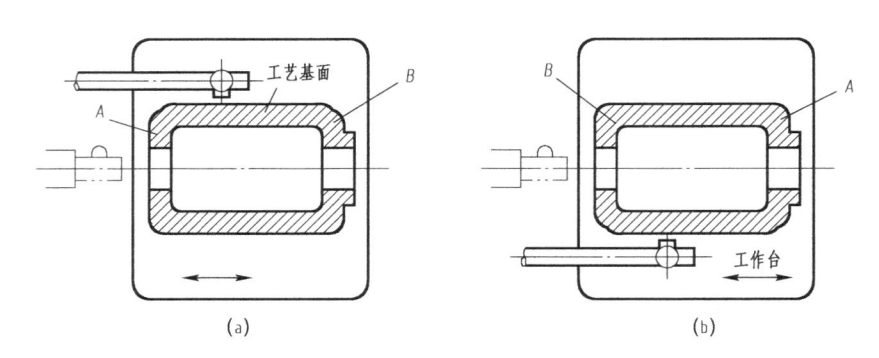

图7-23　找正法加工同轴孔系

找正方法的调整、找正较麻烦，生产效率低，但设备及工艺装备简单，镗杆短且刚性好，故适用于单件小批量生产中加工相距较远的孔系。

3. 交叉孔系的加工

交叉孔系的主要技术要求为各孔间的垂直度。生产中常采用以下方法：

（1）镗模法

在成批以上生产中，一般采用镗模法加工，其垂直度等由镗模保证。

（2）找正法

单件小批生产中，箱体孔系一般在通用机床上加工。交叉孔系间的垂直度靠找正精度来保证。普通镗床工作台的90°对准装置为挡块机构，结构简单，对准精度不高（如T68出厂精度为0.04/900，相当于8″），每次需凭经验保证挡块接触松紧一致，否则难以保证对准精度。有些镗床采用端面齿定位装置（如TM617），90°定位精度为5″（任意位置为10″）；有些镗床则用光学瞄准器，其定位精度更高。

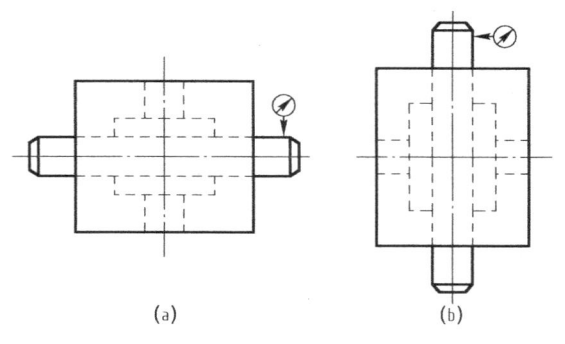

图 7-24 找正法加工交叉孔系

当普通镗床工作台90°对准装置精度不高时，可用心棒与百分表进行找正；即在加工好的孔中插入心棒，如图4-17（a）所示，然后将工作台回转90°，摇动工作台用百分表找正，如图4-17（b）所示。

7.4.4 工艺过程特点

箱体零件的加工表面多，加工工作量大，必须根据不同的生产规模，合理地选择定位基准、加工方法及工艺等，以获得最佳的技术经济效果。在单件小批生产中主要安排划线工序。通过划线，可以合理分配各加工表面的加工余量，调整各加工表面与非加工表面间的位置关系，并且提供了定位的依据，即以划线作为粗基准。箱体类零件在加工过程中的精基准有两种情况：一是一个平面和该平面上的两个孔定位，称为一面两孔定位；二是以装配基准定位，即以箱体的底面和导向定位。箱体类零件在单件小批量生产中常用螺钉、压板等直接装夹在机床工作台上；在大批量生产中则多采用专用夹具装夹。

箱体零件的典型加工路线为：平面加工→孔系加工→次要面（紧固孔等）加工。

一般来说，加工箱体类零件时，通常采用先面后孔的原则。即一般先加工主要平面（也包括一些次要平面），后加工支承孔，这样为孔的加工提供稳定可靠的定位精基准。此外，主要平面是箱体零件在机器的装配基准，先加工主要平面可使后续加工的定位基准与装配基准重合，从而取消因基准不重合而引起的定位误差。

箱体零件在毛坯粗加工后，由于大量表皮余量的切除，箱体材料内部应力将重新分配，导致箱体在后续使用中逐步变形而丧失精度，因此对于要求较高的箱体零件，往往需要考虑安排二次时效处理，一般在粗加工后安排低温人工时效处理，使其应力得到释放并充分变形后再进行后续加工。因此，粗、精加工分开通常是箱体类零件加工的另一个基本特点。

箱体加工通常考虑选择通用设备工装，平面在铣床、刨床上加工，孔在镗床或铣床上加工，一般精度紧固孔在摇臂钻上加工。在大批量生产中，可考虑采用专用设备和工装。

近年来，随着数控加工中心的普及使用，箱体加工可以在一次装夹中，完成平面和孔的铣、钻、扩、铰、镗、攻丝等多种工序的加工，大大提高了加工精度和生产效率。

7.4.5 箱体零件加工实例工艺过程分析

图7-25为某车床主轴箱简图，其加工过程分析如下：

1. 车床主轴箱的结构特点及技术要求

由图7-25可知，车床主轴箱结构复杂，箱壁薄，加工表面多，主要为平面和孔系。主轴箱是安装主轴和传动的，因此它的主要技术要求即为保证主轴的回转精度、主轴中心线与床身导轨的平行度以及主轴箱部件的正常工作条件。车床主轴箱具有下列具体精度要求：

（1）孔径精度　主轴孔尺寸精度为IT6级，其他主要支承孔为IT6～IT7级。

（2）孔的几何形状精度　主轴孔的圆度为0.006～0.008mm，不超过孔径公差的1/3，其他支承轴的几何形状误差包含在孔径公差之内。

（3）孔系之间的相互位置精度　同轴线孔的同轴度误差为ϕ0.01～0.02mm，每个支承轴新线的平行度误差为ϕ0.03～0.042mm，有传动联系各轴孔心距精度为±0.021～±0.031mm。

（4）孔与平面之间的相互精度　主孔轴中心线对装配基面（图4-2中的G、H面）的平行度误差0.04mm，主轴孔端面对主轴孔中心的垂直度误差为0.04mm。

（5）主要平面精度　装配基准平面的平面度误差为0.02～0.04mm，其他平面的平面度误差为0.1mm，各平面间的垂直度误差为0.06～0.1mm。

（6）表面粗糙度　主轴孔为Ra0.8μm，其他各孔为Ra1.6μm。装配基面的为Ra1.6μm，其他平面为Ra3.2μm～Ra6.3μm。

2. 主轴箱加工工艺过程分析

表7-6为某车床主轴箱在中小批生产时的工艺过程。

表7-6　主轴箱的工艺过程

序号	工序内容	定位基准
10	铸造	
20	时效	
30	清砂、涂底漆	
40	划各孔各面加工线，考虑Ⅱ、Ⅲ孔加工余量并照顾内壁及外形	
50	按线找正、粗刨M面、斜面、精刨M面	M面
60	按线找正、粗精刨G、H、N面	G面、H面
70	按线找正、粗精刨P面	G面、H面、P面
80	粗镗纵向各孔	M面、P面
90	铣底面Q处开口沉槽	
100	刮研G、H面达8～10点/25mm²	
110	半精镗、精镗纵向各孔及R面主轴孔法兰面	G面、H面、P面
120	钻镗N面上横向各孔	M面、P面
130	钻G、N面上各次要孔、螺纹底孔	
140	攻螺纹	G面、H面、P面
150	钻M、P、R面上各螺纹底孔	
160	攻螺纹	
170	检验	

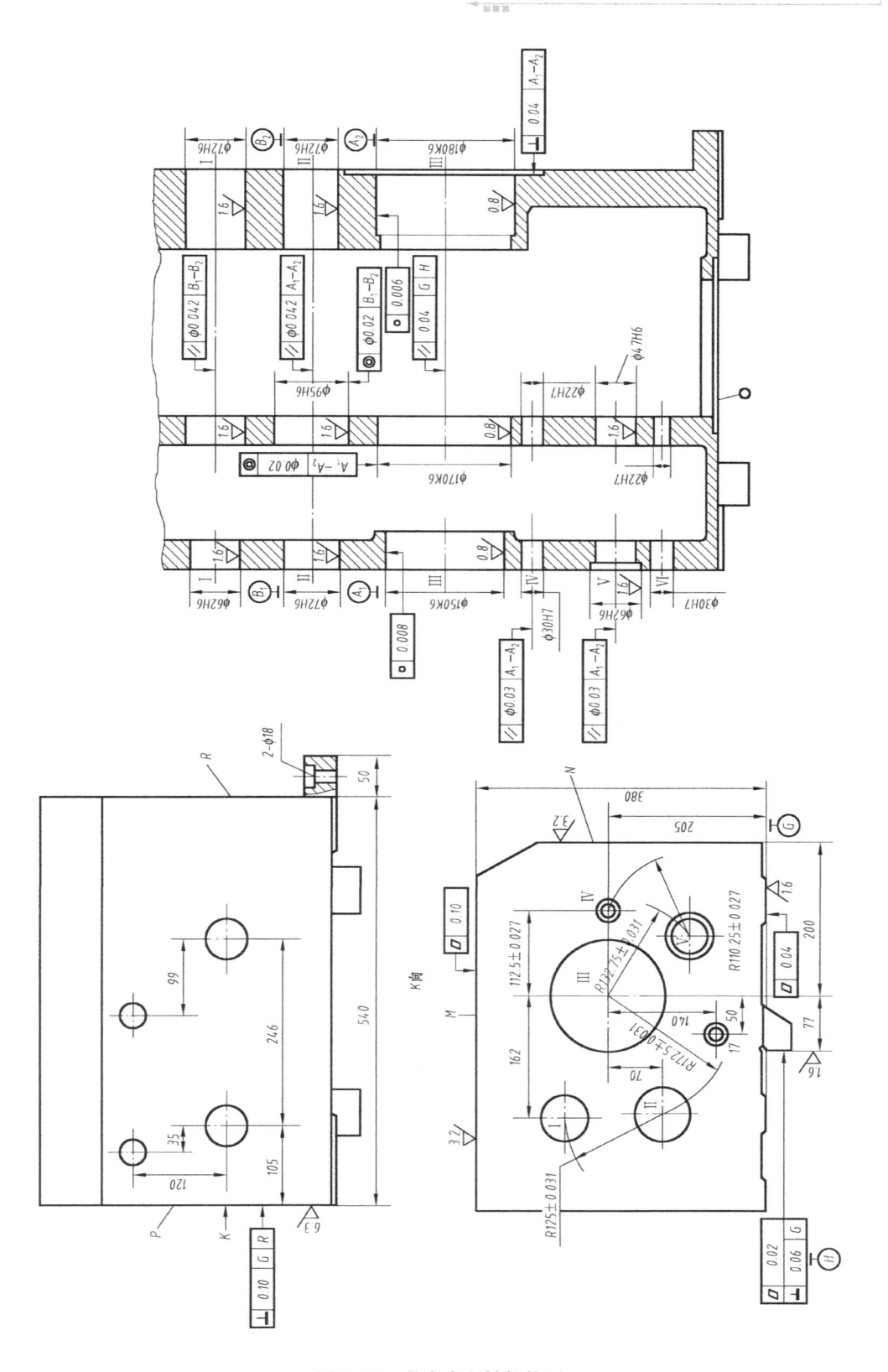

图 7-25　某车床主轴箱简图

箱体加工工艺的一些共同问题分析如下：

（1）主要表面加工方法的选择：

箱体的主要加工表面有平面和轴承支承孔。

箱体平面的粗加工和半精加工，主要采用刨削和铣削，也可采用车削。当生产批量较大时，可采用各种专用的组合铣床对箱体各平面进行多刀、多面同时铣削；尺寸较大的箱体，也可能在多轴龙门铣床上进行组合铣削，如图7-26（a）所示，有效地提高了箱体平面加工的生产率。箱体平面的精加工，单见小批生产时，除一些高精度的箱体仍需手工刮研外，一般多用精刨代替传统的手工刮研；当生产批量大而精度又较高时，多采用磨削。为提高生产效率和平面间的位置精度，可采用专用磨床进行组合磨削，如图7-26（b）所示。

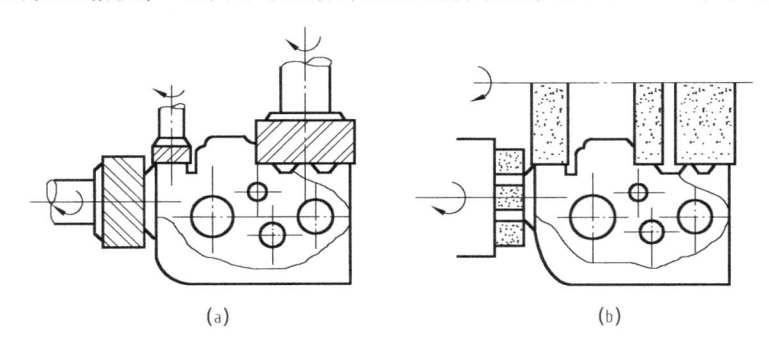

图7-26　箱体平面的组合铣削与磨削

箱体上的轴承支承孔公差等级为IT7级，一般需要经过3~4次加工。可采用扩→粗铰→精铰，或采用粗镗→半精镗→精镗的工艺方案进行加工（若未铸出预孔应先钻孔）。以上两种工艺方案，表面粗糙度值可达$Ra0.8\mu m \sim Ra1.6\mu m$。铰的方案用于加工直径较小的孔，镗的方案用于加工直径较大的孔。当孔的加工精度超过IT6级，表面粗糙度值$Ra \leq 0.04\mu m$时，还应增加一道精密加工工序，常用的方法有精细镗、滚压、磨、浮动镗等。

（2）拟定工艺过程的原则

箱体的工艺过程一般应遵循以下原则：

1）先面后孔的加工顺序　先加工平面后加工孔，是箱体加工的一般规律。先以孔为粗基准加工平面，再以平面为精基准加工孔，为孔的加工提供了稳定可靠的精基准，同时使孔的加工余量较为均匀。50~70工序加工平面后，才开始加工孔。

2）粗、精加工分阶段进行　因为箱体的结构形状复杂，主要表面的精度高，粗、精加工分开进行，可以消除由粗加工所造成的切削力、夹紧力、切削热以及内应力对加工精度的影响，有利于保证箱体的加工精度；同时还能根据粗、精加工的不同要求来合理地选用设备，有利于提高生产率。50~90工序为粗加工，100工序起为精加工。

3）合理安排热处理工序　箱体零件结构比较复杂，毛坯铸造时会产生较大的内应力。为了消除内应力、减少变形、保证其加工后精度的稳定性，在毛坯铸造后安排一次人工时效处理。

通常，对普通精度箱体，一般在毛坯铸造后安排一次人工时效处理即可。而对于一些高精度的箱体或形状特别复杂的箱体，应在粗加工后再安排一次人工时效处理，以消除粗加工所造成的内应力，进一步提高箱体加工精度和稳定性。箱体人工时效的方法，除加热保温的方法外，也可采用振动时效。

（3）定位基准的选择

1）精基准的选择　箱体上的孔与孔、孔与平面及平面与平面之间都有较高的距离尺寸精度和相互位置精度要求，为此，箱体加工通常优先考虑"基准统一"原则，使具有相互位置精度要求的大部分加工表面的大部分工序，尽可能用同一组基准定位，以避免因基准转换而带来的积累误差，有利于保证箱体各主要表面的相互位置精度。并且，由于多道工序采用同一基准，使夹具有相似的结构形式，可减少夹具设计与制造的工作量，减少生产准备的时间，降低生产成本。其次，箱体的设计基准往往也是箱体的装配基准，为保证主要表面间的相互位置精度，也必须要考虑"基准重合"原则，使定位基准与设计基准、装配基准重合，避免基准不重合误差，有利于提高箱体各主要表面的相互位置精度。因此，箱体的定位基准常用以下两种方案：

① 三面定位　箱体加工常用三个相互垂直的平面作定位基准。车床主轴箱 G、H 面和 P 面为孔系和各平面的设计基准，G 面、H 面又是箱体的装配基准，以它们作为统一基准，使定位基准与设计基准、装配基准重合，有利于保证孔系和各平面间的相互位置精度；同时，三面定位准确可靠，夹具结构简单，工件装卸方便，所以这种定位在单件和中小批生产中应用较广。缺点是三面定位有时会影响定位面上的孔或其他要素的加工。

② 一面两孔定位　箱体常用底面及底面上的两个孔作定位基准，如车床主轴箱可以用底面 G 和 G 面上的两个紧固孔 $2-\phi 18$ 为定位基准，很方便地实现六点定位。底面 G 使设计基准和装配基准，基准重合有利于保证孔系与底面的相互位置精度；且一面两孔定位，可作为大部分工序的定位基准，在一次安装下，可加工除底面处的其他五个面上的孔或平面，实现基准统一；同时，一面两孔稳定可靠，夹紧方便，易于实现自动定位和自动夹紧，在成批上生产中，用组合机床与自动线加工箱体时，多采用这种定位方案。其缺点使两孔定位的误差，对相互位置精度的提高有所影响，为此，必须把定位孔的直径精度加工到 IT6～IT7 级以上，并提高两孔中心距离精度和夹具的制造精度。由以上可知，两种定位方案各有优缺点，选择时应根据实际生产条件合理确定。本例采用三面定位方案。

应该指出，车床主轴箱箱体中间隔壁上有精度要求较高的孔需要加工，需要在箱体内部相应的地方设置镗杆刚度，保证孔的精加工度。因此，根据工艺上的需要，在箱体底面开一矩形窗口，让中间导向支架伸入箱体，装配时窗口上加密封垫片和盖板，用螺钉紧固。这样，箱体的结构工艺性较好，箱体铸造时，便于浇注成型；在箱体加工时，箱口朝上，便于安装调整刀具、更换向套、测量孔径尺寸、观察加工情况和加注切削液等；且夹具的结构简单，刚性好，工件装卸也较方便，提高了孔系的加工精度和劳动生产率。这种结构方案已被很多生产厂家采用。

若结构不允许在主轴箱底面开口，采用三面定位方式，且又要在箱底内部设置镗杆导向支承时，中间导向支承需用吊架装置悬挂箱体上方。这样，吊架刚度差，安装误差大，影响孔系加工精度；且吊架装卸困难，影响生产率的提高。由于上述问题，在大批量生产条件下，可用顶面及顶面上两定位销孔为精基准。此时箱口朝下，中间导向支承可固定在夹具上，工件装卸也比较方便，因而提高了孔系的加工精度和劳动生产率。但是由于基准不重合，产生了基准不重合误差；且箱口朝下，不便在加工中测量尺寸，调整刀具和观察加工情况。因此，在箱体底面不开口的情况下，不论用三面定位或是一面两孔定位，均有其不利的方面（图 7-27）。

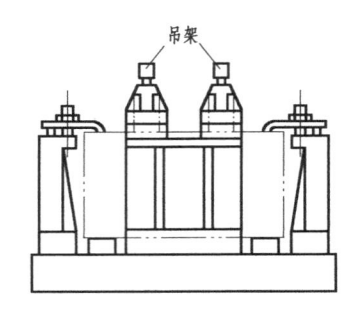

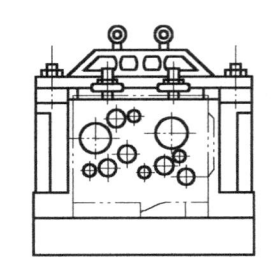

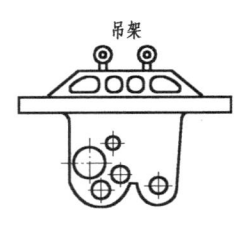

图 7-27　吊架式镗模夹具

2）粗基准的选择　由于箱体的结构比较复杂，加工表面多，粗基准选择得恰当与否，对加工面与不加工面间的相互位置关系及各加工面的加工余量分配有很大影响，必须全面考虑，通常应满足以下几点要求：第一，在保证各加工面均有加工余量的前提下，应使重要孔的加工余量均匀；第二，装入箱内的旋转零件（如齿轮、轴套等）应与箱体内壁有足够的间隙；第三，注意保持箱体必要的外形尺寸。此外，还应保证定位，夹紧可靠。

为了满足上述要求，一般宜选箱体的重要孔的毛坯孔作粗基准。例如车床主轴箱就是以主轴孔 Ⅲ 和距主轴孔较远的 Ⅱ 轴孔作为粗基准。由于铸造箱体毛坯时，形成了主轴孔、其他支承孔及箱体内壁的泥芯时装成一个整体放入的，它们之间有较高的相互位置精度，因此，不仅可以较好地保证主轴孔及其他支承孔的加工余量均匀，有利于各孔的加工，而且还能较好地保证各孔的轴心线与箱体不加工的内壁的相互位置，避免装入箱体内的齿轮、轴套等旋转零件在运转时与箱体内壁相碰撞。

根据生产类型的不同，实现以主轴孔为粗基准的工作安装方式也不一样。单件及中小批生产时，由于毛坯制造精度较低，一般采用划线找正法安装工件。例如车床主轴箱，以 Ⅱ、Ⅲ 孔轴线为基准划线，注意作必要的修正，使各孔、各平面及各加工部位均有加工余量，并以箱体内壁的线找正安装工件，则体现了以重要孔作为粗基准。

大批量生产时，毛坯的制造精度较高，可直接以箱体的重要孔在专用夹具上定位，工件安装迅速，生产率高。

7.4.6　箱体零件加工工艺

箱体类零件是机器及其部件的基础件，它将机器及其部件中的轴、轴承、套和齿轮等零件按一定的相互位置关系装配成一个整体，并按预定传动关系协调其运动。因此，箱体的加工质量不仅影响其装配精度及运动精度，而且影响到机器的工作精度、使用性能和寿命。

1. 箱体类零件功用、结构特点和技术要求

（1）箱体零件的功用

箱体零件是机器及部件的基础件，它将机器及部件中的轴、轴承和齿轮等零件按一定的相互位置关系装配成一个整体，并按预定传动关系协调其运动。

（2）箱体类零件的结构特点

箱体的种类很多，其尺寸大小和结构形式随着机器的结构和箱体在机器中功用的不同有着较大的差异。但从工艺上分析它们仍有许多共同之处，其结构特点是：

1）外形基本上是由六个或五个平面组成的封闭式多面体，又分成整体式和组合式两种；

2）结构形状比较复杂。内部常为空腔形，某些部位有"隔墙"，箱体壁薄且厚薄不均；

3）箱壁上通常都布置有平行孔系或垂直孔系；

4）箱体上的加工面，主要是大量的平面，此外还有许多精度要求较高的轴承支承孔和精度要求较低的紧固用孔。

（3）箱体类零件的技术要求

1）轴承支承孔的尺寸精度、形状精度、表面粗糙度要求。

2）位置精度包括孔系轴线之间的距离尺寸精度和平行度，同一轴线上各孔的同轴度，以及孔端面对孔轴线的垂直度等。

3）此外，为满足箱体加工中的定位需要及箱体与机器总装要求，箱体的装配基准面与加工中的定位基准面应有一定的平面度和表面粗糙度要求；各支承孔与装配基准面之间应有一定距离尺寸精度的要求。

（4）箱体类零件的材料和毛坯

箱体类零件的材料一般用灰口铸铁，常用的牌号有 HT100~HT400。

毛坯为铸铁件，其铸造方法视铸件精度和生产批量而定。单件小批生产多用木模手工造型，毛坯精度低，加工余量大。有时也采用钢板焊接方式。大批生产常用金属模机器造型，毛坯精度较高，加工余量可适当减小。

为了消除铸造时形成的内应力，减少变形，保证其加工精度的稳定性，毛坯铸造后要安排人工时效处理。精度要求高或形状复杂的箱体还应在粗加工后多加一次人工时效处理，以消除粗加工造成的内应力，进一步提高加工精度的稳定性。

2. 箱体零件加工工艺分析

（1）工艺路线的安排

车床主轴箱要求加工的表面很多。在这些加工表面中，平面加工精度比孔的加工精度容易保证，于是，箱体中主轴孔（主要孔）的加工精度、孔系加工精度就成为工艺关键问题。因此，在工艺路线的安排中应注意三个问题：

1）工件的时效处理

箱体结构复杂壁厚不均匀，铸造内应力较大。由于内应力会引起变形，因此铸造后应安排人工时效处理以消除内应力减少变形。一般精度要求的箱体，可利用粗、精加工工序之间的自然停放和运输时间，得到自然时效的效果。但自然时效需要的时间较长，否则会影响箱体精度的稳定性。

对于特别精密的箱体，在粗加工和精加工工序间还应安排一次人工时效，迅速充分地消除内应力，提高精度的稳定性。

2）安排加工工艺的顺序时应先面后孔

由于平面面积较大定位稳定可靠，有利于简化夹具结构减少安装变形。从加工难度来看，平面比孔加工容易。先加工平面，把铸件表面的凹凸不平和夹砂等缺陷切除，在加工分布在平面上的孔时，对便于孔的加工和保证孔的加工精度都是有利的。因此，一般均应先加工平面。

3）粗、精加工阶段要分开

箱体均为铸件，加工余量较大，而在粗加工中切除的金属较多，因而夹紧力、切削力都较大，切削热也较多。加之粗加工后，工件内应力重新分布也会引起工件变形，因此，对加

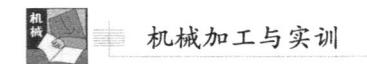

工精度影响较大。为此，把粗精加工分开进行，有利于把已加工后由于各种原因引起的工件变形充分暴露出来，然后在精加工中将其消除。

3. 定位基准的选择

箱体定位基准的选择，直接关系到箱体上各个平面与平面之间，孔与平面之间，孔与孔之间的尺寸精度和位置精度要求是否能够保证。在选择基准时，首先要遵守"基准重合"和"基准统一"的原则，同时必须考虑生产批量的大小，生产设备、特别是夹具的选用等因素。

（1）粗基准的选择

粗基准的作用主要是决定不加工面与加工面的位置关系，以及保证加工面的余量均匀。

箱体零件上一般有一个（或几个）主要的大孔，为了保证孔的加工余量均匀，应以该毛坯孔为粗基准（如主轴箱上的主轴孔）。箱体零件上的不加工面主要考虑内腔表面，它和加工面之间的距离尺寸有一定的要求，因为箱体中往往装有齿轮等传动件，它们与不加工的内壁之间的间隙较小，如果加工出的轴承孔端面与箱体内壁之间的距离尺寸相差太大，就有可能使齿轮安装时与箱体内壁相碰。从这一要求出发，应选内壁为粗基准。但这将使夹具结构十分复杂，甚至不能实现。考虑到铸造时内壁与主要孔都是同一个泥心浇注的，因此实际生产中常以孔为主要粗基准，限制四个自由度，而辅之以内腔或其他毛坯孔为次要基准面，以达到完全定位的目的。

（2）精基准的选择

箱体零件精基准的选择一般有两种方案：一种是以装配面为精基准。以车床主轴箱镗孔夹具为例，该夹具如图9-8所示。它的优点是对于孔与底面的距离和平行度要求，基准是重合的，没有基准不重合误差，而且箱口向上，观察和测量、调刀都比较方便。但是在镗削中间壁上的孔时，由于无法安装中间导向支承，而不得不采用吊架的形式。这种吊架刚性差，操作不方便，安装误差大，不易实现自动化，故此方案一般只能适用于无中间孔壁的简单箱体或批量不大的场合。

针对上述采用吊架式中间导向支承的问题，采用箱口向下的安装方式，以箱体顶面 R 和顶面上的两个工艺孔为精基准。在镗孔时，由于中间导向支承直接固定在夹具上，使夹具的刚度提高，有利于保证各支承孔的尺寸和位置精度。并且工件装卸方便减少了辅助时间，有利于提高生产率。但是这种定位方式也有不足之处，如箱口向下无法观察和测量中间壁上孔的加工情况；以顶面和两个工艺孔作为定位基准，要提高顶面和孔的加工要求；加工基准与装配基准不重合需要进行尺寸链的计算或采用装配时用修刮尾座底板的办法来保证装配精度。

4. 主要表面的加工

1）箱体的平面加工

箱体平面的粗加工和半精加工常选择刨削和铣削加工。

刨削箱体平面的主要特点是：刀具结构简单；机床调整方便；在龙门刨床上可以用几个刀架，在一次安装工件中，同时加工几个表面，于是，经济地保证了这些表面的位置精度。

箱体平面铣削加工的生产率比刨削高。在成批生产中，常采用铣削加工。当批量较大时，常在多轴龙门铣床上用几把铣刀同时加工几个平面，即保证了平面间的位置精度，又提高了生产率。

2）主轴孔的加工

由于主轴孔的精度比其他轴孔精度高，表面粗糙度值比其他轴孔小，故应在其他轴孔加工后再单独进行主轴孔的精加工（或光整加工）。

目前机床主轴箱主轴孔的精加工方案有：

精镗—浮动镗；金刚镗—珩磨；金刚镗—滚压。

上述主轴孔精加工方案中的最终工序所使用的刀具都具有径向"浮动"性质，这对提高孔的尺寸精度、减小表面粗糙度值是有利的，但不能提高孔的位置精度。孔的位置精度应由前一工序（或工步）予以保证。

从工艺要求上，精镗和半精镗应在不同的设备上进行。若设备条件不足，也应在半精镗之后，把被夹紧的工件松开，以便使夹紧压力或内应力造成的工件变形在精镗工序中得以纠正。

3）孔系加工

车床箱体的孔系，是有位置精度要求的各轴承孔的总和，其中有平行孔系和同轴孔系两类。

平行孔系主要技术要求是各平行孔中心线之间以及孔中心线与基准面之间的尺寸精度和平行精度根据生产类型的不同，可以在普通镗床上或专用镗床上加工。

单件小批生产箱体时，为保证孔距精度主要采用划线法。为了提高划线找正的精度，可采用试切法，虽然精度有所提高，但由于划线、试切、测量都要消耗较多的时间，所以生产率仍很低。

坐标法加工孔系，许多工厂在单件小批生产中也广泛采用，特别是在普通镗床上加装较精密的测量装置（如数显等）后，可以较大地提高其坐标位移精度。

必须指出，采用坐标法加工孔系时，原始孔和加工顺序的选定是很重要的。因为，各排孔的孔距是靠坐标尺寸保证的。坐标尺寸的积累误差会影响孔距精度。如果原始孔和孔的假定顺序选择的合理，就可以减少积累误差。

成批或大量生产箱体时，加工孔系都采用镗模。孔距精度主要取决于镗模的精度和安装质量。虽然镗模制造比较复杂，造价较高，但可利用精度不高的机床加工出精度较高的工件。因此，在某些情况下，小批生产也可考虑使用镗模加工平行孔系。同轴孔系的主要技术要求是各孔的同轴度精度。成批生产时，箱体的同轴孔系的同轴度大部分是用镗模保证，单件小批生产中，在普通镗床上用以下两种方法进行加工：

① 从箱体一端进行加工

加工同轴孔系时，出现同轴度误差的主要原因是：

当主轴进给时，镗杆在重力作用下，使主轴产生挠度而引起孔的同轴度误差；

当工作台进给时，导轨的直线度误差会影响各孔的同轴度精度。

对于箱壁较近的同轴孔，可采用导向套加工同轴孔。对于大型箱体，可利用镗床后立柱导套支承镗杆。

② 从箱体两端进行镗孔

一般是采用"调头镗"使工件在一次安装下，镗完一端的孔后，将镗床工作台回转180°，再镗另一端的孔。具体办法是：加工好一端孔后，将工件退出主轴，使工作台回转180°，用百（千）分表找正已加工孔壁与主轴同轴，即可加工另一孔。

"调头镗"不用夹具和长刀杆,镗杆悬伸长度短,刚性好。但调整比较麻烦和费时,适合于箱体壁相距较远的同轴孔。

复习思考题

1. 台阶轴工件有哪些功用?其结构特点是什么?
2. 台阶轴主要的技术要求和要解决的工艺问题有那些?
3. 为什么对主轴支承轴颈精度和主轴工作表面精度提出严格要求?
4. 控制台阶轴的长度有哪些方法?
5. 盘套类零件通常有哪些相互位置精度要求?如何保证这些要求?
6. 保证套筒类零件的相互位置精度有哪些方法?试举例说明这些方法的特点和适用性。
7. 加工薄壁套筒类零件时有哪些技术难点?解决这些难点,工艺上一般采取哪些措施?
8. 箱体类零加工件的工艺特点是什么?
9. 箱体零件的结构特点及主要技术要求有哪些?这些要求对保证箱体零件在机器中的作用和机器的性能有何影响?
10. 箱体孔系有哪几种?各有哪些加工方法?试举例说明各加工方法的特点及其适用性。
11. 箱体加工的粗基准选择主要应考虑哪些主要问题?生产批量不同时工件如何安装?

参 考 文 献

翁承恕. 车工生产实习. 劳动出版社，1997 第一版
曹元俊. 金属加工常识. 劳动出版社，1996 第一版
劳动部教材办公室编. 车工艺学. 2003 第一版
国家机械委技工培训教材编审组编. 刨工工艺学. 机械工业出版社，1989.6 第一版
机械工业部技工培训教材编审组编. 铣工工艺学. 机械工业出版社，1998 第一版
机械工业部 统编. 中级磨工工艺学. 机械工业出版社，1998 第一版
王洪琳 主编. 金属切削原理与刀具. 山东大学出版社，2004 第一版
薛源顺 主编. 机床夹具设计. 机械工业出版社，2003 第一版
韩广利 主编. 机械加工工艺基础. 天津大学出版社，2005 第一版
乐兑谦 主编. 金属切削刀具（第2版）. 机械工业出版社，2004 第二版

读者意见反馈表

书名：机械加工与实训　　　　主编：曾益民　蓝日采　　　　策划编辑：白楠

> 谢谢您关注本书！烦请填写该表。您的意见对我们出版优秀教材、服务教学，十分重要。如果您认为本书有助于您的教学工作，请您认真地填写表格并寄回。我们将定期给您发送我社相关教材的出版资讯或目录，或者寄送相关样书。

个人资料

姓名_____ 年龄_____ 联系电话_____（办）_____（宅）_____（手机）

学校_____ 专业_____ 职称/职务_____

通信地址_____ 邮编_____ E-mail_____

您校开设课程的情况为：

本校是否开设相关专业的课程　□是，课程名称为_____　□否

您所讲授的课程是_____ 课时_____

所用教材_____ 出版单位_____ 印刷册数_____

本书可否作为您校的教材？

□是，会用于_____ 课程教学　　□否

影响您选定教材的因素（可复选）：

□内容　　　　□作者　　　　□封面设计　　□教材页码　　　□价格　　　　□出版社
□是否获奖　　□上级要求　　□广告　　　　□其他_____

您对本书质量满意的方面有（可复选）：

□内容　　　　□封面设计　　□价格　　　　□版式设计　　　□其他_____

您希望本书在哪些方面加以改进？

□内容　　　　□篇幅结构　　□封面设计　　□增加配套教材　□价格

可详细填写：_____

您还希望得到哪些专业方向教材的出版信息？

_____

感谢您的配合，可将本表按以下方式反馈给我们：

【方式一】电子邮件：登录华信教育资源网（http://www.hxedu.com.cn/resource/OS/zixun/zz_reader.rar）下载本表格电子版，填写后发至 ve@phei.com.cn

【方式二】邮局邮寄：北京市万寿路173信箱华信大厦902室 中等职业教育分社 （邮编：100036）

如果您需要了解更详细的信息或有著作计划，请与我们联系。

电话：010-88254475；88254591

反侵权盗版声明

电子工业出版社依法对本作品享有专有出版权。任何未经权利人书面许可，复制、销售或通过信息网络传播本作品的行为；歪曲、篡改、剽窃本作品的行为，均违反《中华人民共和国著作权法》，其行为人应承担相应的民事责任和行政责任，构成犯罪的，将被依法追究刑事责任。

为了维护市场秩序，保护权利人的合法权益，我社将依法查处和打击侵权盗版的单位和个人。欢迎社会各界人士积极举报侵权盗版行为，本社将奖励举报有功人员，并保证举报人的信息不被泄露。

举报电话：(010)88254396　　(010)88258888
传　　真：(010)88254397
E-mail：dbqq@phei.com.cn
通信地址：北京市海淀区万寿路173信箱
　　　　　电子工业出版社总编办公室
邮　　编：100036